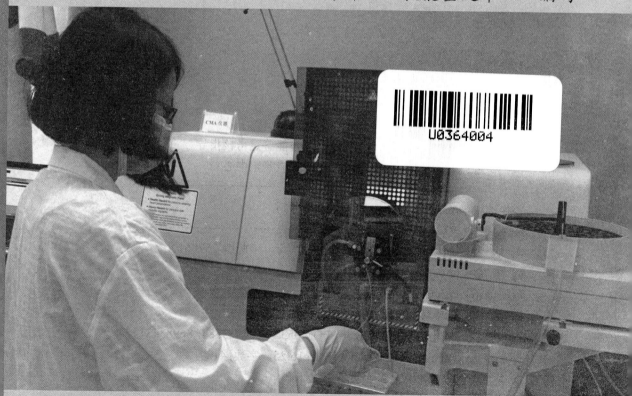

OSTA

人力资源和社会保障部职业技能鉴定

食品检验工

（初级）

国家职业技能鉴定 **考核指导**

人力资源和社会保障部职业技能鉴定中心 编写

U0364004

中国石油大学出版社
CHINA UNIVERSITY OF PETROLEUM PRESS

图书在版编目（CIP）数据

食品检验工（初级）国家职业技能鉴定考核指导/
人力资源和社会保障部职业技能鉴定中心编写. 一东营：
中国石油大学出版社，2014.4
ISBN 978-7-5636-4276-2

Ⅰ. ①食…　Ⅱ. ①人…　Ⅲ. ①食品检验－职业技能－
鉴定－自学参考资料　Ⅳ. ① TS207.3

中国版本图书馆 CIP 数据核字（2014）第 056351 号

书　　　名：食品检验工（初级）国家职业技能鉴定考核指导
作　　　者：人力资源和社会保障部职业技能鉴定中心

责任编辑：吕华华（电话 0532 － 86981537）

出　版　者：中国石油大学出版社（山东 东营　　邮编 257061）
网　　　址：http://www.uppbook.com.cn
电子信箱：lv-huahua@163.com
印　刷　者：沂南县汇丰印刷有限公司
发　行　者：中国石油大学出版社（电话 0532 － 86983584，86983437）
开　　　本：185 mm × 260 mm　印张：16.25　字数：413 千字
版　　　次：2014 年 9 月第 1 版第 1 次印刷
定　　　价：32.00 元

食品检验工（初级）
国家职业技能鉴定考核指导

编审委员会

主　　　任	刘　康
副 主 任	原淑炜　艾一平　袁　芳　夏鲁青
委　　　员	（按姓氏笔画排序）
	王　鹏　李　军　陈　蕾　欧育民　姚春生
	柴　勇　葛恒双
顾　　　问	张亚男
丛 书 主 编	艾一平
丛书副主编	姚春生

本书编写人员

执 行 主 编	姜作荣　张丽莎
执行副主编	刘淑莲　郭修娟　李　青
编　　　者	（按姓氏笔画排序）
	丁文花　马新芳　卢　捷　田　君　包　春
	刘　阳　孙秀娟　李　明　张金刚　柴楚乔
	崔进海　韩雪冰　薛晓宇
主　　　审	姜奎书
审　　　稿	赵玉禄

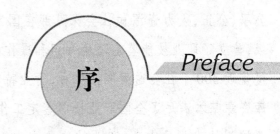

序 Preface

　　推进职业教育改革和发展,是实施科教兴国、人才强国战略,促进经济社会可持续发展和提高我国国际竞争力的重要途径;是加快人力资源开发、全面提升劳动者素质和发展先进生产力的必然要求;是增强劳动者就业能力、创业能力和促进素质就业的重要举措。在推进职业教育改革和发展的过程中,职业教育课程体系改革具有重要作用。传统的职业教育课程受到以理论知识为中心的教育体系的严重影响,忽略了职业活动实际操作过程和技能要求,导致劳动者在就业过程中不能学以致用,也使用人单位难以在现行教育体系中直接选用合格的技能人才。针对这些问题,人力资源和社会保障部经过多年的系统研究,并对国内外职业培训实践进行深入总结,确立了职业教育培训与企业生产和促进就业紧密联系的技能人才培养体系,划清了学科教育和职业教育的界限,提出了职业教育培训不是以学科体系为核心的教育模式,而是以生产活动的规律为指导、以岗位需求为导向、以服务就业为宗旨的技能人才培养发展路线,从而为我国的技能人才振兴发展提供了有力保障。

　　坚持"以职业活动为导向,以职业能力为核心"的指导原则,不仅要厘清职业教育与学科性教育在技术和方法上的区别,而且要在职业教育和职业训练中把生产实践活动的规律具体化,把职业活动各个环节标准化,把职业技能鉴定的技术科学化和规范化,以实现"从工作中来,到工作中去",坚持"在工作中学习,在学习中工作",形成以学校与用人单位携手联合,理论课程与实训项目紧密结合为基础的工学一体化的教学体系和评价体系。充分体现职业技能鉴定以学员为主体,突出以职业活动为导向的基本原则。

为服务职业培训和技能人才评价工作，保证国家职业技能鉴定考核的科学、公平、公正，人力资源和社会保障部在国家职业技能标准框架下，分职业工种和等级，建立了职业技能鉴定理论知识和操作技能国家题库。目前，国家题库资源已经覆盖近300个社会通用职业工种，行业特有职业工种题库也达到280余个，这些题库资源基本满足了全国职业技能鉴定工作的需要。人力资源和社会保障部中国就业培训技术指导中心（职业技能鉴定中心）作为全国技能人才评价工作的技术支持机构，在职业技能标准开发、职业培训课程建设等方面发挥了重要作用。

国家职业技能鉴定考核指导丛书，依据国家职业技能标准和国家题库，主要介绍国家题库的命题思路，展现国家职业技能鉴定的考核形式和题型题量，帮助考生熟悉鉴定命题基本内容和考核要求，提高学校、培训机构辅导和学员学习、复习的针对性。

我们期待该丛书的出版，能够推进职业教育课程改革，能够更好地服务于技能人才培养、服务于就业工作大局，为我国的技能振兴和发展做出贡献。

人力资源和社会保障部职业技能鉴定中心

主任 刘康

目录 Contents

第二部分　操作技能

第一部分

理论知识

第一章　考情观察

考核思路

　　根据《食品检验工国家职业标准》的要求,初级食品检验工理论知识考核范围包括:职业道德及职业守则、《中华人民共和国标准化法》、《中华人民共和国食品安全法》、《中华人民共和国劳动法》等相关法律法规知识;法定计量单位知识和常用量的法定计量单位;误差和数据处理基本概念;实验室用电常识;食品检测基础知识;化学基础知识;微生物检测基础知识;实验室安全防护知识;食品安全卫生基础知识;产品标准中抽样及预处理有关知识;通用检验仪器;原始记录及数据处理;检验报告。其中职业道德和基础知识为通用知识,专业知识可从粮油及制品检验,糕点和糖果检验,乳及乳制品检验,白酒、果酒和黄酒检验,啤酒检验,饮料检验,罐头食品检验,肉蛋及制品检验,调味品和酱腌制品检验以及茶叶检验十大类中选择相应内容学习。考核深度要求:熟悉食品检验常用玻璃器皿的种类、名称、规格、用途及维护保养知识;熟悉电热恒温干燥箱、机械天平(电光分析天平)、电子天平、架盘药物天平、生物显微镜、高压蒸汽灭菌锅、隔水式电热恒温培养箱等通用仪器的使用和维护;掌握职业道德的特点、表现形式、核心、主要社会作用、基本规范及检验人员的职业素养;熟悉国际单位制的基本单位、法定计量单位的组成、名称、符号、使用等;掌握误差的分类、绝对误差和相对误差的定义、减小系统误差的主要方法等;掌握物质的组成,离子反应的条件,溶液及溶质的概念,酸、碱、盐的通性,氨基酸和蛋白质的化学性质等化学基础知识;掌握容量分析的原理及指示剂的变色原理;了解重量分析的原理及分类方法;掌握细菌的生理结构,霉菌和酵母菌的形态特征,菌落总数的概念、计数方法、计数要求等;了解实验室用电及安全的基础知识;熟悉食品污染的分类,食品污染物的危害、来源及控制常识;掌握定量包装商品净含量标注要求及计量要求;熟悉食品标签标注的内容及要求等内容;熟悉样品的合理组批、抽样依据、方法、数量等内容;掌握培养基的配制和无菌操作的基本要求;掌握有效数字及运算规则;熟悉检验报告的编制、存档、查阅、销毁及可疑数值的取舍。

组卷方式

　　理论知识国家题库采用计算机自动生成试卷,即计算机按照本职业等级《理论知识鉴定要素细目表》的结构特征,使用统一的组卷模型,从题库中随机抽取相应试题,组成试卷。有的地方还有地方特色题库,可以按规定比例和国家题库一起组卷。试卷组成后,应经专家审核,更换不适用的试题。

试卷结构

理论知识考试实行百分制,采用闭卷笔试方式,成绩达到 60 分及以上为合格。试卷的结构以《食品检验工国家职业标准》和《中华人民共和国职业技能鉴定规范》为依据,并充分考虑到当前我国社会生产力的发展水平和初级食品检验工工作对从业者在知识、能力和心理素质等方面的要求。试题以中等难度为主,约占 70%;难度低的试题约占 20%;难度高的试题约占 10%。

基本结构:理论知识考试满分为 100 分,题型主要有单项选择题和判断题两种。具体题型、题量与分配方案见表 1-1-1。内容包括"职业道德""基础知识""检验前的准备""检验"和"检验结果" 5 个部分,各部分所占鉴定比重和鉴定点配置可参见表 1-1-2。

表 1-1-1　食品检验工(初级)理论知识试卷题型、题量与分配方案

题　型	试题数量(配分)	分　数
单项选择题	160题(0.5分/题)	80分
判断题	40题(0.5分/题)	20分
总　分	100分(200题)	

表 1-1-2　食品检验工(初级)理论知识各部分所占鉴定比重及鉴定点配置情况

鉴定范围(一级)	鉴定范围(二级)	鉴定范围(三级)	鉴定比重/%	鉴定点数量
基本要求	职业道德	职业道德基本知识	2	8
		职业守则	1	4
	基础知识	法定计量单位	2	10
		测量误差	3	12
		化学检验基础知识	6	24
		食品检验基础知识	15	50
		微生物检验基础知识	7	21
		实验室用电常识	2	9
		实验室安全防护知识	2	13
		食品安全基础知识	2	7
		法律法规基础知识	3	21
相关知识	检验前的准备	常规样品制备	4	12
		专业样品制备	2	6
		常用玻璃器皿	5	16
		通用检验仪器	3	11
		专业检验仪器	2	5

鉴定范围(一级)	鉴定范围(二级)	鉴定范围(三级)	鉴定比重 /%	鉴定点数量
相关知识	检验前的准备	溶液配制	2	6
		培养基配制	2	6
		无菌操作	2	6
	检 验	标签、储存、包装、运输	4	12
		感官检验	5	15
		理化检验	13	42
		微生物检验	3	9
	检验结果	原始记录与数据处理	4	12
		检验报告	4	12
合　　计			100	349

注:10类检验的鉴定比重及鉴定点数量略有差异。

考核时间与要求

(1)考核时间。按《食品检验工国家职业标准》的要求,初级理论知识考试时间为90～120 min。

(2)考核要求。食品检验工(初级)理论知识考试采用标准化试卷,有单项选择题和判断题两类题型:单项选择题为"四选一"的题型,即每道题有4个选项,其中只有1个选项为正确选项,应按要求在括号中填写正确选项的字母代号;判断题为正误判断题型,根据对试题的分析判断,在括号中画"√"或"×"。如果考试中使用答题卡作答卷,请按规定认真填涂答题卡。

应试技巧及复习方法

考生要取得理想的成绩,通过认真的学习和复习来掌握考试要求的知识是必要条件,但是掌握适当的应试技巧也是必不可少的。下面介绍的应试技巧,如命题视角、答题要求和答题技巧等,考生在复习、考试时也要高度重视。

在应试过程中,应合理安排答题时间,初级食品检验工理论考试时间若为120 min,单项选择题答题时间宜控制在90 min内,判断题答题时间宜控制在20 min内,最后10 min为检查时间。

答题时要按照先易后难的原则依次答题,对个别一时不能解答的难题可先跳过,待整套试卷做完检查时再行考虑作答。千万不要为一道难题钻牛角尖,浪费过多的时间。对于单项选择题而言,大部分题目难度不是很大,一道题目有4个备选项,其中只有1个是选项是正确的,需将正确选项的代号填入括号内。选择答案时应注意:

(1)如果有把握确定正确答案,可以直接挑选。

(2)如果无法确定正确答案,可以采用排除法(将没有见过的选项、不合常理的选项以及说法相同的选项排除)。

(3)如果遇到不熟悉考点的题目,要仔细阅读题干,找出关键点,进行合理的猜测,也可以联系相关知识或者结合现实来猜测。

（4）即使对某道题一无所知，单项选择题也不能空着，可以猜测一个选项。

（5）对于一些计算性质的题目就需要从题目要求入手，寻找相关资料。

（6）有些题目比较抽象，可以将抽象问题具体化。

判断题通常不是以问题的形式出现，而是以陈述句形式出现，要求应试者判断一条事实的准确性，或判断两条或两条以上的事实、事件和概念之间关系的正确性。判断题中常常含有绝对概念或相对概念的词。表示绝对概念的词有"总是""一律"等，表示相对概念的词有"通常""一般来说""多数情况下"等。了解这一点，将为您确定正确答案提供帮助。

回答判断题时，要将判断结果填入括号中，对的画"√"，错的画"×"。选择答案时应注意：

（1）命题中含有绝对概念的词，这道题很可能是错的。统计表明，大部分带有绝对概念词的问题，"√"的可能性小于"×"的可能性。当您对含有绝对概念词的问题没有把握做出判断时，想一想是否有什么理由来证明它是正确的，如果找不出任何理由，"×"就是最佳的选择答案。

（2）命题中如含有相对概念的词，那么这道题很可能是对的。

（3）只要命题中有一处错误，该命题就全错。

（4）酌情猜测。实在无法确定答案的，在有时间的情况下，多审几次题，尽可能把猜测的结果填上，说不定会有意外的收获。

考生要想取得理想的成绩，掌握好的学习和复习方法也很重要：

（1）系统地甚至可以粗略地把教材过一遍。通读完教材后，接下来的任务是精研细读，循序渐进，一步一个脚印，不放过每个环节，并认真做好笔记。对每个鉴定点的内容，哪些问题应该掌握，哪些内容只作为一般了解，哪些要点要熟练精通，通过复习也就一目了然了。例如，理论知识部分在每个单元中都有考核要点表，表中列举了考核类型、考核范围、考核点、重要程度。复习时，对于一颗星的内容，作一般性了解即可；对于两颗星的内容，应达到熟悉；对于三颗星的内容，则必须全面掌握。

（2）多做练习，熟能生巧。每个单元后面都配有大量的练习题，这些题是根据鉴定点精选出来的，每个鉴定点基本上安排了2～3道练习题。通过做练习，可以加深记忆。在做练习时，应先自己做完一遍，再对照参考答案，对做错的题目，要多进行反思、总结。

（3）听课辅导是必不可少的，但在听课之前，自己应当先自学一遍，做到带着问题听课，课后再花时间消化理解，效果就会大不一样。另外，辅导老师讲课只能作重点辅导，帮助学员理解，而不可能逐条逐项细读慢讲。在老师的指导下，学员只有自己去精读钻研，才能加深理解，牢固掌握应考知识。这就是所谓的突出重点，兼顾一般。

（4）用心复习，不要被动，要主动。

（5）尽量不要临时抱佛脚，平时多学、多记、多练。

第二章 知识架构

根据《食品检验工国家职业标准》和本等级《理论知识鉴定要素细目表》的要求,从便于学习和掌握的角度出发,将本等级知识模块化,划分为 18 个单元,根据单元知识点搭建的知识网络架构图如下图所示:

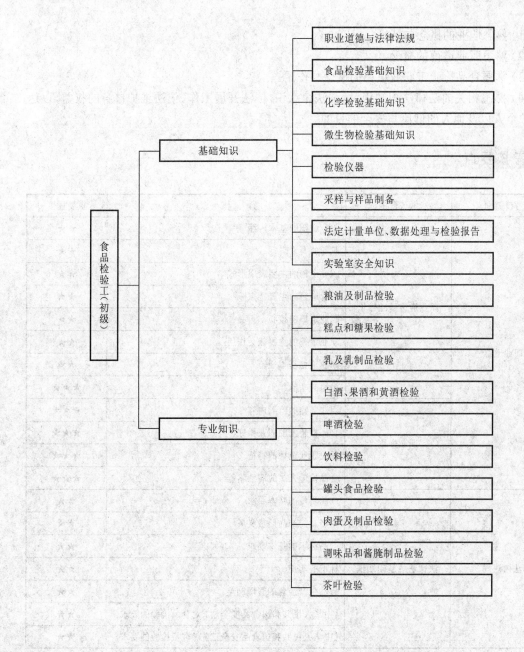

第三章　考核解析

第一单元　职业道德与法律法规

➡ 学习目标

（1）熟悉职业的概念与特征。
（2）熟悉职业道德的概念。
（3）掌握食品检验工职业道德的概念与作用。
（4）熟悉相关的法律法规知识，增强法律意识，依法开展工作，依法维护自身的权益，以达到保护个人以及他人的健康与安全的目的。

➡ 考核要点

考核类别	考核范围	考 核 点	重要程度
职业道德	职业道德基础知识	职业道德的基本内涵	★★
		职业的要素	★★
		职业道德的主要表现形式	★★
		职业道德的主要特点	★★
		职业道德的核心	★★
		职业道德的主要社会作用	★★
		职业道德基本规范	★★
		道德的功能	★★★
	职业守则	职业守则的一般内容	★★★
		食品检验工的职业操守	★★★
		行业职业道德的特征	★★★
		食品检验人员的职业素养	★★★
法律法规	法律法规基础知识	产品质量的基本要求	★★
		生产者的产品质量义务	★★
		产品标识的基本要求	★★
		标准的实施	★★
		食品生产经营的管理制度	★★
		《中华人民共和国食品安全法》对食品检验的要求	★★
		《中华人民共和国食品安全法》对进货检验的要求	★★

续表

考核类别	考核范围	考 核 点	重要程度
法律法规	法律法规基础知识	我国标准的编号	★★
		计量器具的概念	★★
		食品标签标注的基本要求	★★
		食品标签标注的基本内容	★★
		食品添加剂使用的基本要求	★★
		食品添加剂的使用范围	★★
		定量包装商品净含量标注要求	★★
		定量包装商品净含量的计量要求	★★
		定量包装商品净含量计量检验的基本要求	★★
		食品标签的概念	★★
		定量包装商品的含义	★★
		标准的概念	★★
		我国标准的分级	★★
		我国标准的性质	★★

考点导航

一、职业道德

1. 职业道德的基本内涵

职业道德就是同人们的职业活动紧密联系的符合职业特点所要求的道德准则、道德情操与道德品质的总和。它既是对本职人员在职业活动中行为的要求，同时又是职业对社会所负的道德责任与义务。

2. 职业的要素

职业在社会生活中主要体现出三方面的要素：职业职责、职业权利和职业利益。职业职责是指职业所包含的社会责任和应当承担的社会任务。职业权利是指职业人员所具有的职业业务权利，只有从事该职业的人员才具有这种权利，此职业之外的人员不具备此种权利，如医生具有处方权，食品检验人员具有从事食品检验的权利等。职业利益是指职业人员从职业工作中获得物质、精神等利益，如获得金钱报酬、荣誉等。

3. 职业道德的主要表现形式

职业道德的表现形式主要有制度、章程、守则、公约、承诺、誓言、条例、标语口号等。

4. 职业道德的主要特点

职业道德同一般道德有密切的关系，同时又具有其自身的特点，如行业性、广泛性、实用性、时代性等。

5. 职业道德的核心

为人民服务是社会主义职业道德的核心。坚持为人民服务，应该成为各行各业职业活动的出发点和落脚点。

6. 职业道德的主要社会作用

职业道德的社会作用主要表现为以下几方面：

(1)调整职业工作者与服务对象的关系。

职业工作者与服务对象的关系，是职业对社会的关系，是从职业的性质和特点出发，为社会服务，且在这种服务中求得职业的生存和发展，如教师道德调整教师与学生的关系，商业道德调整营业员与顾客的关系，医务道德调整医务工作者与患者的关系等。

(2)调整各职业内部的关系。

调整各职业内部的关系包括调整领导与被领导人员之间、各部门之间、同事之间的关系。

(3)调整行业之间的关系。

通过职业道德的调整，使各行业之间能够协调统一。它突出表现在生产、流通中关系密切的行业，如工业与商业，旅游与交通、餐饮服务业等，它们之间必须充分信任，相互支援，共同履行社会职责。

(4)促进职业人员的成长。

一个人有了职业，就标志着他走向了社会，从此，他的生活就和职业生活紧密联系在一起。人们通过职业实践处理个人与他人、个人与社会的关系，并接受职业道德的熏陶。由于职业道德同职业人员的切身利益息息相关，人们往往通过职业道德接受或深化一般社会道德，形成职业人员的道德境界。职业道德是职业人员在职业实践中得以成长的重要条件，古今中外，所有德高望重及事业有成就的人，无不十分重视职业道德的修养。现实生活中也可以看到，一个讲职业道德的人，也必然是讲社会公德的人。

7. 职业道德基本规范

我国职业道德主要规范包括爱岗敬业、诚实守信、办事公道、服务群众、奉献社会。

8. 道德的功能

道德的调节功能是指道德能够通过评价、命令、指导、激励、惩罚等方式来调节、规范人们的行为，调节社会关系。

二、职业守则

1. 职业守则的一般内容

我国职业守则的一般要求有：

(1)遵纪守法，遵守国家法律、法规和企业各项规章制度。

(2)认真负责，严于律己，不骄不躁，吃苦耐劳，勇于开拓。

(3)刻苦学习，钻研业务，努力提高思想、科学文化水平。

(4)爱岗敬业，团结同志，协调配合。

2. 食品检验工的职业操守

食品检验工作责任重大，食品检验人员除应当遵守基本的职业道德外，还应具有的职业操守有：科学求实、公平公正、程序规范、注重时效、秉公检测、严守秘密、遵章守纪、廉洁自律。

3. 行业职业道德的特征

(1)行业职业道德规范与一定职业对社会承担的特殊责任相联系。

(2)行业职业道德规范是多年积淀的结晶，是世代相传的产物。

(3)行业职业道德规范是共性与个性的统一。

(4)行业职业道德规范要注重与从业人员利益的一致性。

4.食品检验人员的职业素养

（1）科学求实，公平公正：食品检验要遵循科学求实原则，坚持公正公平，数据真实准确，报告严谨规范，实事求是，保证检验工作质量。

（2）程序规范，注重时效：根据食品安全法律法规、标准、规程从事检测活动，不推不拖，讲求时效，热情服务，注重信誉。

（3）秉公检测，严守秘密：严格按照规章制度办事，工作认真负责，遵守纪律，保守商业、技术秘密。

三、法律法规基础知识

1.产品质量的基本要求

保证产品内在质量符合规定要求。具体要求是：产品不得存在危及人身、财产安全的不合理的危险；有保障人体健康和人身、财产安全的国家标准、行业标准的，应当符合这些标准；产品必须具备应有的使用性能；产品质量应当符合明示采用的产品标准。

2.生产者的产品质量义务

生产者的产品质量义务可以概括为四方面：

一是保证产品内在质量符合规定要求。具体要求是：产品不得存在危及人身、财产安全的不合理的危险；有保障人体健康和人身、财产安全的国家标准、行业标准的，应当符合这些标准；产品必须具备应有的使用性能；产品质量应当符合明示采用的产品标准。

二是保证产品标识符合法律规定。生产者应当在其产品或者其包装上真实地标明产品标识，标识内容主要包括：产品质量检验合格证明；中文标明的产品名称、厂名厂址；根据产品特点和使用要求，标明产品的规格、等级、所含主要成分名称和含量；产品执行标准；限期使用的，要标明生产日期、安全使用期或失效日期；需要警示消费者的，必须要有警示标志或中文警示说明。

三是产品的包装应当符合法律规定。易碎、易燃、易爆、有毒、有腐蚀性、有放射性等危险物品以及储运中不允许倒置和有其他特殊要求的产品的包装要符合有关要求。

四是不得违反法律的禁止性规范的义务。生产者不得生产国家明令淘汰的产品；不得伪造产地；不得伪造或冒用他人厂名、厂址；不得伪造或冒用认证标志等质量标志；不得在产品中掺杂掺假；不得以假充真、以次充好；不得以不合格品冒充合格品。

3.产品标识的基本要求

标识内容主要包括：产品质量检验合格证明；中文标明的产品名称、厂名厂址；根据产品特点和使用要求，标明产品的规格、等级、所含主要成分名称和含量；产品执行标准；限期使用的，要标明生产日期、安全使用期或失效日期；需要警示消费者的，必须要有警示标志或中文警示说明。

4.标准的实施

标准实施是有计划、有组织、有措施地贯彻执行标准的活动。标准实施的要求：强制性标准必须执行，不符合强制性标准的产品禁止生产、进口和销售。国家鼓励企业自愿采用推荐性标准，但是，推荐性标准一旦纳入国家指令性文件，就在一定范围内具有了强制性，企业一旦采用，对企业就有强制性，必须严格执行；合同中约定的、产品明示采用的、认证时依据的推荐性标准企业也必须执行；出口产品执行标准由双方约定，但出口产品转内销时必须符合我国的标准；研制新产品、改进产品、技术改造等应符合标准化的要求；产品质量认证的标准必须是国家标准或行业标准；处理产品是否符合标准的争议，以依法设立的产品质量检验机构或授权的质检机构的检验数据为准。

5.食品生产经营的管理制度

《中华人民共和国食品安全法》特别强调食品安全的第一责任人是食品生产经营者。生产者应按照法律法规、食品安全标准从事食品生产经营活动，保证食品安全，承担社会责任。法律作了制度方面的规定，这些制度主要包括：

（1）食品生产经营许可制度。

（2）索票索证制度。

（3）食品安全管理制度。

（4）食品召回制度。

（5）不安全食品的停止经营制度。

6.《中华人民共和国食品安全法》对食品检验的要求

《中华人民共和国食品安全法》是从检验机构资质认定和食品检验工作的要求两方面来加强食品检验管理的。食品检验机构必须经国务院认证认可管理部门按认证认可条例规定进行资质认定后，方能开展食品检验活动。

《中华人民共和国食品安全法》对食品检验工作本身也提出了一些要求，要求检验机构和检验人员按法律、法规和食品安全标准的要求从事检验活动，尊重科学，恪守职业道德，保证出具的检验数据和结论客观、公正，不得出具虚假检验报告。

食品检验实行食品检验机构与检验人负责制。食品检验报告应当加盖食品检验机构的公章，并有检验人的签名或盖章。食品检验机构和检验人对出具的食品检验报告负责。

出具虚假检验报告的要承担法律责任，对人员进行处分，对食品检验机构进行处罚。人员违法被开除或追究刑事责任的，10年内不得再从事食品检验工作，食品检验机构也不得聘用这样的人员。

7.《中华人民共和国食品安全法》对进货检验的要求

无论是销售者还是餐饮服务者都要遵守进货查验制度，查验供货者有无相应的许可证，产品有无合格证，同时做好记录，记录内容包括：食品名称、规格、数量、生产日期（批号）、保质期、进货日期、供货商名称、联系方式等，记录保存至少2年。

8.我国标准的编号

国家标准的编号由国家标准代号、标准发布顺序号和标准发布年代号组成。

9.计量器具的概念

计量器具是用于直接或间接测量被测对象量值的器具、仪器和装置的总称。

计量器具按用途不同可分为：计量基准、计量标准和工作计量器具；按结构特点不同可分为量具（如砝码、量块、线纹尺等）、计量仪器（如电流表、天平、分光光度计、色谱仪等）和计量装置（如电能表检定装置）。

10.食品标签标注的基本要求

（1）应符合法律、法规的规定，并符合相应食品安全标准的规定。

（2）应清晰、醒目、持久，应使消费者购买时易于辨认和识读。

（3）应通俗易懂、有科学依据，不得标示封建迷信、色情、贬低其他食品或违背营养科学常识的内容。

（4）应真实、准确，不得以虚假、夸大、使消费者误解或欺骗性的文字、图形等方式介绍食品,也不得利用字号大小或色差误导消费者。

（5）不应直接或以暗示性的语言、图形、符号,误导消费者将购买的食品或食品的某一性质与另一产品混淆。

（6）不应标注或者暗示具有预防、治疗疾病作用的内容,非保健食品不得明示或者暗示具有保健作用。

（7）不应与食品或者其包装物（容器）分离。

（8）应使用规范的汉字（商标除外）。具有装饰作用的艺术字应书写正确,易于辨认。

可以同时使用拼音或少数民族文字,拼音不得大于相应汉字;可以同时使用外文,但应与中文有对应关系（商标、进口食品的制造者和地址、国外经销者的名称和地址、网址除外）。所有外文不得大于相应的汉字（商标除外）。

（9）预包装食品包装物或包装容器最大表面积大于 35 cm^2 时,强制标示内容的文字、符号和数字的高度不得小于 1.8 mm。

（10）一个销售单元的包装中含有不同品种、多个独立包装可单独销售的食品,每件独立包装的食品标识应当分别标注。

（11）若外包装易于开启识别或透过外包装物能清晰地识别内包装物（容器）上的所有强制标示内容或部分强制标示内容,可不在外包装物上重复标示相应的内容;否则应在外包装物上按要求标示所有强制标示内容。

11.食品标签标注的基本内容

（1）直接向消费者提供的预包装食品标签标示内容。

直接向消费者提供的预包装食品标签标示内容应包括食品名称、配料表、净含量和规格、生产者和（或）经销者的名称、地址和联系方式、生产日期和保质期、储存条件、食品生产许可证编号、产品标准代号及其他需要标示的内容。

（2）非直接提供给消费者的预包装食品标签标示内容。

非直接提供给消费者的预包装食品标签应按照相应要求标示食品名称、规格、净含量、生产日期、保质期和储存条件,其他内容如未在标签上标注,则应在说明书或合同中注明。

（3）标示内容的豁免。

（4）推荐标示内容。

（5）其他。

按国家相关规定需要特殊审批的食品,其标签标示按照相关规定执行。

12.食品添加剂使用的基本要求

（1）定义:为改善食品品质和色、香、味,以及为防腐、保鲜和加工工艺的需要而加入食品中的人工合成或者天然物质。

（2）基本要求:

① 不应对人体产生任何健康危害。

② 不应掩盖食品腐败变质。

③ 不应掩盖食品本身或加工过程中的质量缺陷或以掺杂、掺假、伪造为目的而使用。

④ 不应降低食品本身的营养价值。

⑤ 在达到预期目的前提下尽可能降低在食品中的使用量。

13.食品添加剂的使用范围

（1）保持或提高食品本身的营养价值。

（2）作为某些特殊膳食用食品的必要配料或成分。

（3）提高食品的质量和稳定性,改进其感官特性。

（4）便于食品的生产、加工、包装、运输或者储藏。

14.定量包装商品净含量标注要求

（1）标注位置要显著。

（2）标注内容要正确。

（3）标注字符要清晰。

15.定量包装商品净含量的计量要求

（1）单件定量包装商品的实际含量应当准确反映其标注净含量。

（2）标注净含量与实际含量之差不得大于规定的允许短缺量。

（3）批量定量包装商品的平均实际含量应当大于或者等于其标注净含量。

16.定量包装商品净含量计量检验的基本要求

（1）检验数据应准确可靠。

（2）检验方法应适当合理。

（3）测量仪器应满足检验需要。

（4）总重及皮重的测量应准确。

17.食品标签的概念

食品包装上的文字、图形、符号及一切说明物。

18.定量包装商品的含义

定量包装商品指以销售为目的,在一定量限范围内具有统一的质量、体积、长度、面积、计数标注等标识内容的预包装商品。

19.标准的概念

标准是为在一定范围内获得最佳秩序,对活动或其结果规定共同的和重复使用的规则、指导原则或特性的文件。该文件经协商一致制定并经一个公认机构的批准。

20.我国标准的分级

我国标准分为国家标准、行业标准、地方标准和企业标准4级。

21.我国标准的性质

根据标准实施强制程度的不同,我国将标准分为强制性标准、推荐性标准和指导性技术文件。

➲ 仿真训练

一、单项选择题(请将正确选项的代号填入题内的括号中)

1.职业道德就是同人们的(　　　)联系的符合职业特点所要求的道德准则、道德情操与道德品质的总和。

　A.职业习惯　　　　　B.职业活动　　　　　C.职业性质　　　　　D.职业经历

2.职业在社会生活中主要体现出三方面的要素,分别是(　　　)。

　A.职业职责、职业权利和职业利益　　　　　B.职业责任、职业义务和职业利益

　C.职业责任、职业权利和职业义务　　　　　D.职业职责、职业利益和职业义务

3.职业道德的表现形式主要有(　　　)、公约、承诺、誓言、条例、标语口号等。

A. 制度、规章、法则　　B. 法规、规章、规则　　C. 制度、章程、守则　　D. 法规、章程、细则

4. 职业道德同一般道德有密切的关系,同时又具有其自身的特点,如行业性、广泛性、实用性、( )等。

A. 现代性　　　　　B. 时代性　　　　　C. 历史性　　　　　D. 阶段性

5. 为人民服务是社会主义职业道德的( ),坚持为人民服务,应该成为各行各业职业活动的出发点和落脚点。

A. 目的　　　　　B. 核心　　　　　C. 目标　　　　　D. 内涵

6. 调整职业工作者与服务对象之间的关系表现的是职业道德的( )。

A. 社会作用　　　　B. 教育作用　　　　C. 管理作用　　　　D. 制裁作用

7. 我国职业道德主要规范包括爱岗敬业、诚实守信、( )、奉献社会。

A. 办事公道、互惠互利　　　　　　B. 不偏不倚、平等互利

C. 公平公正、自愿平等　　　　　　D. 办事公道、服务群众

8 道德的调节功能是指道德能够通过评价、命令、( )来调节、规范人们的行为,调节社会关系。

A. 指挥、奖励、裁决等方式　　　　B. 指示、批判、制裁等方式

C. 指导、调解、仲裁等方式　　　　D. 指导、激励、惩罚等方式

9. 我国职业守则一般要求( )。

A. 尊老爱幼、文明礼貌　　　　　　B. 遵纪守法、爱岗敬业

C. 互惠互利、不偏不倚　　　　　　D. 自尊自爱、互敬互爱

10. 食品检验工作责任重大,食品检验人员除应当遵守基本的职业道德外,还应具有的职业操守有:( )、程序规范、注重时效、秉公检测、严守秘密、遵章守纪、廉洁自律。

A. 追求完美、互惠互利　　　　　　B. 科学求实、公平公正

C. 追求完美、公平公正　　　　　　D. 科学求实、互惠互利

11. 下列关于行业职业道德特征的表述错误的是( )。

A. 行业职业道德规范与一定职业对社会承担的特殊责任没有联系

B. 行业职业道德规范是多年积淀的结晶,是世代相传的产物

C. 行业职业道德规范与从业人员的利益是一致的

D. 行业职业道德规范是共性与个性的统一

12. 食品检验人员应当( ),保证出具的检验数据和结论客观、公正、准确,不得出具虚假或者不实数据和结果的检验报告。

A. 尊重科学,恪守职业道德　　　　B. 尊重实际,维护企业利益

C. 尊重科学,维护团体利益　　　　D. 尊重企业,兼顾客户利益

13. 就《中华人民共和国产品质量法》规定的产品质量应当符合的要求,下列表述不恰当的是( )。

A. 产品应具备其应当具备的使用性能

B. 产品质量应符合明示的产品标准要求

C. 产品质量应符合国家标准要求

D. 产品应不存在危及人身、财产安全的不合理的危险

14. 《中华人民共和国产品质量法》规定了生产者的产品质量义务,下列选项中不属于规定义务内容的是( )。

A. 产品质量要合格　　B. 产品标识要合格　　C. 产品储运要合格　　D. 产品包装要合格

15. 下列选项中不属于《中华人民共和国产品质量法》对产品标识基本要求的是(　　)。

A. 裸装产品应当具有标识　　　　　　B. 产品标识应当标注在产品或产品包装上

C. 产品标识必须真实合法　　　　　　D. 产品标识应当清晰牢固、易于识别

16. 强制性标准必须执行，不符合强制性标准的产品禁止生产及(　　)。

A. 销售和出口　　　B. 销售和进口　　　C. 出口和进口　　　D. 使用和销售

17.《中华人民共和国食品安全法》规定的食品生产经营管理制度主要有：食品生产经营许可制度、索票索证制度、食品安全管理制度、(　　)等。

A. 食品销毁制度、不安全食品停止生产制度

B. 食品退回制度、不安全食品停止销售制度

C. 食品召回制度、不安全食品停止经营制度

D. 食品召回制度、不安全食品停止食用制度

18.《中华人民共和国食品安全法》规定，食品生产经营企业可以自行对所生产的食品进行检验，也可以委托(　　)食品检验机构进行检验。

A. 符合本法规定的　　B. 其他食品企业的　　C. 社会上的　　　D. 国外的

19.《中华人民共和国食品安全法》规定，食品生产者应当建立食品原料进货查验记录制度，如实记录食品原料的名称、规格、数量、供货者名称及联系方式、进货日期等内容，记录至少保存(　　)。

A. 5 年　　　　　　B. 3 年　　　　　　C. 1 年　　　　　　D. 2 年

20. 强制性国家标准代号为"GB"，推荐性国家标准代号为(　　)。

A. "QB"　　　　B. "TB/T"　　　　C. "TB"　　　　D. "GB/T"

21. 计量器具是能用以直接或间接测出被测对象(　　)的装置、仪器仪表、实物量具和用于统一量值的标准物质的总称。

A. 量值　　　　　　B. 数值　　　　　　C. 数字　　　　　　D. 大小

22. 食品标签应符合法律、法规及相应食品安全标准的规定；应清晰、醒目、持久，使消费者购买时易于辨认和识读；(　　)。

A. 应通俗易懂、有科学依据　　　　　　B. 应雅俗共赏、有传统依据

C. 应古朴典雅、有历史传承　　　　　　D. 应流行大众、有现代气息

23. 食品标签应包括(　　)、生产者和(或)经销者的名称、地址和联系方式、生产日期和保质期、储存条件、食品生产许可证编号、产品标准代号及其他需要标示的内容。

A. 食品名称、原材料、净质量和规格　　　　B. 食品名称、配料表、总质量和规格

C. 食品名称、配料表、净含量和规格　　　　D. 食品名称、原材料、总含量和规格

24. 使用食品添加剂不应对人体产生任何健康危害，不应掩盖食品腐败变质，不应(　　)食品本身的营养价值。

A. 降低　　　　　　B. 提高　　　　　　C. 保持　　　　　　D. 改善

25. 食品添加剂适用于保持或提高食品本身的营养价值，便于食品的(　　)。

A. 生产、销售、包装、运输或者储藏　　　B. 生产、加工、保管、运输或者销毁

C. 生产、销售、保管、运输或者食用　　　D. 生产、加工、包装、运输或者储藏

26. 在定量包装商品包装的(　　)，应有正确、清晰的净含量标注。净含量标注由"净含量"(中文)、数字和法定计量单位(或者用中文表示的计数单位)三部分组成。

A. 任意位置 　　　　B. 反面位置 　　　　C. 正面位置 　　　　D. 显著位置

27. 单件定量包装商品的实际含量应当准确反映其标注净含量,标注净含量与实际含量之差不得大于规定的(　　　)。

A. 允许净含量 　　B. 允许质量 　　C. 允许短缺量 　　D. 允许重量

28. 对定量包装商品净含量量值的计量检验,要求检验数据准确可靠、检验方法适当合理、测量仪器满足检验需要、总重及(　　　)的测量应准确。

A. 质量 　　　　B. 总量 　　　　C. 皮重 　　　　D. 重量

29. 食品标签是食品(　　　)的文字、图形、符号及一切说明物。

A. 包装上 　　B. 本身上 　　C. 内包装上 　　D. 运输箱上

30. 定量包装商品是指以销售为目的,在一定(　　　)范围内具有统一的质量、体积、长度、面积、计数标注等标识内容的预包装商品。

A. 产品 　　　　B. 区域 　　　　C. 量限 　　　　D. 用途

31. 标准是为在一定范围内获得最佳秩序,对活动或其结果规定(　　　)的规则、指导原则或特性的文件。

A. 单独的和重复使用 　　　　　　　　B. 共同的和重复使用
C. 一般的和共同使用 　　　　　　　　D. 特别的和共同使用

32. 我国标准分为(　　　)、行业标准、地方标准和企业标准4级。

A. 区域标准 　　B. 国家标准 　　C. 国际标准 　　D. 特区标准

33. 根据标准实施强制程度的不同,我国将标准分为强制性标准、推荐性标准和(　　　)。

A. 法律性技术文件 　　B. 指导性技术文件 　　C. 指令性技术文件 　　D. 命令性技术文件

二、判断题(对的画"√",错的画"×")

(　　)1. 职业道德是人们在履行本职工作中所遵循的行为准则和规范的总和。

(　　)2. 职业在社会生活中主要体现职业职责、职业权利和职业义务3个要素。

(　　)3. 职业道德的表现形式往往比较具体、灵活、多样。

(　　)4. 职业道德随着时代的变化而不断发展体现了职业道德的实用性特点。

(　　)5. 为人民服务是社会主义职业道德的核心,坚持为人民服务,应该成为各行各业职业活动的出发点和落脚点。

(　　)6. 调整医务工作者与患者之间的关系是职业道德社会作用的表现之一。

(　　)7. 职业道德规范是指约定俗成的或明文规定的职业道德的标准。

(　　)8. 道德的调节功能是指道德能够通过评价、命令、指导、激励、惩罚等方式来调节、规范人们的行为,调节社会关系。

(　　)9. 遵纪守法、爱岗敬业、认真负责、刻苦学习是我国职业守则的一般要素。

(　　)10. 食品检验关系食品质量安全,关系消费者的身体健康甚至生命安全,不存在保密事项。

(　　)11. 行业职业道德规范是把行业与从业人员的根本利益联系在一起的桥梁。

(　　)12. 食品检验机构和检验人对出具的食品检验报告负责,但不独立承担法律责任。

(　　)13. 根据《中华人民共和国产品质量法》规定,产品质量应当检验合格。

(　　)14. 生产者应当对其生产的产品质量负责,保证产品内在质量是生产者的首要义务。

(　　)15. 产品标识是表明产品有关信息的载体,应当由生产者或销售者提供。

（   ）16. 标准作为技术法规，一经发布就具有法律效力，必须严格执行。

（   ）17. 食品生产企业应当建立食品出厂检验记录制度，检验并记录食品质量相关信息，检验记录保存期限不少于2年。

（   ）18.《中华人民共和国食品安全法》规定，出具虚假检验报告并追究刑事责任的检验人员，10年内不得再从事食品检验工作。

（   ）19. 食品生产者采购食品原料，应当查验供货者的生产许可证和产品合格证明。

（   ）20. 企业标准编号由企业标准代号、标准发布顺序号和标准发布年代号组成，如Q1021125—2009。

（   ）21. 有些计量器具不能单独使用，必须与其他仪器配合才能完成测量任务。

（   ）22. 食品标签应使用规范的汉字（商标除外），可以同时使用拼音或少数民族文字，拼音与相应汉字大小一致。

（   ）23. 食品标签应清晰标示预包装食品的生产日期或保质期，日期标示不得另外加贴、补印。

（   ）24. 使用食品添加剂不应对人体产生任何健康危害，不应降低食品本身的营养价值。

（   ）25. 食品添加剂的标签、说明书不得含有虚假、夸大的内容，但可以说明预防疾病的功能。

（   ）26. 以长度、面积、计数单位标注净含量的定量包装商品，可以只标注数字和法定计量单位。

（   ）27. 批量定量包装商品的平均实际含量应当大于或者等于其标注净含量。

（   ）28. 定量包装商品的标注净含量不同，允许短缺量不同，但检验对计量器具精度的要求相同。

（   ）29. 食品标签可以与食品或者其包装物（容器）分离。

（   ）30. 超市预先包装好的具有商品名称、净含量、单价及金额等标示的零售商品属于定量包装商品。

（   ）31. 标准的本质属性是对标准对象的"统一规定"。

（   ）32. 我国标准分为国家标准、区域标准、行业标准和企业标准4级。

（   ）33. 推荐性标准不具有法律约束力，企业可自愿执行，即使执行对企业也不具有约束力。

参考答案

一、单项选择题

1. B   2. A   3. C   4. B   5. B   6. A   7. D   8. D   9. B   10. B
11. A   12. A   13. C   14. C   15. A   16. B   17. C   18. A   19. D   20. D
21. A   22. A   23. C   24. A   25. D   26. D   27. C   28. C   29. A   30. C
31. B   32. B   33. B

二、判断题

1. √   2. ×   3. √   4. ×   5. √   6. √   7. √   8. √   9. √   10. ×
11. √   12. ×   13. √   14. √   15. ×   16. ×   17. √   18. √   19. √   20. √
21. √   22. ×   23. ×   24. √   25. ×   26. √   27. √   28. ×   29. ×   30. ×
31. √   32. ×   33. ×

第二单元　食品检验基础知识

→ 学习目标

（1）掌握食品检验的主要内容及其作用。

（2）了解食品的六大营养素和食品添加剂及其检测内容。

（3）掌握食品检验的基本方法和基本步骤。

（4）掌握称量分析、滴定分析的含义及分类。

（5）掌握各种指示剂的名称、变色范围及使用条件。

（6）了解化学试剂的分类及存放条件。

（7）掌握常见标准溶液的标定方法。

（8）了解电光分析天平、高压蒸汽灭菌锅、电热恒温干燥箱和生物显微镜的基本构造。

（9）掌握食品安全的定义、食品污染的分类和来源、食品中毒的原因及食品许可制度的概念。

→ 考核要点

考核类别	考核范围	考 核 点	重要程度
食品检验基础	食品检验基础知识	食品检验的主要内容	★★★
		食品检验的主要作用	★★★
		食品中的六大营养素	★
		食品添加剂的定义	★
		食品检验的主要方法	★★★
		仪器检验法的概念	★★★
		化学检验法的应用范围	★★★
		微生物检验法的特点	★★★
		仪器分析法的应用范围	★★★
		选择检验方法的依据	★★★
		食品检验的基本步骤	★★★
		食品检验称样的精度要求	★★★
		称量分析法的应用范围	★★★
		称量分析法的分类方法	★★★
		固体试样的称量方法	★★★
		液体试样的称量方法	★★★
		滴定分析法的原理	★★★
		滴定分析法按化学反应类型不同的分类方法	★★★
		滴定分析应具备的条件	★★★
		酸碱滴定法的原理	★★★

考核类别	考核范围	考核点	重要程度
食品检验基础	食品检验基础知识	酸碱指示剂的变色原理	★★★
		常见酸碱指示剂的变色范围	★★★
		酸碱指示剂的选择依据	★★★
		常用酸碱指示剂的配制方法	★★★
		氧化还原滴定法的原理	★★★
		氧化还原滴定法的指示剂种类	★★★
		常见的氧化还原滴定法种类	★★★
		高锰酸钾滴定法的适用范围	★★★
		重铬酸钾滴定法的适用范围	★★★
		碘量法的适用范围	★★★
		沉淀滴定法的适用范围	★★★
		络合滴定法的原理	★★★
		金属指示剂的作用机理	★★★
		金属指示剂应具备的条件	★★★
		金属指示剂的种类	★★★
		食品检验中化学试剂的分类	★
		引起化学试剂变质的主要原因	★★★
		化学试剂分装时的注意事项	★★★
		食品检验中化学试剂的合理选用	★★★
		常用基准物质的干燥条件	★★★
		标准溶液标定时的注意事项	★★★
		氢氧化钠标准溶液的标定方法	★★★
		盐酸标准溶液的标定方法	★★★
		高锰酸钾标准溶液的标定方法	★★★
		EDTA标准溶液的标定方法	★★★
		电光分析天平的主要构造	★
		高压蒸汽灭菌锅的主要构造	★
		电热恒温干燥箱的主要构造	★
		生物显微镜的主要构造	★
		食品添加剂的检测内容	★
	食品安全知识	食品污染的分类	★★★
		食品污染物的危害	★★★
		食品安全的概念	★★★
		食品中污染物的控制常识	★★★
		食物中毒的种类	★★★

考核类别	考核范围	考 核 点	重要程度
食品检验基础	食品安全知识	食品中污染物的来源	★★★
		食品生产许可制度的概念	★★★

考点导航

一、食品检验基础知识

1. 食品检验的主要内容和作用

（1）食品检验的主要内容概括起来包括食品营养成分的检验、食品添加剂的检验、食品安全性的检验和食品的感官检验等。

（2）食品检验的主要作用有：对食品生产和加工进行全面质量控制；为食品质量纠纷的解决提供技术依据；为食品质量监管部门宏观监控提供参考；对出口食品的质量进行把关。

2. 食品中的六大营养素

食物中可以被人体吸收利用的物质称为营养素，糖类、脂肪、蛋白质、维生素、水和无机盐是人体所需的六大营养素。

3. 食品添加剂

食品添加剂是为改善食品色、香、味等品质，以及为防腐和加工工艺的需要而加入食品中的化合物质或者天然物质。目前我国食品添加剂有 23 个类别，2 000 多个品种，包括酸度调节剂、着色剂、防腐剂、甜味剂、香料等。

4. 食品检验的主要方法

根据检验手段和检验内容的不同，食品检验的方法通常分为：

（1）感官检验法：又称"官能检验"，就是依靠人的感觉器官来对产品的质量进行评价和判断。如对产品的形状、颜色、气味、伤痕、老化程度等，通常是依靠人的视觉、听觉、触觉和嗅觉等感觉器官进行检查，并判断质量的好坏或是否合格。

（2）化学检验法：以物质的化学反应为基础的分析方法，根据检验的目的不同，包括定量检验和定性检验两类。

（3）仪器检验法：以测定物质的物理性质为基础的分析方法，利用各种学科的基本原理，采用电学、光学、精密仪器制造、真空、计算机等先进技术探知物质化学特性的分析方法。仪器检验法包括气象色谱法、液相色谱法、质谱法、气质联用等。其主要特点有：灵敏度高，检出限量可降低；选择性好；操作简便，分析速度快，容易实现自动化。

（4）微生物检验法：应用微生物学及其相关学科的理论进行食品检验的方法，它的主要特点有准确度高、分析周期长、设备投资较少、反应条件温和。

此外，还有酶检验法等。

5. 食品检验分析方法的选择

选择合适的分析方法需要考虑多方面的因素，如分析方法的复杂程度和速度、分析要求的准确度和精密度、实验室现有条件等。

6. 食品检验的基本步骤

食品检验的基本步骤包括样品的采集、样品的制备和保存、样品预处理、成分分析、数据的处理和分析报告的撰写等。

7. 食品检样的称量

称量分析法也叫重量分析法,是将被测组分经过处理后,称量有关物质的质量以求得被测组分含量的分析方法。

(1) 食品检验称样的精度要求。

称取是指用天平进行的称量操作,其精度要求用数值的有效数字表示,如称取 20.0 g,指称量的精度为 ±0.1 g。准确称取是指用精密天平进行的称量操作,必须精确至 0.000 1 g。

(2) 称量分析法的应用范围。

称量分析法一般用来确定水分、灰分等成分含量。

(3) 称量分析法的分类方法。

称量分析法是一种常用的化学分析方法,通常可以分为挥发法、萃取法等。

(4) 固体试样的称量方法。

① 直接称量法:所称固体试样如果没有吸湿性并在空气中是稳定的,先准确称出容器的质量,然后将适量的试样加入容器中,称出它的总质量,两次数值相减,即为试样质量。

② 指定质量称量法:对于性质比较稳定的试样,调节天平的平衡点在中间刻度左右,然后在左边天平盘内加上固定质量的砝码,在右边天平盘内加上试样,直至天平的平衡点达到原来的数值,试样的质量即为指定的质量。

③ 减差称量法:先将样品放于称量瓶中,置于天平盘上,称得质量,然后取出所需的供试品量,再称得剩余供试品和称量瓶的质量,两次称量之差即为样品的质量。

(5) 液体试样的称量方法。

① 安瓿球法:在分析化学中用来称量具有挥发性质的液体样品的准确称量方法。称量时先称空瓶的质量,然后把小球在酒精灯上烤热,移去火焰,将进样口插入试样中,令其自然冷却,液体即自动吸入,至适当量时取出,用酒精灯把进样口封死,在天平上称量,两次称量之差即为液体样品的质量,然后放入盛有溶剂的三角瓶中,用力摇动,使其破碎,进行相应的测定。这种方法适用于易挥发样品的称量,如发烟硫酸、发烟硝酸、浓盐酸、氨水等液体试样。

② 点滴瓶法:在分析化学中用来称量具有不挥发性质的液体样品的准确称量方法。点滴瓶是带有吸管的小瓶,吸管顶端带有胶头。称量时,先把适量样品装入瓶中,于天平上称量,然后吸出适量样品于反应瓶中,再把点滴瓶放入天平盘上称量,两次称量之差即为试样的质量。这种称量方法适用于大多数情况下不易挥发的液体样品。

③ 注射器称量法:在分析化学中适用于对注射针头没有腐蚀的液体样品(大多数有机液体试样)。先在注射器中吸入适量的样品,用小块软橡胶堵住针头,放在天平盘上称量,两次称量之差即为试样的质量。这种方法损失小,准确可靠,方便省时。

8. 滴定分析法

(1) 滴定分析法的原理。

滴定分析法是定量分析中一种以化学反应为基础的方法,是否达到滴定终点需要借助指示剂颜色的变化做判断,但是指示剂变色点不一定恰好符合化学计量点。通常已知准确浓度的试剂溶液称为滴定剂,将滴定剂由滴定管滴加到被测溶液中的过程称为滴定。

(2) 滴定分析法按化学反应类型不同的分类方法。

酸碱滴定法:以水溶液中质子转移反应为基础的滴定分析方法。

氧化还原滴定法:基于溶液中氧化剂与还原剂之间电子的转移而进行反应的一种分析

方法。

络合滴定法:利用形成配合物反应为基础的滴定分析方法,又称配位滴定法。

沉淀滴定法:以沉淀反应为基础的一种滴定分析方法。

（3）滴定分析应具备的条件。

滴定分析法并非适用于所有化学反应,化学反应要用滴定分析法必须满足以下3个条件:

① 化学反应要定量完成:化学反应严格按照化学反应计量关系进行,反应彻底(定量程度达到99%以上)。

② 化学反应速率快:如果化学反应速率较慢,应采取适当措施,如加热、使用催化剂等提高反应速率。

③ 有合适的确定滴定终点的方法,即指示剂要选择合适。

（4）酸碱滴定法的原理。

酸碱滴定法也称中和法,基本反应为 $H^+ + OH^- \rightleftharpoons H_2O$,是一种利用酸碱反应进行容量分析的方法。

（5）酸碱指示剂的变色原理。

指示剂通常情况下是有机弱酸或弱碱,当溶液的 pH 改变时,指示剂获得质子转化为酸式结构,或失去质子转化为碱式结构,从而引起溶液颜色的变化,通过这一变化来判定滴定终点。

（6）常见酸碱指示剂的变色范围见表 1-3-1。

表 1-3-1　常见酸碱指示剂的变色范围

指示剂	变色范围 pH	颜色		pK_{In}	含　　量
		酸色	碱色		
百里酚蓝	1.2～2.8	红	黄	1.65	0.1%（20%乙醇溶液）
甲基黄	2.9～4.0	红	黄	3.25	0.1%（90%乙醇溶液）
甲基橙	3.1～4.4	红	黄	3.45	0.05%（水溶液）
中性红	6.8～8.0	红	黄橙	7.4	0.1%（60%乙醇溶液）
酚　酞	8.0～10.0	无	红	9.1	0.1%（95%乙醇溶液）

（7）酸碱指示剂的选择依据。

要选择一种变色范围恰好在滴定曲线的突跃范围之内,或者至少要占滴定曲线突跃范围一部分的指示剂,这样当滴定正好在滴定曲线突跃范围之内结束时,其最大误差不超过 0.1%,这是容量分析允许的。

（8）常用酸碱指示剂的配制方法。

甲基红:0.1～0.2 g 甲基红,溶于 100 mL 20%（体积分数）的乙醇溶液中。

甲基橙:称取 1.000 g 甲基橙溶于 1 000 mL 脱盐水中,摇匀即可。

溴甲酚绿:称取溴甲酚绿 0.1 g,溶于 100 mL 20%（体积分数）的乙醇溶液中。

酚酞（0.5%酚酞乙醇溶液）:称取 0.5 g 酚酞,用 95%（体积分数）的乙醇溶液溶解,并稀释至 100 mL,无须加水。

9. 氧化还原滴定法

（1）氧化还原滴定法的原理。

氧化还原滴定法是基于溶液中氧化剂与还原剂之间电子的转移而进行反应的一种分析方法。

（2）氧化还原滴定法的指示剂种类。

这类指示剂本身是氧化剂或还原剂，它的氧化态和还原态具有不同的颜色。在滴定过程中，指示剂由氧化态转为还原态，或由还原态转为氧化态时，溶液颜色随之发生变化，从而指示滴定终点。

常用氧化还原指示剂有：次甲基蓝、二苯胺、磺酸钠、邻苯氨基苯甲酸、邻二氮菲亚铁。

（3）常见的氧化还原滴定法种类。

氧化还原滴定法可以根据待测物的性质来选择合适的滴定剂，并常根据所用滴定剂的名称来命名，如常用的有高锰酸钾滴定法、重铬酸钾滴定法、碘量法、铈量法、溴酸钾滴定法等。

（4）高锰酸钾滴定法的适用范围。

高锰酸钾氧化能力强，应用广泛，可直接或间接地测定多种无机物和有机物。如可直接滴定许多还原性物质 Fe^{2+}、As（III）、Sb（III）、W（V）、U（IV）、H_2O_2、$C_2O_4^{2-}$、NO_2^- 等；返滴定时可测 MnO_2、PbO_2 等物质；也可以通过 MnO_4^- 与 $C_2O_4^{2-}$ 反应间接测定一些非氧化还原物质如 Ca^{2+}、Th^{4+} 等。

（5）碘量法的适用范围。

碘量法可以用直接或间接的方式进行，既可测定氧化剂，又可测定还原剂。I^{3-}/I^- 电对反应的可逆性好，副反应少，又有很灵敏的淀粉指示剂指示终点，因此碘量法的应用范围很广。

10. 沉淀滴定法

（1）沉淀滴定法的适用范围。

作为配位滴定的反应必须符合以下条件：

① 生成的配合物要有确定的组成，即中心离子与配位剂严格按一定比例配合。

② 生成的配合物要有足够的稳定性。

③ 配合反应要足够快。

（2）络合滴定法的原理。

被滴定的离子可以和滴定剂（标准溶液）、指示剂形成稳定的配合物，且指示剂的颜色和金属与指示剂的络合物的颜色一般不同，由于配合物与金属形成的稳定常数大于指示剂与金属离子形成的络合物的稳定常数，所以滴定剂（配合物）可以把金属离子置换出来，最后显出指示剂的颜色。

（3）金属指示剂的作用机理。

在配位滴定中，利用一种与金属离子生成有色配合物的显色剂指示滴定过程中金属离子浓度的变化，这种显色剂称为金属指示剂。

金属指示剂大多为有机染料，能与某些金属离子生成有色配合物，且配合物的颜色与金属指示剂的颜色不同。

（4）金属指示剂应具备的条件。

① 金属指示剂本身的颜色应与金属离子和与金属指示剂形成配合物的颜色有明显的区别。

② 指示剂与金属离子形成配合物的稳定性要适当小于配位剂与金属离子形成的配合物的稳定性。金属离子与指示剂形成的配合物的稳定性要符合：$\lg K'(MIn) \geq 4$，同时还要求：$\lg K'(MY) - \lg K'(MIn) \geq 2$。

③ 指示剂不与被测金属离子产生封闭现象。

④ 金属指示剂应比较稳定，以便于储存和使用。

（5）金属指示剂的种类。

① 铬黑 T（EBT）：分子式为 $C_{20}H_{12}N_3NaO_7S$。

② 钙指示剂（NN）：铬蓝黑 R。

③ 二甲酚橙（XO）：分子式为 $C_{31}H_{32}N_2O_{13}S$。

④ PAN：属于偶氮类显色剂，学名 1-（2- 吡啶偶氮 -）2- 萘酚。

⑤ 磺基水杨酸（SS）：分子式为 $C_7H_6O_6S$。

11. 化学试剂

（1）食品检验中化学试剂的分类。

我国的化学试剂按纯度和使用要求分为高纯（超纯、特纯）、光谱纯、分光纯、基准试剂、优级纯、分析纯和化学纯 7 种。后 3 种（即优级纯、分析纯、化学纯）为通用试剂，是实验室使用最多的试剂。

（2）引起化学试剂变质的主要原因。

常见的引起化学试剂变质的原因有：氧化和吸收二氧化碳、潮解和风化、挥发和升华、见光分解、温度的影响、尘埃的影响。

（3）化学试剂分装时的注意事项。

① 一般固体试剂装在广口瓶中。

② 见光易分解的试剂（如碘化钾、高锰酸钾等）装在棕色瓶中。

③ 有腐蚀性的试剂不宜用橡胶塞封口。

④ 一般液体试剂都装在玻璃细口瓶中。

（4）食品检验中化学试剂的合理选用。

① 化学分析中常用的标准溶液，一般应先用分析纯试剂进行近似配制，再用工作基准试剂进行标定。

② 仪器分析中一般使用优级纯、分析纯或专用试剂，痕量分析时应选用高纯试剂，以降低空白值和避免杂质干扰，同时，对所用的纯水的制取方法和仪器的洗涤方法也应有特殊的要求。

③ 对分析结果准确度要求高的工作，如仲裁分析、进出口商品检验、试剂检验等，基准物使用二级标准物质，可选用优级纯、分析纯试剂。

④ 有些教学实验，如酸碱滴定也可用化学纯试剂代替，车间中控分析可选用分析纯、化学纯试剂。

⑤ 冷却浴或加热浴用的药品可选用工业品。

12. 常用基准物质的干燥条件

（1）重铬酸钾的干燥条件是 140～150 ℃干燥至恒重。

（2）草酸钠的干燥条件是 130 ℃干燥至恒重。

（3）草酸的干燥条件是室温、空气干燥至恒重。

（4）氯化钠的干燥条件是 500～600 ℃干燥至恒重。

13. 标准溶液的配制和标定

（1）标准溶液标定时的注意事项。

标准溶液：指已经准确知道质量浓度（或物质的量浓度）的溶液，根据所需要的质量浓度（或物质的量浓度），准确称取一定量的物质，经溶解后，定量转移至容量瓶中并稀释至刻度，通过计算即得出标准溶液准确的质量浓度（或物质的量浓度）。用来配制这种溶液的物质称为基准物质。

对基准物质的要求有：

① 纯度高,杂质的质量分数低于 0.02%,易制备和提纯。

② 组成(包括结晶水)与化学式准确相符。

③ 性质稳定,不分解,不吸潮,不吸收大气中的二氧化碳,不失结晶水等。

④ 有较大的摩尔质量,以减小称量的相对误差。

（2）氢氧化钠标准溶液的标定方法。

① 选用分析纯的氢氧化钠配制氢氧化钠标准溶液；先用氢氧化钠配成氢氧化钠饱和溶液,放置数日澄清后,再用新煮沸并冷却的蒸馏水稀释至需要的浓度。

② 选用在 110～120 ℃干燥至恒重的基准优级纯邻苯二甲酸氢钾做基准物质来标定。

③ 选用酚酞做酸碱指示剂。

④ 4 次平行标定,取算术平均值为测定结果,每次标定结果相对平均偏差都不超过 0.15%。

（3）盐酸标准溶液的标定方法。

① 标定盐酸溶液常用的指示剂是溴甲酚绿 - 甲基红混合指示剂。

② 标定盐酸溶液常用的基准物质是 270～300 ℃条件下干燥的无水碳酸钠。

（4）高锰酸钾标准溶液的标定方法。

① 由于蒸馏水中常含有少量的还原性物质,通常将高锰酸钾溶液配好后煮沸 15 min,冷却后加塞静置 2 天以上,然后用垂融漏斗过滤,放在具有玻璃塞的棕色瓶中保存。

② 最常用的基准物质是草酸钠。

③ 自身指示剂:指示剂为自身即可。

④ 需要控制反应液的温度,但温度又不能太高,一般反应液温度为 70～80 ℃。

（5）EDTA 标准溶液的标定方法。

① 常用的基准物质是 800 ℃条件下干燥的氧化锌。

② 国标规定的金属指示剂是铬黑 T,由紫色变为纯蓝色。

③ 标定 EDTA 溶液,滴定过程中要控制溶液的 pH,加氨水 - 氯化铵缓冲溶液维持反应在碱性条件下进行。

14. 常用仪器的构造

（1）电光分析天平的主要构造。

① 天平横梁:电光分析天平的主要部件,水平泡位于天平立柱上,用来检查天平的水平位置,在天平横梁上装有玛瑙刀,天平横梁上玛瑙刀刀口的锋利程度影响天平的灵敏度,在天平横梁上部两端各装有一个平衡螺丝,用来调节天平的零点。

② 吊耳和秤盘。

③ 开关旋钮和盘托。

④ 机械加码装置和光学读数装置。

⑤ 天平箱。

（2）高压蒸汽灭菌锅的主要构造。

锅盖上装有温度计与压力表,用来测量锅内部温度和压力；装有排气阀、溢流阀,用以调节锅内蒸汽压力与温度以保障安全；放水阀则装在底座上。

（3）电热恒温干燥箱的构造。

电热恒温干燥箱由箱体、电热器和温度控制系统 3 部分组成。

① 箱体:主要由箱壳、恒温室、箱门、进气孔、排气孔、控制室等构成。其中,箱门属于箱体组成的一部分,箱体底部或侧面有一个进气孔,干燥空气由此进入;排气孔在箱体的顶部;排气窗的中央插有一支温度计,用以指示箱内温度。

② 电热器:通常由若干电热丝并联组成。

③ 温度控制系统:主要由温度传感器、温度控制电路、继电器、温度设置及温度显示部分组成。

（4）光学生物显微镜的构造。

① 光学生物显微镜一般由载物台、聚光照明系统、物镜、目镜和调焦机构组成。

② 聚光照明系统由灯源和聚光镜构成,聚光镜的功能是使更多的光能集中到被观察的部位。

③ 物镜位于被观察物体附近,是实现第一级放大的镜头。在物镜转换器上同时装着几个不同放大倍率的物镜,物镜的放大倍率通常为 5～100 倍。

④ 目镜是位于人眼附近实现第二级放大的镜头,放大倍率通常为 5～20 倍。

二、食品安全

1. 食品污染的分类

根据污染物的性质,食品污染分为生物性污染、物理性污染和化学性污染三大类。

2. 食品污染物的危害

人们食用含有大量病原菌或毒素的食物,可引起食物中毒,影响人体健康,甚至危及生命。

3. 食品安全的概念

食品安全是指食品无毒、无害,符合应当有的营养要求,对人体健康不造成任何急性、亚急性或者慢性危害。

4. 食品中污染物的控制常识

（1）加强生产环境的卫生管理。

（2）严格控制生产过程中的污染:选用健康无病的动植物原料,不使用腐烂变质的原料,采用科学卫生的处理方法进行分割、冲洗。食品原料如不能及时处理需采用冷藏、冷冻等有效方法加以储藏,避免微生物的大量繁殖。食品加工中的灭菌条件要能满足商业灭菌的要求。使用过的生产设备、工具要及时清洗、消毒。

（3）注意储藏、运输和销售卫生:食品的储藏、运输及销售过程中也应防止微生物的污染,控制微生物的大量生长。采用合理的储藏方法,保持储藏环境符合卫生标准。运输车辆应做到专车专用,有防尘装置,车辆应经常清洗消毒。

5. 食物中毒的分类

食物中毒按病因分为:微生物性食物中毒、动植物性毒素中毒、化学性食物中毒等。根据引起食物中毒的微生物类群不同,微生物性食物中毒又分为细菌性食物中毒和真菌性食物中毒。

6. 食品中污染物的来源

生活过程中凡是作为食品原料的动植物体,由于本身带有的微生物而造成食品的污染称为内源性污染,也称第一次污染;食品在生产加工、运输、储藏、销售、食用过程中,通过水、空气、人、动物、机械设备及用具等而发生微生物污染称为外源性污染,也称第二次污染。

7.食品生产许可制度的概念

食品生产许可制度是工业产品生产许可制度的一个组成部分,是为保证食品的质量安全,由国家主管食品生产领域质量监督工作的行政部门制定并实施的一项旨在控制食品生产加工企业生产条件的监控制度。

仿真训练

一、单项选择题（请将正确选项的代号填入题内的括号中）

1. 食品检验的主要内容概括起来包括食品营养成分的检验、(　　)的检验、食品安全性的检验和食品的感官检验等。

    A. 食品添加剂　　　　B. 食品辅助材料　　　C. 食品外观形状　　　D. 食品功能成分

2. 关于食品检验的主要作用,下列说法错误的是(　　)。

    A. 对食品生产和加工进行全面质量控制和管理

    B. 提高生产企业产品的知名度

    C. 对进出口食品的质量进行把关

    D. 为食品质量纠纷的解决提供技术依据

3. 习惯上将食品中的营养素划分为六类,下列物质不属于食品中六大营养素的是(　　)。

    A. 蛋白质　　　　　　B. 无机盐　　　　　　C. 苯甲酸　　　　　　D. 脂肪

4. 食品添加剂是指为改善食品品质和色、香、味以及(　　)和加工工艺的需要而加入食品中的化学合成或者天然物质。

    A. 防氧化　　　　　　B. 脱色　　　　　　　C. 防腐　　　　　　　D. 防变色

5. 根据检验手段和检验内容不同,食品检验的主要方法通常分为感官检验法、化学检验法、(　　)、微生物检验法和酶检验法等几大类。

    A. 无损检验法　　　　B. 电磁检验法　　　　C. 仪器检验法　　　　D. 物理检验法

6. 仪器检验法是根据食品中待测组分的(　　),利用仪器来测定其含量的方法。

    A. 感官形貌性质　　　B. 生物生理特性　　　C. 溶解、凝聚性能　　　D. 物理、化学性质

7. 根据检验的目的不同,化学检验法分为(　　)检验和定性检验两类。

    A. 重量　　　　　　　B. 容量　　　　　　　C. 定量　　　　　　　D. 滴定

8. 微生物检验法就是将微生物学及其相关学科的理论用于食品检验的方法,它的主要特点之一是(　　)。

    A. 分析周期长　　　　B. 设备投资巨大　　　C. 准确度较低　　　　D. 检测步骤简单

9. 下列分析方法不属于仪器分析法的是(　　)。

    A. 用光度分析法测定食品中的亚硝酸盐含量

    B. 用气相色谱法测定食品中的山梨酸含量

    C. 用直接滴定法测定食品中的还原糖含量

    D. 用高效液相色谱法测定食品中的维生素含量

10. 选择合适的分析方法需要考虑的因素是(　　)。

    A. 实验室现有条件　　B. 采样的地点　　　　C. 采样的方法　　　　D. 抽样的方法

11. 食品检验的基本步骤包括样品的采集、(　　)、样品预处理、成分分析、数据的处理和分析报告的撰写。

A.原始试样的采集　　B.样品的抽取　　　　C.样品的称量　　　　D.样品的制备和保存

12. 在食品分析称样中,准确称取是指用精密天平进行的称量操作,其精度为(　　　)。

A. ±0.001 g　　　B. ±0.000 1 g　　　C. −0.000 1 g　　　D. ±0.000 01 g

13. 称量分析法是通过称量物质的质量来确定被测组分含量的一种分析方法,下列不属于称量分析法的是(　　　)。

A. 重量法测定食品中的粗纤维　　　　　　B. 灼烧法测定食品中的灰分含量

C. 食品中还原糖含量的测定　　　　　　　D. 食品中水分含量的测定

14. 称量分析法是一种常用的化学分析方法,分为沉淀法、(　　　)和提取法等。

A. 滴定法　　　　　B. 沉淀滴定法　　　　C. 挥发法　　　　　D. 灰化法

15. 固体样品的称量方法有直接称量法、(　　　)和差减称量法。

A. 用注射器称量法　　B. 安瓿球法　　　　C. 指定质量称量法　　D. 滴定瓶法

16. 下列药品需要采用安瓿球法称量的是(　　　)。

A. 硫酸　　　　　　B. 磷酸　　　　　　　C. 浓盐酸　　　　　D. 高氯酸

17. 下列物质利用滴定分析法的原理来进行分析的是(　　　)。

A. 卡尔费休法测定食品中的水分含量　　　B. 干燥法测定食品中的水分含量

C. 灼烧法测定食品中的灰分含量　　　　　D. 重量法测定食品中的粗纤维

18. 滴定分析法是定量分析中一种很重要的方法,根据滴定的化学反应不同将滴定分析分为酸碱滴定法、(　　　)、络合滴定法和沉淀滴定法。

A. EDTA 滴定法　　B. 硝酸银滴定法　　　C. 氧化还原滴定法　　D. 银量法

19. 滴定分析法是定量分析中一种很重要的方法,适合滴定分析的化学反应必须具备(　　　)的条件。

A. 反应必须产生沉淀　　　　　　　　　　B. 反应能够迅速地完成

C. 反应必须是酸碱中和反应　　　　　　　D. 反应必须是氧化还原反应

20. 关于酸碱滴定法,下列描述最恰当的是(　　　)。

A. 酸碱滴定法是以酸碱中和反应为基础的滴定分析方法

B. 酸碱滴定法是以沉淀反应为基础的滴定分析方法

C. 酸碱滴定法是以络合反应为基础的滴定分析方法

D. 酸碱滴定法是以化学反应为基础的滴定分析方法

21. 关于酸碱指示剂变色原理,下列说法错误的是(　　　)。

A. 当溶液的 pH 改变时,指示剂获得质子转化为酸式结构,或失去质子转化为碱式结构,从而引起溶液颜色的变化

B. 酸碱指示剂的变色和其本身的性质有关,也与溶液的 pH 有关

C. 所有的酸碱指示剂都是有机弱酸

D. 所有的酸碱指示剂都是弱的有机酸或有机碱

22. 关于酸碱指示剂的变色范围,下列说法正确的是(　　　)。

A. 酚酞是一种有机弱酸,它的变色 pH 范围为 8.0～10.0

B. 甲基橙是一种有机弱碱,它的变色 pH 范围为 8.0～9.8

C. 酚酞是一种有机弱酸,它的变色 pH 范围为 1.2～2.8

D. 甲基橙是一种有机弱碱,它的变色 pH 范围为 8.0～10.0

23. 关于酸碱指示剂选择,下列说法错误的是(　　　)。

A. 凡是变色点 pH 处于突跃范围内的指示剂都可以用来指示滴定的终点,同时考虑指示变色的灵敏性

B. 酸滴定碱可以选择甲基红、甲基橙做指示剂

C. 碱滴定酸一般用酚酞做指示剂比较合适

D. 强碱滴定弱酸可以选择甲基红、甲基橙做指示剂

24. 关于溴甲酚绿指示剂的配制方法,下列操作方法正确的是(　　)。

A. 称取溴甲酚绿 0.1 g,溶于 100 mL 20%（质量分数）的氯化钠溶液中

B. 称取溴甲酚绿 0.1 g,溶于 100 mL 水中

C. 称取溴甲酚绿 0.1 g,溶于 100 mL 20%（体积分数）的乙醇溶液中

D. 称取溴甲酚绿 0.1 g,溶于 100 mL 20%（体积分数）的盐酸溶液中

25. 氧化还原滴定法是以(　　)为基础的滴定分析法。

A. 沉淀反应　　　　B. EDTA 反应　　　　C. 氧化还原反应　　　　D. 络合反应

26. 关于氧化还原滴定法所用的滴定反应指示剂,下列说法正确的是(　　)。

A. 氧化还原指示剂在氧化还原滴定中不参与氧化还原反应而发生颜色变化

B. 氧化还原滴定法指示剂分为氧化还原指示剂、自身指示剂和专用指示剂

C. 专用指示剂本身具有氧化还原性

D. 淀粉是一种氧化还原指示剂,本身具有氧化性

27. 氧化还原滴定法根据滴定剂种类不同分为 3 种主要类型:高锰酸钾滴定法、(　　)和碘量法。

A. EDTA 滴定法　　B. 沉淀法　　　　C. 络合滴定法　　　　D. 重铬酸钾滴定法

28. 用高锰酸钾滴定法测定物质的含量,可以采用直接滴定法的是(　　)。

A. 食品中钙含量　　　　　　　　B. 二氧化锰含量

C. 食品中过氧化氢含量　　　　　D. 食品中甘油含量

29. 下列物质不可以用重铬酸钾滴定法测定的是(　　)。

A. Ti^{3+}　　　　B. Na^+　　　　C. ClO_3^-　　　　D. NO_3^-

30. 碘量法是利用 I_2 的氧化性和 I^- 的还原性进行滴定的氧化还原滴定法,下列物质不可以用碘量法测定的是(　　)。

A. Sn^{2+}　　　　B. K^+　　　　C. S^{2-}　　　　D. Pb^{2+}

31. 沉淀滴定法是以沉淀溶解平衡为基础的滴定分析方法,可以用沉淀滴定法测定的物质是(　　)。

A. 铵离子　　　　B. 钾离子　　　　C. 碘离子　　　　D. 钠离子

32. 络合滴定法是以络合反应为基础的滴定分析方法,又称(　　)。

A. 沉淀滴定法　　B. 酸碱滴定法　　C. 配位滴定法　　　D. 氧化还原滴定法

33. 关于络合滴定法中所用的金属指示剂,下列说法错误的是(　　)。

A. 金属指示剂是一种有机络合剂

B. 金属指示剂与金属离子形成络合物的条件与 EDTA 测定金属离子的酸度条件相符合

C. 金属指示剂与金属离子形成络合物的稳定性比 EDTA 与金属离子形成络合物强

D. 金属指示剂与金属离子形成络合物的稳定性比 EDTA 与金属离子形成络合物差

34. 络合滴定法中所用的金属指示剂应具备(　　)的条件。

A. 指示剂与金属离子生成的络合物应该非常稳定

B. 指示剂与金属离子生成的络合物应有适当的稳定性

C. 金属指示剂与金属离子形成络合物的稳定性和 EDTA 与金属离子形成络合物的稳定性相同

D. 金属指示剂与金属离子形成络合物的稳定性比 EDTA 与金属离子形成络合物的稳定性强

35. 在络合滴定中,常用的金属指示剂有:(　　　)、二甲酚橙、PAN、酸性络蓝 K、磺基水杨酸等。

A. 铬黑 T　　　　　B. 铬酸钾　　　　　C. 溴甲酚绿　　　　　D. 重铬酸钾

36. 我国化学试剂通用分级法中根据纯度及杂质含量的多少分为 4 级,分别是优级纯、分析纯、(　　　)和实验试剂。

A. 化学纯　　　　　B. 超纯试剂　　　　　C. 光谱纯　　　　　D. 生化试剂

37. 下列化学试剂会因为氧化而引起变质的是(　　　)。

A. 甲醇　　　　　B. 氯化钙　　　　　C. 酚类　　　　　D. 乙醇

38. 关于化学试剂的分装,下列操作正确的是(　　　)。

A. 装氢氧化钠溶液的试剂瓶用玻璃塞封口　　　B. 装氢氧化钠溶液的试剂瓶用橡胶塞封口

C. 高锰酸钾装在白色瓶中　　　　　D. 碘化钾装在白色瓶中

39. 关于食品检验中化学试剂的选用,下列描述错误的是(　　　)。

A. 进行痕量分析时,用优级纯试剂

B. 根据不同的分析要求和不同的分析方法用不同等级的试剂

C. 进行痕量分析时,用分析纯试剂

D. 一般车间控制分析可用分析纯或化学纯试剂

40. 基准物草酸的干燥条件是(　　　)干燥至恒重。

A. 130～150 ℃　　　B. 80～100 ℃　　　C. 110～150 ℃　　　D. 室温、空气

41. 关于硝酸银标准溶液的标定,下列操作正确的是(　　　)。

A. 选用在 500～600 ℃灼烧至恒重的基准物质氯化钠做基准物质

B. 选用在 300～400 ℃灼烧至恒重的基准物质氯化钠做基准物质

C. 选用在 300～400 ℃灼烧至恒重的基准物质氯化钾做基准物质

D. 选用在 500～600 ℃灼烧至恒重的基准物质碳酸钙做基准物质

42. 标定氢氧化钠标准溶液,国标规定选用的基准物质是(　　　)。

A. 分析纯的盐酸溶液　　　　　B. 优级纯的邻苯二甲酸氢钾

C. 分析纯的磷酸　　　　　D. 优级纯的硫酸

43. 用溴甲酚绿－甲基红混合指示剂标定盐酸溶液,滴定过程溶液颜色的变化是(　　　)。

A. 红色→绿色→暗紫色　　　　　B. 绿色→蓝色→暗紫色

C. 绿色→紫红色→绿色→暗紫色　　　　　D. 绿色→暗紫色

44. 标定高锰酸钾溶液常用的指示剂是(　　　)。

A. 铬黑 T　　　　　B. 钙指示剂　　　　　C. 自身指示剂　　　　　D. 二甲酚橙

45. 标定 EDTA 溶液用氧化锌做基准物质,国标规定的金属指示剂是(　　　)。

A. 铬黑 T　　　　　B. 二甲酚橙　　　　　C. 钙红指示剂　　　　　D. 磺基水杨酸

46. 关于电光分析天平,下列说法错误的是(　　　)。

A. 天平横梁是天平的主要部件

B. 水平泡位于天平立柱上,用来检查天平的水平位置

C. 天平横梁上玛瑙刀刀口的锋利程度对天平的灵敏度无影响

D. 天平横梁上玛瑙刀刀口的锋利程度影响天平的灵敏度

47. 关于手提式高压蒸汽灭菌锅的构造，下列说法错误的是（　　）。

  A. 排气阀、溢流阀装在锅盖上　　　　　B. 放水阀装在底座上

  C. 放水阀装在锅盖上　　　　　　　　　D. 锅盖上装有排汽孔

48. 关于电热恒温干燥箱的构造，下列说法正确的是（　　）。

  A. 干燥箱的电热器通常由若干电热丝串联组成

  B. 排气孔在箱体的顶部

  C. 进气孔在箱体的顶部

  D. 进气孔中央插一支温度计，用以指示箱内温度

49. 生物显微镜的构造中，属于显微镜机械部分的是（　　）。

  A. 目镜　　　　　B. 物镜　　　　　C. 反光镜　　　　　D. 镜筒

50. 下列属于食品添加剂的检验内容的是（　　）。

  A. 食品中蛋白质含量的检测　　　　　B. 食品中亚硝酸盐含量的检测

  C. 食品中脂肪含量的检测　　　　　　D. 食品中灰分含量的检测

51. 根据污染物的性质，食品污染分为（　　）、物理性污染和化学性污染3大类。

  A. 生物性污染　　　B. 病毒性污染　　　C. 病理性污染　　　D. 细菌性污染

52. 农药污染后的食物通过消化道进入人体，微量农药可能在体内逐步蓄积，使机体的生理功能逐渐发生变化，从而引起（　　）。

  A. 急性中毒　　　B. 慢性中毒　　　C. 急性残障　　　D. 肌肉痉挛

53. 《中华人民共和国食品安全法》对食品安全的定义为：食品安全是指食品无毒、无害，符合应当有的（　　），对人体健康不造成任何急性、亚急性或者慢性危害。

  A. 营养要求　　　B. 安全要求　　　C. 质量要求　　　D. 卫生要求

54. 对于使用有机磷农药的果蔬，使用（　　）方法去除农药残留效果最佳。

  A. 高温杀菌　　　B. 沸水浸泡　　　C. 碱水浸泡　　　D. 盐水浸泡

55. 下列选项中不属于通常食物中毒种类的是（　　）。

  A. 动物性食物中毒　B. 化学性食物中毒　C. 真菌性食物中毒　D. 有毒气体的中毒

56. 食品化学污染的来源很多，一般情况下不包括（　　）。

  A. 来自生产、生活和环境中的污染　　　B. 食品容器、包装材料、运输工具等污染

  C. 各种细菌导致的污染　　　　　　　　D. 食品加工过程中产生的物质

57. 食品生产许可制度是工业产品生产许可制度的一个组成部分，是为保证食品的质量安全，由国家主管食品（　　）质量监督工作的行政部门，制定并实施的一项旨在控制食品生产加工企业生产条件的监控制度。

  A. 卫生领域　　　B. 流通领域　　　C. 生产领域　　　D. 安全领域

二、判断题（对的画"√"，错的画"×"）

（　　）1. 食品检验的主要内容概括起来包括食品营养成分的检验、食品添加剂的检验、食品安全性的检验和食品的感官检验等。

（　　）2. 食品检验的主要作用是为食品生产者降低生产成本，提高经济效益。

（　　）3. 蛋白质、脂肪、碳水化合物、水分、食品添加剂和维生素属于食品中六大营养素。

（　　）4. 食品添加剂都是化学合成物质。

（　　）5. 食品检验的主要方法通常有物理检验法、化学检验法、生物检验法、仪器检验法、微观检验法和酶检验法等几大类。

（　　）6. 仪器检验法是根据食品中待测组分的物理、化学性质,利用仪器来测定其含量的方法。

（　　）7. 根据检验目的的不同,化学检验法包括定性检验和定量检验两类,正常的检验工作主要是定量分析。

（　　）8. 微生物检验法就是应用微生物学及其相关学科的理论进行食品检验的方法,它的主要优点之一是样品分析周期短。

（　　）9. 用高锰酸钾滴定法测定食品中钙含量属于仪器分析法。

（　　）10. 选择合适的分析方法需要考虑多方面的因素。分析方法的先进程度和速度是考虑选择分析方法的依据。

（　　）11. 食品检验的基本步骤按照下列顺序进行,样品采集、样品的制备和保存、样品预处理、成分分析、数据的处理和分析报告的撰写。

（　　）12. 关于食品分析称样的一般要求,称取是指用天平进行的称量操作,其精度要求用数值的有效数字表示,如称取 20.0 g,指称量的精度为 ±0.01 g。

（　　）13. 称量分析法是通过称量物质的质量来确定被测组分含量的一种分析方法,食品中酸度的测定可以用称量分析法。

（　　）14. 称量分析法分为沉淀法、挥发法和滴定法。

（　　）15. 标定氢氧化钠标准溶液浓度时基准物质质量的称量用直接称量法。

（　　）16. 液体样品的称量方法有直接称量法、点滴瓶法和注射器称量法。

（　　）17. 滴定分析法是定量分析中一种很重要的方法,滴定分析的指示剂变色点一定恰好符合化学计量点。

（　　）18. 根据滴定的化学反应不同将滴定分析分为酸碱滴定法、氧化还原滴定法、络合滴定法和沉淀滴定法。

（　　）19. 滴定分析法是定量分析中一种很重要的方法,适合滴定分析的化学反应必须能产生沉淀。

（　　）20. 酸碱滴定法常用弱酸或弱碱作为标准溶液,测定一般的酸碱以及能与酸碱直接或间接发生质子传递反应的物质。

（　　）21. 酸碱指示剂的变色和其本身的性质有关,也和溶液的 pH 相关。

（　　）22. 甲基橙是一种有机弱碱指示剂,它的变色 pH 范围为 8.0～10.0。

（　　）23. 化学计量点是弱碱性,则应选择酚酞做酸碱指示剂。

（　　）24. 甲基红指示剂的配制方法是:称取甲基红 0.1 g 或 0.2 g,溶于 100 mL 乙醇水溶液中。

（　　）25. 氧化还原滴定法是以沉淀反应为基础的滴定分析法。

（　　）26. 在氧化还原滴定法中,除了用电位法确定终点外,还可以根据所使用的标准溶液不同,选择不同的指示剂来确定终点。

（　　）27. 氧化还原滴定法根据滴定剂种类不同分为 3 种主要类型:高锰酸钾滴定法、重铬酸钾滴定法和碘量法。

（　　）28. 高锰酸钾既可以在酸性条件下使用,也可以在中性或碱性条件下使用,由于高锰酸钾在强碱性溶液中具有更强的氧化能力,因此一般都在碱性条件下使用。

（　　）29. 重铬酸钾与高锰酸钾一样，可作为自身指示剂指示滴定终点。

（　　）30. 间接碘量法是以 I_2 为标准溶液间接测定氧化性物质，可以测定食品中钾离子的含量。

（　　）31. 沉淀滴定法是以沉淀溶解平衡为基础的滴定分析方法，可以测定钠离子的含量。

（　　）32. 配位滴定法是以酸碱中和反应为基础的滴定分析方法，又称络合滴定法。

（　　）33. 在络合滴定中，金属指示剂之所以能指示滴定终点是因为金属指示剂与金属离子形成的络合物溶于水。

（　　）34. 络合滴定法中所用的金属指示剂与金属离子形成络合物的稳定性比 EDTA 与金属离子形成络合物的稳定性弱。

（　　）35. 在络合滴定中，常用的金属指示剂有：铬黑 T、高锰酸钾、PAN、酸性络蓝 K、磺基水杨酸等。

（　　）36. 我国化学试剂通用分级法中根据纯度及杂质含量的多少将化学试剂分为 4 级，分别是优级纯、分析纯、色谱纯和实验试剂。

（　　）37. 光解作用可使有些试剂发生化学变化，$CHCl_3$ 见光氧化产生有毒的光气，所以有机试剂一般存于棕色试剂瓶中。

（　　）38. 见光易分解的过氧化氢不能装在不透光的玻璃瓶中，只能装在棕色玻璃瓶中。

（　　）39. 分析检验时，应根据对分析结果准确度的要求合理选用不同纯度的化学试剂。

（　　）40. 标定硝酸银标准溶液的基准物质氯化钠的干燥条件是 130～150 ℃干燥至恒重。

（　　）41. 标定标准溶液时所用标准溶液的体积不能太小，为了减少滴定误差，所用标准溶液体积越大越好。

（　　）42. 国标规定标定氢氧化钠溶液，应采用优级纯的硫酸作为基准物质来标定氢氧化钠溶液的浓度。

（　　）43. 国标规定标定盐酸溶液常用的基准物质是无水碳酸钠，它的干燥条件是 270～300 ℃。

（　　）44. 高锰酸钾溶液的标定不需要控制反应液的温度和酸度。

（　　）45. 在络合滴定前的准备中，EDTA 溶液的标定基准物质可以用碳酸钙、氧化锌、锌等。

（　　）46. 砝码是电光分析天平的主要部件。

（　　）47. 手提高压蒸汽灭菌锅锅盖上装有排气阀、溢流阀，用以调节锅内蒸汽压力与温度以保障安全。

（　　）48. 电热恒温干燥箱箱内温度的高低是由进气孔的温度计来控制的。

（　　）49. 镜筒属于显微镜构造中的光学部分。

（　　）50. 食品中灰分含量的检测属于食品添加剂的检测内容。

（　　）51. 根据污染物的性质，食品污染分为生物性污染、细菌性污染和病毒性污染。

（　　）52. 细菌、病毒污染食品的主要危害是肠道传染病。

（　　）53. 食品安全是个综合概念，包括食品卫生、食品质量、食品营养等相关方面的内容和食品（食物）种植、养殖、加工、包装、储藏、运输、销售、消费等环节。

（　　）54. 为防止食品的细菌污染，食品在食用前应充分加热，以防发生食物中毒。

（　　）55. 真菌及其毒素食物中毒是指食用含有被大量霉菌毒素污染的食物引起的食物中毒。

( ) 56. 食品污染包括物理性污染、化学性污染、生物性污染等,其中生物性污染不包括昆虫。

( ) 57. 从事食品生产的企业必须具备规定的基本生产条件,并取得食品生产许可证。

参考答案

一、单项选择题

1. A	2. B	3. C	4. C	5. C	6. D	7. C	8. A	9. C	10. A
11. D	12. B	13. C	14. C	15. C	16. C	17. A	18. C	19. C	20. A
21. C	22. A	23. D	24. C	25. C	26. B	27. D	28. C	29. B	30. B
31. C	32. C	33. C	34. B	35. A	36. A	37. C	38. B	39. C	40. D
41. A	42. B	43. C	44. C	45. C	46. C	47. C	48. B	49. D	50. B
51. A	52. B	53. A	54. C	55. 规	56. C	57. C			

二、判断题

1. √	2. ×	3. ×	4. ×	5. ×	6. √	7. √	8. ×	9. ×	10. ×
11. √	12. ×	13. √	14. √	15. √	16. √	17. ×	18. √	19. √	20. ×
21. √	22. √	23. √	24. √	25. √	26. √	27. √	28. ×	29. √	30. √
31. ×	32. ×	33. √	34. √	35. √	36. √	37. √	38. ×	39. √	40. √
41. ×	42. √	43. √	44. √	45. √	46. √	47. √	48. √	49. √	50. ×
51. ×	52. √	53. √	54. √	55. √	56. √	57. √			

第三单元 化学检验基础知识

学习目标

(1) 熟悉化学检验基础知识。

(2) 掌握溶液的表示方法及配制。

考核要点

考核类别	考核范围	考 核 点	重要程度
化学检验基础知识	化学检验基础知识	物质的组成	★★
		离子的概念	★★
		离子反应的条件	★★
		离子反应方程式的书写	★★
		摩尔质量的概念	★★
		氨基酸的化学性质	★★

考核类别	考核范围	考核点	重要程度
化学检验基础知识	化学检验基础知识	溶液的概念	★★
		溶质的概念	★★
		溶液中溶质含量的表示	★★
		酸的化学性质	★★
		碱的化学性质	★★
		盐的化学性质	★★
		化学反应的基本类型	★★
		化学反应的影响条件	★★
		有机化合物的特点	★★
		常见有机化合物官能团	★★
		淀粉的化学性质	★★
		单糖的化学性质	★★
		蛋白质的化学性质	★★
		化学方程式的概念	★★
		化学键的概念	★★
		化学键的分类	★★
		化学平衡的影响因素	★★
		pH 的含义	★★★
	溶液配制	溶液中溶质含量的表示方法	★★★
		一定质量分数溶液的配制方法	★★★
		一定体积分数溶液的配制方法	★★★
		一定质量浓度溶液的配制方法	★★★
		一定物质的量浓度溶液的配制方法	★★★
		标准溶液的配制方法	★★★

考点导航

一、化学检验基础知识

1. 物质的组成

构成物质的基本粒子有：分子、原子和离子。

2. 离子的概念

带电荷的原子或原子团或者说原子得到或失去电子而形成的带电微粒称为离子。

3. 离子反应的条件

有离子参加的反应称为离子反应。

离子反应发生的条件：

（1）生成难溶的物质（沉淀）。

（2）生成气体。

（3）生成难电离的物质（弱电解质）。

4. 离子反应方程式的书写

用实际参加反应的离子的符号表示反应的方程式，称为离子反应方程式。

书写过程：① 写出反应的化学方程式；② 把易溶于水的强电解质用离子符号表示，而难溶的物质、气体及弱电解质以分子式表示；③ 消去等号两边等量的相同离子，得到离子方程式；④ 检查等号两边各元素的原子数和离子所带电荷总数是否相等。

5. 摩尔质量的概念

单位物质的量的物质所具有的质量称为摩尔质量，用符号 M 表示，常用单位是 g/mol。

6. 氨基酸的化学性质

（1）具有两性和等电点。

（2）与茚三酮反应生成蓝紫色物质（脯氨酸、羟脯氨酸产生黄色物质）。

（3）与甲醛反应形成羟甲基衍生物，使溶液酸性增加。

（4）与亚硝酸反应放出氮气。

（5）与荧光胺反应生成荧光物质测其含量（生成物的最大激发波长为 390 nm，最大发射波长为 475 nm）。

（6）与 1, 2- 苯二甲醛反应，生成物为强荧光异吲哚衍生物（测定条件：激发波长 380 nm、发射波长 450 nm）。

7. 溶液的概念

一种或一种以上的物质分散到另一种物质里，形成均一的、稳定的混合物叫作溶液。

8. 溶质的概念

溶液中被溶解的物质叫作溶质。

9. 溶液中溶质含量的表示

溶液中溶质含量表示方法：质量分数、体积分数、质量浓度、物质的量浓度、摩尔分数。

质量分数：溶质的质量与混合物的质量之比。

体积分数：混合前溶质的体积除以混合物的体积。

质量浓度：溶质的质量除以混合物的体积。

物质的量浓度：溶质的物质的量除以混合物的体积。

摩尔分数：混合物或溶液中溶质的物质的量与各组分物质的量之和之比。

10. 酸的化学性质

（1）酸能跟碱性氧化物反应生成盐和水。

（2）酸溶液能跟酸碱指示剂起反应。

（3）酸能跟多种活泼金属起反应。

（4）酸跟碱起中和反应生成盐和水。

（5）酸跟某些盐反应生成新酸和新盐。

11. 碱的化学性质

（1）碱能跟酸性氧化物反应生成盐和水。

（2）碱溶液能跟酸碱指示剂起反应。

（3）碱跟酸起中和反应生成盐和水。

（4）碱跟某些盐反应生成新碱和新盐。

12. 盐的化学性质

（1）与金属单质反应生成另一种金属和盐。

（2）与碱反应生成另一种碱和另一种盐。

（3）与酸反应生成另一种酸和另一种盐。

13. 化学反应的基本类型

化学反应的基本类型有：化合反应、分解反应、置换反应和复分解反应。

14. 化学反应的影响条件

影响化学反应速率的因素除了温度、浓度、压力、催化剂外，还可以有光照。

15. 有机化合物的特点

（1）受热容易分解，而且容易燃烧。

（2）难溶于水，易溶于汽油、酒精、苯等有机溶剂，是非电解质，不易导电。

（3）一般熔点较低，多数在 300 ℃以下，而且容易测定。但也有一些有机化合物在一定温度时即行分解，一般 400 ℃以上就碳化，并无一定的熔点。

（4）所发生的化学反应复杂，速率较慢，不易完成。所以有机反应常常需要加热或应用催化剂以促进反应的进行。有机反应常伴有副反应发生，因此反应产物往往是混合物。

16. 常见有机化合物官能团

官能团是决定有机化合物的化学性质的原子或原子团。如：醇类中含有—OH 官能团；有机酸中含有—COOH 官能团；醛类中含有—CHO 官能团。

17. 淀粉的化学性质

（1）淀粉易水解，遇酸或酶水解，水解的最终产物是葡萄糖。

（2）淀粉与碘发生灵敏的颜色反应（呈蓝色）。

18. 单糖的化学性质

单糖由多羟基醛或多羟基酮组成，所以具有醇羟基及羰基的性质。

（1）与强酸的作用——脱水生成糠醛。

（2）酯化作用——与酸作用。

（3）氧化作用——醛糖产物为糖酸；酮糖对溴的氧化作用无影响，强氧化剂条件下酮糖在羰基处断裂，形成两个酸。

（4）还原作用——还原产物为糖醇类。

（5）与碱的作用——在弱碱作用下异构化。

（6）成苷反应——半缩醛羟基与醇及酚的羟基反应。

19. 蛋白质的化学性质

（1）具有两性和等电点。

（2）发生水解反应——最终产物为 α-氨基酸。

（3）溶于水具有胶体的性质，如丁达尔现象。

（4）加入电解质可产生盐析作用。

（5）蛋白质的变性。引起变性的原因有物理因素（加热、加压、搅拌、紫外线、X 射线等）和化学因素（强酸、强碱、重金属盐、乙醇、丙酮等）。

（6）颜色反应：① 缩二脲反应；② 蛋白黄色反应——蛋白质遇硝酸溶液产生黄色；③ 与水合茚三酮发生蓝紫色反应。

（7）蛋白质在灼烧分解时，可以产生一种烧焦羽毛的特殊气味，利用这一性质可以鉴别蛋白质。

20. 化学方程式的概念

用化学式来表示物质的化学反应的式子称为化学方程式。它表达了反应前后物质的质和量的变化,以及在反应时物质量之间的关系。

21. 化学键的概念

化学上把分子或晶体中相邻的两个或多个原子之间强烈的相互作用叫作化学键。

22. 化学键的分类

按元素原子间相互作用的方式和强度不同,化学键分为离子键、共价键和金属键。

阴、阳离子间通过静电作用所形成的化学键叫作离子键。

原子间通过共用电子对所形成的化学键叫作共价键。

金属晶体中自由电子的运动把金属原子或离子联系在一起的化学键叫作金属键。

23. 化学平衡的影响因素

化学平衡是在一定条件下建立起来的,一旦条件变化,平衡状态就被破坏,影响化学平衡的条件有浓度、压强、温度以及催化剂等。

在其他条件不变的情况下,增大反应物的浓度或减小生成物的浓度,都可使平衡向着正反应方向移动。

在其他条件不变的情况下,温度升高会使化学平衡向着吸热反应的方向移动;温度降低会使化学平衡向着放热反应的方向移动。

在其他条件不变的情况下,增大气体反应的总压强时,会使化学平衡向着气体分子数减少的方向移动;减小总压强时,会使化学平衡向着气体分子数增多的方向移动。

催化剂不影响化学平衡。

24. pH 的含义

采用 H^+ 浓度的负对数来表示溶液酸碱性的强弱,叫作溶液的 pH。

H^+ 浓度越大,pH 越小,溶液的酸性越强;H^+ 浓度越小,pH 越大,溶液的碱性越强。

二、溶液配制

1. 溶液中溶质含量的表示方法

溶液中溶质含量的表示方法见表 1-3-2。

表 1-3-2 溶液中溶质含量的表示方法

量的名称	符号	量的定义	常用单位
B 的质量分数	w_B	B 的质量与混合物的质量之比	%
B 的质量浓度	ρ_B	B 的质量除以混合物的体积	g/L、mg/L、μg/L
B 的体积分数	φ_B	混合前 B 的体积除以混合物的体积	%
B 的物质的量浓度	c_B	B 的物质的量除以混合物的体积	mol/L

注:B 表示某种溶质。

2. 一定质量分数溶液的配制方法

质量分数是指溶质的质量与混合物的质量之比。

例 欲配 $w(NaCl) = 5\%$ 的 NaCl 溶液 100 g,如何配制?

[解] $m_1 = (100 \times 5\%) g = 5 g$

$$m_2 = (100 - 5)\,g = 95\,g$$

配法:用架盘天平称取 NaCl 5 g,加水 95 mL(水的密度视为 1 g/mL),混匀。

3. 一定体积分数溶液的配制方法

体积分数是指混合前溶质的体积除以混合物的体积。

例 欲配制 $\varphi(C_2H_5OH) = 50\%$ 的乙醇溶液 1 000 mL,如何配制?

[解] $V(C_2H_5OH) = 1\,000\,mL \times 50\% = 500\,mL$

配法:用量筒量取无水乙醇 500 mL,加水稀释至 1 000 mL,混匀。

4. 一定质量浓度溶液的配制方法

质量浓度是指溶质的质量除以混合物的体积。

例 欲配制 20 g/L 的亚硫酸钠溶液 100 mL,如何配制?

[解] $\rho(NaSO_3) = \dfrac{m(NaSO_3)}{V} \times 1\,000$

$$m(NaSO_3) = \rho(NaSO_3) \times \frac{V}{1\,000} = \left(20 \times \frac{100}{1\,000}\right) g = 2\,g$$

配法:用架盘天平称取 2 g 亚硫酸钠溶于水中,加水稀释至 100 mL,混匀。

5. 一定物质的量浓度溶液的配制方法

依据:

$$c_B = \frac{n_B}{V}$$

$$n_B = \frac{m_B}{M_B}$$

$$m_B = c_B V \frac{M_B}{1\,000}$$

例 欲配制 $c(Na_2CO_3) = 0.5\,mol/L$ 的溶液 500 mL,如何配制?

[解] $m(Na_2CO_3) = c(Na_2CO_3) V \dfrac{M(Na_2CO_3)}{1\,000} = 0.5 \times 500 \times \dfrac{106}{1\,000}\,g = 26.5\,g$

配法:用架盘天平称取 Na$_2$CO$_3$ 26.5 g 溶于水中,并用水稀释至 500 mL,混匀。

6. 标准溶液的配制方法

(1)直接配制法。

准确称量—溶解—定容—摇匀。

(2)间接配制法。

先配制成所需的近似浓度的标准溶液,然后再确定其准确浓度。

① 标定法:利用基准物质确定溶液的准确浓度。如用草酸钠做基准物标定高锰酸钾标准溶液时,开始反应速率慢,稍后反应速率明显加快,Mn^{2+} 起了催化作用。

② 比较法:用一种已知浓度的标准溶液来确定另一种溶液的浓度的方法。

(3)注意事项。

① 可用于配制标准溶液的水是一级水。

② 配制 I$_2$ 标准溶液时,可将 I$_2$ 溶解在 KI 溶液中。

③ 见光易分解易挥发的标准溶液储存于棕色瓶中。

④ 易吸收二氧化碳并能腐蚀玻璃的强碱应储存于聚乙烯瓶中。

⑤ 标准溶液储存温度 15～25 ℃,保存期 2 个月,隔一段时间使用,需摇匀再标定一次。

仿真训练

一、单项选择题(请将正确选项的代号填入题内的括号中)

1. 原子、(   )和离子是构成物质的基本粒子。

　　A. 分子　　　　　　　B. 夸克　　　　　　　C. 质子　　　　　　　D. 电子

2. 离子是原子得到或失去电子而形成的(   )。

　　A. 带电分子　　　　　B. 带电物质　　　　　C. 带电离子　　　　　D. 带电微粒

3. 下列选项中属于发生离子反应的条件的是(   )。

　　A. 生成沉淀　　　　　B. 生成液体　　　　　C. 生成盐　　　　　　D. 生成易电离的物质

4. NH_4HSO_4 溶液中加入足量 $Ba(OH)_2$ 溶液的离子方程式是(   )。

　　A. $H^+ + SO_4^{2-} + Ba^{2+} + OH^- = BaSO_4\downarrow + H_2O$

　　B. $NH_4^+ + H^+ + SO_4^{2-} + Ba^{2+} + 2OH^- = BaSO_4\downarrow + 2H_2O + NH_3\uparrow$

　　C. $SO_4^{2-} + Ba^{2+} = BaSO_4\downarrow$

　　D. $H^+ + OH^- = H_2O$

5. 下列关于摩尔质量的表述错误的是(   )。

　　A. 摩尔质量的常用单位为 g/mol

　　B. 当物质的质量以克为单位时,摩尔质量在数值上等于该物质的相对原子质量

　　C. 对于某一纯净物来说,它的摩尔质量是可以变化的

　　D. 对某种物质而言,物质的质量随着物质的物质的量不同而发生变化

6. 两性和等电点、与硝酸反应、(   )都是氨基酸的化学性质。

　　A. 旋光反应　　　　　B. 吸光性质　　　　　C. 与甲醛反应　　　　D. 疏水性质

7. 下列关于溶液的说法正确的是(   )。

　　A. 溶液都是澄清、透明、无色的　　　　　　B. 溶液的体积一定等于溶质和溶剂体积之和

　　C. 溶液一定是混合物　　　　　　　　　　　D. 溶液一定是稳定的液体

8. 下列关于溶质的描述错误的是(   )。

　　A. 溶质可以是气体　　　　　　　　　　　　B. 单纯的一种物质不能叫作溶质

　　C. 溶质只能是单质　　　　　　　　　　　　D. 溶质可以是固体

9. 下列选项中不属于溶质含量表示方法的是(   )。

　　A. 摩尔质量　　　　　B. 质量分数　　　　　C. 质量浓度　　　　　D. 摩尔分数

10. 下列关于酸的化学性质的表述错误的是(   )。

　　A. 酸能跟酸性氧化物反应生成盐和水　　　　B. 酸溶液能跟酸碱指示剂起反应

　　C. 酸能跟多种活泼金属起反应　　　　　　　D. 酸跟碱起中和反应生成盐和水

11. 烧杯中盛有含石蕊的氢氧化钠溶液,逐滴加入稀盐酸至过量,则烧杯中溶液颜色变化的顺序是(   )。

　　A. 紫色—红色—蓝色　　　　　　　　　　　B. 蓝色—紫色—红色

　　C. 蓝色—红色—紫色　　　　　　　　　　　D. 紫色—蓝色—红色

12. 下列关于盐的化学性质表述错误的是(   )。

A. 与金属单质反应生成另一种金属和盐　　B. 与碱反应生成另一种碱和另一种盐

C. 与酸反应生成另一种酸和另一种盐　　D. 与碱性氧化物反应生成碱和另一种盐

13. 反应 $SiO_2+2C \stackrel{}{=\!=\!=} Si+2CO\uparrow$（高温条件下）属于（　　）。

   A. 化合反应　　　　B. 分解反应　　　　C. 置换反应　　　　D. 复分解反应

14. 对化学反应速率的影响一般不包括（　　）。

   A. 温度高低　　　　B. 空气影响　　　　C. 压强大小　　　　D. 催化剂使用

15. 下列关于有机化合物特点的表述错误的是（　　）。

   A. 易溶于汽油、酒精、苯等有机溶剂　　B. 受热容易分解

   C. 化学反应复杂，速率较慢，不易完成　　D. 熔点高，且难以测定

16. 官能团是决定有机化合物的化学性质的原子或原子团，醛类中含有（　　）官能团。

   A. —OH　　　　B. —COOH　　　　C. —CHO　　　　D. —CN

17. 淀粉水解的最终产物是（　　）。

   A. 蔗糖　　　　B. 果糖　　　　C. 麦芽糖　　　　D. 葡萄糖

18. 下列选项中不属于单糖化学性质的是（　　）。

   A. 还原性　　　　B. 成酯作用　　　　C. 成苷作用　　　　D. 溶解性

19. 下列不属于蛋白质的化学性质的是（　　）。

   A. 水解性　　　　B. 变性　　　　C. 盐析　　　　D. 水溶性

20. 用化学式来表示物质的化学反应的式子称为化学方程式，它表达了反应前后物质的（　　）的变化，以及在反应时物质的量之间的关系。

   A. 质　　　　B. 量　　　　C. 性质　　　　D. 质和量

21. 化学上把分子或晶体中相邻的两个或多个（　　）之间强烈的相互作用叫作化学键。

   A. 分子　　　　B. 离子　　　　C. 电子　　　　D. 原子

22. 按元素原子间相互作用的方式和强度不同，化学键分为离子键、共价键和（　　）。

   A. 氢键　　　　B. 配位键　　　　C. 分子间力　　　　D. 金属键

23. 在其他条件不变的情况下，（　　）会使化学平衡向着（　　）的方向移动。

   A. 温度降低　逆反应　　　　B. 温度升高　正反应

   C. 温度降低　吸热反应　　　　D. 温度升高　吸热反应

24. 一些食物的 pH 如下，其中碱性最强的是（　　）。

   A. 苹果 2.9～3.3　　B. 牛奶 6.3～6.6　　C. 鸡蛋清 7.6～8.0　　D. 番茄 4.0～4.4

25. B 的物质的量浓度可表示为（　　）。

   A. a_B　　　　B. b_B　　　　C. c_B　　　　D. d_B

26. 将 35 g 葡萄糖溶于 65 g 水中，其中葡萄糖的质量分数为（　　）。

   A. 0.583 3　　　B. 1.857 1　　　C. 0.35　　　D. 0.30

27. 体积分数 φ_B = 0.70 的水溶液，正确的配制方法是（　　）。

   A. 量取 70 mL B，用水稀释至 100 mL　　B. 量取 7 mL B，用水稀释至 100 mL

   C. 量取 70 mL B，用水稀释至 1 000 mL　　D. 量取 7 mL B，加入水 1 000 mL 混匀

28. 在下列质量浓度的溶液中，如果 $\rho(NH_4Cl)$ =10 g/L，则表示（　　）。

   A. 1 L NH_4Cl 溶液含 10 g NH_4Cl　　B. 1 L NH_4Cl 溶液含 1 g NH_4Cl

   C. 10 L NH_4Cl 溶液含 10 g NH_4Cl　　D. 10 L NH_4Cl 溶液含 1 g NH_4Cl

29. 配制 1 mol/L 的氯化钠溶液时，需称取（　　）氯化钠，加水溶解并定容至 1 000 mL（已知

氯化钠的相对分子量为 58.5)。

    A. 58.5 g   B. 32.7 g   C. 63.9 g   D. 72.8 g

30. 标准溶液的配制对水有一定要求,可用于配制标准溶液的水是(　　　)。

    A. 一级水   B. 三级水   C. 纯净水   D. 天然泉水

二、判断题(对的画"√",错的画"×"。)

(　　) 1. 分子、离子、原子等是构成物质的基本粒子。

(　　) 2. 原子失去电子生成阳离子。

(　　) 3. 生成沉淀、生成易电离的物质是发生离子反应的条件。

(　　) 4. 氯化铁溶液中通入硫化氢气体的离子方程式是 $2Fe^{3+} + S^{2-} = 2Fe^{2+} + S\downarrow$。

(　　) 5. 单位物质的量的物质所具有的质量称为摩尔质量,用符号 M 表示。

(　　) 6. 由于氨基酸同时含有羧基和氨基,因此它既有酸性又有碱性。

(　　) 7. 溶液不一定都是液态,也可能是气态或固态。

(　　) 8. 将 60 ℃的硝酸钾饱和溶液降温至 20 ℃,不发生变化的是溶质的质量。

(　　) 9. 质量浓度、质量分数、体积分数、摩尔分数等都是溶质含量的表示方法。

(　　) 10. 酸能使紫色石蕊试液变为红色,这是因为酸溶液中都含有氢元素。

(　　) 11. 就碱类物质的性质而言,碱溶液能使石蕊变红。

(　　) 12. 金属单质与盐(溶液)反应生成另一种金属和另一种盐,其中金属单质必须是在金属活动顺序表中排在盐金属前面的金属(钾、钙、钠除外),而盐必须溶于水。

(　　) 13. 置换反应属于化学反应的基本类型。

(　　) 14. 对大多数化学反应,若升高温度,则反应速率增大。

(　　) 15. 有机物易溶于水,难溶于汽油、酒精、苯等有机溶剂。

(　　) 16. 有机酸中含有的官能团是—COOH。

(　　) 17. 淀粉在热水中发生糊化作用不是淀粉的化学性质。

(　　) 18. 单糖可以被还原成相应的糖醇。

(　　) 19. 利用蛋白质灼烧后闻到烧焦羽毛气味可定性鉴定蛋白质。

(　　) 20. 化学方程式不仅表示了反应物和生成物的种类,而且还表达了它们相互反应的量的关系。

(　　) 21. 组成分子的原子之间必然有着相互作用,这种相互作用不仅存在于直接相邻的原子之间,而且也存在于分子内非直接相邻的原子之间。

(　　) 22. 在形成共价键时,共用电子对都是由成键的两原子分别提供,不会由一个原子单方提供而两个原子共用。

(　　) 23. 如果改变影响化学平衡的一个条件(如浓度、压强或温度等),平衡就向能够削弱这种改变的方向移动。

(　　) 24. 人体血液 pH 的正常范围是 7.35 ~ 7.45,当 pH < 7.35 时表现为碱中毒;当 pH > 7.45 时表现为酸中毒。

(　　) 25. 溶液的浓度通常是指一定量的溶液中所含溶质的量。

(　　) 26. $w(HCl) = 0.38$,也可表示为 $w(HCl) = 0.38\%$。

(　　) 27. 将原装液体试剂稀释时,多采用体积分数表示。

(　　) 28. B 的质量浓度指的是 B 的质量除以混合物的体积。

（　　）29. 在一定物质的量浓度溶液中取出任意体积的溶液,其浓度不变,但所含溶质的物质的量或质量因体积的不同而不同。

（　　）30. 用草酸钠做基准物标定高锰酸钾标准溶液时,开始反应速率慢,稍后反应速率明显加快,这是锰离子起了催化作用。

参考答案

一、单项选择题

1. A	2. D	3. A	4. B	5. C	6. C	7. C	8. C	9. A	10. A
11. B	12. D	13. C	14. B	15. D	16. C	17. D	18. D	19. D	20. D
21. D	22. D	23. D	24. C	25. C	26. C	27. A	28. A	29. A	30. A

二、判断题

1. √	2. √	3. ×	4. ×	5. √	6. √	7. √	8. ×	9. √	10. ×
11. ×	12. √	13. √	14. √	15. ×	16. √	17. √	18. √	19. √	20. √
21. √	22. ×	23. √	24. ×	25. √	26. ×	27. √	28. ×	29. √	30. √

第四单元　微生物检验基础知识

学习目标

（1）掌握微生物的形态结构及其他共性。
（2）掌握菌落总数的相关概念及测定方法。
（3）掌握大肠菌群的相关概念及测定方法。
（4）了解无菌操作技术。
（5）了解培养基的制备、储藏及品质鉴定等。

考核要点

考核类别	考核范围	考　核　点	重要程度
微生物检验基础知识	微生物检验基础知识	微生物的共性	★★★
		细菌的形态结构	★★★
		细菌的生理结构	★★★
		霉菌的形态特征	★★★
		酵母菌的形态特征	★★★
		菌落总数的概念	★★★
		测定菌落总数时的培养条件	★★★
		测定菌落总数的均质条件	★★★

考核类别	考核范围	考 核 点	重要程度
微生物检验基础知识	微生物检验基础知识	菌落计数	★★★
		菌落计数的方法	★★★
		菌落总数的报告要求	★★★
		大肠菌群的概念	★★★
		最可能数的概念	★★★
		测定大肠菌群时初发酵试验的培养条件	★★★
		测定大肠菌群时样品的均质条件	★★★
		测定大肠菌群时样品匀液的酸度要求	★★★
		测定大肠菌群时复发酵试验的培养条件	★★★
		大肠菌群平板计数	★★★
		LST 培养基的制备	★★★
		BGLB 培养基的制备	★★★
		结晶紫中性红胆盐琼脂的使用注意点	★★★
	无菌操作与培养基的配置	使用超净工作台的注意事项	★★★
		无菌操作人员的工作要求	★
		无菌操作的常用设备	★
		无菌操作的过程	★
		常用消毒剂的配制方法	★★★
		常用灭菌方法	★★★
		培养基的分类	★
		培养基的储藏方法	★
		培养基的实验室制备方法	★
		培养基的使用方法	★
		培养基的质量控制方法	★
		培养基的质量测试	★

考点导航

一、微生物检验基础知识

1. 微生物的定义和特点

微生物是一切肉眼看不见或看不清的微小生物,个体微小,结构简单,通常要用光学显微镜和电子显微镜才能看清楚。

微生物包括细菌、病毒、真菌和少数藻类等。有些微生物是肉眼可以看见的,像属于真菌的蘑菇、灵芝等。

微生物被称为"活的化工厂",具有强大的生物化学转化能力,吸收多,转化快。

2. 细菌、霉菌和酵母菌的形态特征

（1）细菌。

① 定义：一类细胞细短，结构简单，胞壁坚韧，多以二分裂方式繁殖的原核生物。它生活在温暖、潮湿和富含有机质的地方。

② 结构形态：主要是单细胞的原核生物，有球形、杆形和螺旋形。

基本结构：包括细胞膜、细胞壁、细胞质和核质。

特殊结构：包括荚膜、鞭毛、菌毛和芽孢，其中鞭毛是运动器官。

③ 繁殖方式：主要以二分裂方式进行繁殖。

④ 菌落：单个细菌用肉眼是看不见的，当单个或少数细菌在固体培养基上大量繁殖时，便会形成一个肉眼可见的，具有一定形态结构的子细胞群落。

（2）霉菌。

① 定义：霉菌是形成分枝菌丝的真菌的统称。

② 形态结构：构成霉菌体的基本单位称为菌丝，呈长管状，宽度为 $2\sim 10\ \mu m$，可不断自前端生长并分枝，无隔或有隔，具有一至多个细胞核。

a. 细胞壁。

（a）外层为无定形的 β- 葡聚糖。

（b）中层是糖蛋白，蛋白质网中间填充葡聚糖。

（c）内层是几丁质微纤维，夹杂无定形蛋白质。

b. 菌丝。

在固体培养基上生长时，霉菌的菌丝通常有以下三种：

（a）营养菌丝——深入培养基内，吸收营养物质的菌丝。

（b）气生菌丝——向空中生长的营养菌丝。

（c）繁殖菌丝——部分气生菌丝发育到一定阶段，分化为繁殖菌丝，产生孢子。

（3）酵母菌。

① 定义：一种单细胞真菌，在有氧和无氧环境下都能生存，属于兼性厌氧菌。

② 形态结构：有细胞核、细胞膜、细胞壁、线粒体等，呈球形或椭圆形。

3. 菌落总数

（1）菌落总数的概念及卫生意义。

① 定义：食品检样经过处理，在一定条件下培养后，所得每克或每毫升样品在一定条件下检样中形成的菌落数量。

② 意义：菌落总数测定用来判定食品被细菌污染的程度及卫生质量，菌落总数的多少在一定程度上标志着食品卫生质量的优劣。

（2）菌落总数的检验方法。

① 样品稀释。

a. 样品制备：称取 25 g 或 25 mL 样品置于盛有 225 mL 磷酸盐缓冲液或生理盐水的无菌均质杯内，振荡混合均匀，制成 1∶10 的样品匀液，固体先用无菌匀质器以 8 000～10 000 r/min 均质 1～2 min。

b. 梯度稀释：用 1 mL 无菌吸管吸取 1∶10 样品匀液 1 mL，加入盛有 9 mL 稀释液的无菌试管中，振摇试管混匀，制成 1∶100 的样品匀液。按上项操作顺序，制备 10 倍系列稀释样品的匀液，每次更换无菌吸管。

② 倾注培养。

a. 根据对样品污染状况的估计,选择 2～3 个适宜稀释度的样品匀液(液体样品可包括原液),吸取 1 mL 样品匀液于无菌平皿内,每个稀释度做 2 个平皿,同时做空白对照。

b. 及时将冷却至 46 ℃的平板计数琼脂培养基倾注于平皿中,并转动平皿使其混合均匀。

c. 琼脂凝固后,将平板翻转,于(36±1)℃培养(48±2)h,水产品于(30±1)℃培养(72±2)h。

③ 菌落计数。

菌落计数以菌落形成单位(CFU)表示。

a. 选取菌落数 30～300 CFU、无蔓延菌落生长的平板计数菌落总数。低于 30 CFU 的平板记录具体菌落数,大于 300 CFU 的可记录为"多不可计"。每个稀释度的菌落数应采用 2 个平板的平均数。

b. 其中一个平板有较大片状菌落生长时,则不宜采用,而应以无片状菌落生长的平板作为该稀释度的菌落数;若片状菌落不到平板的一半,而其余一半中菌落分布又很均匀,则可计算半个平板后乘以 2,代表一个平板的菌落数。

c. 当平板上出现菌落间无明显界线的链状生长时,则将每条单链作为一个菌落计数。

④ 结果与报告。

a. 菌落总数的计算方法。

(a) 若只有一个稀释度平板上的菌落数在适宜计数范围内,则计算两个平板菌落数的平均值,再将平均值乘以相应稀释倍数,作为每克(毫升)样品中菌落总数结果。

(b) 若有两个连续稀释度的平板菌落数在适宜计数范围内时,按公式(1-3-1)计算:

$$N = \sum C / (n_1 + 0.1\, n_2) D \qquad (1\text{-}3\text{-}1)$$

式中 N——样品中菌落数;

$\sum C$——平板(含适宜范围菌落数的平板)菌落数之和;

n_1——第一稀释度(低稀释倍数)平板个数;

n_2——第二稀释度(高稀释倍数)平板个数;

D——稀释因子(第一稀释度)。

示例见表 1-3-3。

表 1-3-3 两个连续稀释度的平板菌落数示例

稀 释 度	1∶100(第一稀释度)	1∶1 000(第二稀释度)
菌落数/CFU	232、244	33、35

(c) 若所有稀释度的平板上菌落数均大于 300 CFU,则对稀释度最高的平板进行计数,其他平板可记录为"多不可计",结果按平均菌落数乘以最高稀释倍数计算。

(d) 若所有稀释度的平板菌落数均小于 30 CFU,则应按稀释度最低的平均菌落数乘以稀释倍数计算。

(e) 若所有稀释度(包括液体样品原液)平板均无菌落生长,则以小于 1 乘以最低稀释倍数计算。

(f) 若所有稀释度的平板菌落数均不为 30～300 CFU,其中一部分小于 30 CFU 或大于 300 CFU 时,则以最接近 30 CFU 或 300 CFU 的平均菌落数乘以稀释倍数计算。

b. 菌落总数的报告。

（a）菌落数小于 100 CFU 时，按"四舍五入"原则修约，以整数报告。

（b）菌落数大于或等于 100 CFU 时，第三位数字采用"四舍五入"原则修约后，取前两位数字，后面用 0 代替位数；也可用 10 的指数形式来表示，按"四舍五入"原则修约后，采用两位有效数字。

（c）若所有平板上为蔓延菌落而无法计数，则报告菌落蔓延。

（d）若空白对照上有菌落生长，则此次检测结果无效。

（e）称重取样以 CFU/g 为单位报告，体积取样以 CFU/mL 为单位报告。

（3）平板计数的培养基。

① 平板计数琼脂培养基的成分：胰蛋白胨 5.0 g，酵母浸膏 2.5 g，葡萄糖 1.0 g，琼脂 15.0 g，蒸馏水 1 000 mL。pH = 7.0±0.2。

② 制法：将上述成分加至蒸馏水中，煮沸溶解，调节 pH。分装到试管或锥形瓶，于 121 ℃及高压条件下灭菌 15 min。

4. 大肠菌群的检测

（1）大肠菌群的概念及意义。

大肠菌群指一群在 37 ℃能发酵乳糖产酸产气的需氧和兼性厌氧的革兰氏阴性无芽孢杆菌。它可作为判断食品是否被肠道致病菌所污染及污染程度指示菌的条件。

（2）大肠菌群的检测方法（MPN 法）。

大肠菌群 MPN：指在 1 mL/g 食品检样中所含的大肠菌群的最近似或最可能数，这是一种基于泊松分布的间接计数法。

① 样品的稀释。

按菌落总数检验方法进行。

② 乳糖初发酵试验。

每个样品选择 3 个适宜的连续稀释度的样品匀液，每个稀释度接种 3 管月桂基硫酸盐胰蛋白胨（LST）肉汤，每管接种 1 mL（如接种量超过 1 mL，则用双料 LST 肉汤），于（36±1）℃培养（24±2）h，观察倒管内是否有气泡产生。（24±2）h 产气者进行复发酵试验，如未产气则继续培养至（48±2）h，产气者进行复发酵试验，仍未产气者计为大肠菌群阴性。

③ 复发酵试验。

用接种环从产气的 LST 肉汤管中分别取培养物 1 环，移种于煌绿乳糖胆盐肉汤（BGLB）管中，于（36±1）℃培养（48±2）h，观察产气情况，产气者计为大肠菌群阳性。

④ 大肠菌群最可能数（MPN）的报告。

按复发酵确证的大肠菌群 LST 阳性管数，检索 MPN 表，报告每克（毫升）样品中大肠菌群的 MPN 值。

（3）MPN 法初发酵和复发酵的培养基。

① 月桂基硫酸盐胰蛋白胨（LST）肉汤。

a. 成分：胰蛋白胨或胰酪胨 20.0 g，氯化钠 5.0 g，乳糖 5.0 g，磷酸氢二钾（K_2HPO_4）2.75 g，磷酸二氢钾（KH_2PO_4）2.75 g，月桂基硫酸钠 0.1 g，蒸馏水 1 000 mL。pH = 6.8±0.2。

b. 制法：将上述成分溶解于蒸馏水中，调节 pH；分装到有玻璃小倒管的试管中，每管 10 mL；于 121 ℃及高压条件下灭菌 15 min。

② 煌绿乳糖胆盐（BGLB）肉汤。

a. 成分：蛋白胨 10.0 g，乳糖 10.0 g，牛胆粉溶液 200 mL，0.1%煌绿水溶液 13.3 mL，蒸馏

水 800 mL。pH = 7.2±0.1。

b.制法:将蛋白胨、乳糖溶于约 500 mL 蒸馏水中,加入牛胆粉溶液 200 mL(将 20.0 g 脱水牛胆粉溶于 200 mL 蒸馏水中,调节 pH 至 7.0～7.5),用蒸馏水稀释到 975 mL,调节 pH,再加入 0.1% 煌绿水溶液 13.3 mL,用蒸馏水补足到 1 000 mL,用棉花过滤后,分装到有玻璃小倒管的试管中,每管 10 mL。于 121 ℃ 高压灭菌 15 min。

5. 大肠菌群平板计数法

(1)样品的稀释。

样品按菌落总数检验方法进行稀释。

(2)平板计数。

选取 2～3 个适宜的连续稀释度,每个稀释度接种 2 个无菌平皿,每皿 1 mL。同时取 1 mL 生理盐水加入无菌平皿做空白对照。及时将 15～20 mL 冷至 46 ℃ 的结晶紫中性红胆盐琼脂(VRBA)倾注于每个平皿中。小心旋转平皿,将培养基与样液充分混匀,待琼脂凝固后,再加 3～4 mL VRBA 覆盖平板表层。翻转平板,置于(36±1)℃ 培养 18～24 h。

(3)平板菌落数的选择。

选取菌落数为 15～150 CFU 的平板,分别计数平板上出现的典型和可疑大肠菌群菌落。典型菌落为紫红色,菌落周围有红色的胆盐沉淀环,菌落直径为 0.5 mm 或更大。

(4)证实试验。

从 VRBA 平板上挑取 10 个不同类型的典型和可疑菌落,分别移种于 BGLB 肉汤管内,于(36±1)℃ 培养 24～48 h,观察产气情况。凡 BGLB 肉汤管产气,即可报告为大肠菌群阳性。

大肠菌群平板计数的报告经最后证实为大肠菌群阳性的试管比例乘以计数的平板菌落数,再乘以稀释倍数,即为每克(毫升)样品中大肠菌群数。

例 10^{-4} 样品稀释液 1 mL,在 VRBA 平板上有 100 个典型和可疑菌落,挑取其中 10 个接种 BGLB 肉汤管,证实有 6 个阳性管,则该样品的大肠菌群数为:

$$\frac{100 \times 6}{10 \times 10^{-4}} g(mL) = 6.0 \times 10^5 CFV\ g(mL)$$

(5)大肠菌群平板计数法培养基:结晶紫中性红胆盐琼脂(VRBA)。

① 成分:蛋白胨 7.0 g,酵母膏 3.0 g,乳糖 10.0 g,氯化钠 5.0 g,胆盐或 3 号胆盐 1.5 g,中性红 0.03 g,结晶紫 0.002 g,琼脂 15～18 g,蒸馏水 1 000 mL。pH = 7.4±0.1。

② 制法:将上述成分溶于蒸馏水中,静置几分钟,充分搅拌,调节 pH。煮沸 2 min,将培养基冷却至 45～50 ℃ 倾注平板。使用前临时制备,放置不得超过 3 h。

二、无菌操作与培养基的配置

1. 培养基

(1)培养基的定义。

培养基是供微生物、植物和动物组织生长及维持用的人工配制的养料,一般都含有碳水化合物、含氮物质、无机盐(包括微量元素)以及生长素和水等。有的培养基还含有抗生素、色素、激素和血清。

(2)培养基的配制。

① 量取溶解。

② 调 pH 并过滤:用 1 mol/L 的盐酸或 40 g/L(1 mol/L)的 NaOH 溶液把培养基调节到

所要求的值，pH 会在灭菌后发生变化，一般降低 0.2，用滤纸或棉花进行过滤。

③ 分装：三角瓶中液量最多不能超过 3/5，试管中液面约为 1/4 高度。

④ 灭菌：按配方上要求的温度、压力进行高压蒸汽灭菌。含糖培养基的一般温度为 110 ℃，时间为 30 min；一般培养基温度为 121 ℃，时间为 15～20 min。

（3）培养基的分类。

① 按成分分类：天然培养基、合成培养基、半组合培养基、糖培养基。

② 按状态分类：液固体培养基、液体培养基、半固体培养基。

③ 按用途分类：选择性培养基、鉴别培养基、选择鉴别培养基。

（4）培养基的制备记录。

① 每次制备培养基均应有记录，包括培养基的名称、配方、来源和各种成分的牌号。

② 最终 pH、消毒的温度及时间、制备的日期和制备者等，记录应复制一份，原记录保存备查，复制记录随制好的培养基一同存放，以防发生混乱。

（5）培养基的质量检测。

① 液体培养基灭菌前后都要测定 pH，测定时尽量使培养基的温度降到 20～25 ℃。

② 经过 ISO9001 体系认证的商品化培养基生产商，如果能够提供资质证明，使用者可不必对培养基进行大量的测试工作。每批制备好的培养基都应进行污染测试。

③ 每批培养基制备好以后，应仔细检查一遍，若存在破裂、水分浸入、色泽异常、棉塞沾染培养基现象，则质量不合格，应挑出弃去。

④ 将灭菌后的营养琼脂培养基放入（36±1）℃恒温箱培养过夜，如发现有菌生长，应判为不合格而弃去。

（6）培养基的保存。

培养基在 30 ℃下放置一天，无污染的即可使用。一般用牛皮纸包裹好存放于温度为 2～8 ℃的冰箱中备用。

2. 无菌操作技术

（1）使用超净工作台的注意事项。

在使用超净工作台进行无菌操作前，采用紫外灯灭菌 20～30 min，操作人员在关闭紫外灯至少 30 min 后方可进行操作。

（2）无菌操作人员的工作要求。

在使用超净工作台进行无菌操作前，操作人员须用 75%（体积分数）的酒精对双手进行消毒或佩戴灭菌乳胶手套，在无菌室操作时穿无菌衣并佩戴无菌帽。

（3）无菌操作的设备。

常见的无菌操作仪器设备有超净工作台、高压灭菌锅等。无菌操作一次性设备和重复性使用的玻璃仪器应洁净无菌。

（4）无菌操作的过程。

① 无菌器皿或者溶液打开后应尽快使用。

② 接种环先用火焰灼烧至红色后，冷却使用。

③ 接种操作时，棉塞需要捏在手中或者倒放在桌面上，试管口要通过火焰进行 1～2 次灭菌，防止造成二次污染。

④ 所用玻璃器皿必须是完全灭菌的。所用剪刀、镊子等器具也必须进行消毒处理。

⑤ 样品如果有包装，应用 75%（体积分数）的乙醇在包装开口处擦拭后取样。操作应当

在超净工作台或经过消毒处理的无菌室进行。

（5）常用消毒剂的配制方法。

① 乙醇溶液。

a. 95%（体积分数）的酒精用于擦拭紫外线灯,其在家庭中还可用于相机镜头的清洁。

b. 75%（体积分数）的酒精用于消毒。

② 84 消毒液。

84 消毒液是以次氯酸钠为主的高效消毒剂,主要成分为次氯酸钠（$NaClO$）。它为无色或淡黄色液体,有效氯含量为 5.5%～6.5%,广泛用于宾馆、旅游、医院、食品加工行业、家庭等的卫生消毒。

③ 过氧乙酸。

含量:35%和 18%～23%（均为质量分数）两种。它能迅速杀灭病毒、细菌、真菌和芽孢。

3. 常用灭菌方法

常用的灭菌方法有化学试剂灭菌、射线灭菌、干热灭菌、湿热灭菌和过滤除菌等。可根据不同的需求采用不同的方法,如培养基灭菌一般采用湿热灭菌,空气则采用过滤除菌。

仿真训练

一、单项选择题（请将正确选项的代号填入题内的括号中）

1. 微生物被称为"活的化工厂",具有强大的生物化学转化能力,这是由它(　　)的特性决定的。

　A. 吸收多、转化快　　　B. 生长快、繁殖旺　　C. 体积小、面积大　　D. 适应性强、易变异

2. 细菌的形态很简单,基本可分为 3 类,其中不包括(　　)。

　A. 球状　　　　　　　B. 杆状　　　　　　　C. 链球状　　　　　　D. 螺旋状

3. 细菌的生理特征较为简单,其一般构造为(　　)。

　A. 细胞壁、细胞膜、性菌毛、核质体　　　　　B. 细胞壁、细胞膜、细胞质、性菌毛

　C. 细胞壁、细胞膜、细胞质、核质体　　　　　D. 细胞壁、细胞膜、核质体、性菌毛

4. 霉菌菌丝尖端的细胞壁分化及成分不正确的是(　　)。

　A. 从顶端开始依次为延伸区、硬化区、次生壁形成区、成熟区和隔膜区

　B. 菌丝亚顶端部位由内至外是几丁质层、蛋白质层和葡萄糖蛋白网层

　C. 成熟区由内至外是几丁质层、蛋白质层、葡聚糖蛋白质层和葡聚糖层

　D. 菌丝尖端各部位的成熟度不尽相同,各成分也不同

5. 酵母菌是一类低等的真核生物,其特点不包括(　　)。

　A. 个体一般以单细胞状态存在

　B. 多数出芽繁殖,有的裂殖,少数有性生殖

　C. 细胞壁常含甘露聚糖

　D. 喜在含糖量较高、酸度较大的水生环境中生长

6. 菌落总数是指:食品检样经过处理,在一定条件下进行培养后,所得(　　)检样中形成菌落的总数。

　A. 1.0 g　　　　　　　B. 0.5 g　　　　　　　C. 0.1 g　　　　　　　D. 1.5 g

7. 在食品中菌落总数的检验过程中,检样在培养基上混匀后,培养的温度是(　　)。

    A.（27±1）℃   B.（36±1）℃   C.（42±1）℃   D.（48±1）℃

8. 固体样品溶解在磷酸盐缓冲溶液中装入均质杯,均质速度符合标准要求的范围是（   ）。

    A. 1 000～3 000 r/min   B. 3 000～6 000 r/min

    C. 6 000～7 000 r/min   D. 8 000～10 000 r/min

9. 有关菌落计数下列说法正确的是（   ）。

    A. 低于 20 CFU 的平板记录具体菌落数

    B. 高于 100 CFU 的平板其菌落数可记录为多不可计

    C. 高于 200 CFU 的平板其菌落数可记录为多不可计

    D. 菌落计数以菌落形成单位（CFU）表示

10. 若两个连续稀释度的平板菌落数在适宜的计数范围内,第一稀释度（1∶100）的菌落数为 132 和 144,第二稀释度的菌落数为 13 和 15,则样品中菌落数是（   ）。

    A. $1.4×10^4$ B. $1.38×10^4$ C. $1.3×10^4$ D. $1.381×10^4$

11. 菌落总数的报告采用两位（   ）数字的报告形式。

    A. 计算   B. 有效   C. 平均   D. 加和

12. 大肠菌群是一群在 36 ℃条件下培养 48 h 能发酵（   ）、产酸产气的需氧和兼性厌氧革兰氏阴性无芽孢杆菌。

    A. 蔗糖   B. 葡萄糖   C. 乳糖   D. 麦芽糖

13. 计量大肠菌群数量的最可能数是一种基于（   ）计数方法。

    A. 正态分布的循环   B. 偏态分布的直接   C. 泊松分布的间接   D. 常态分布的倒推

14. 在大肠菌群的检验过程中,将检样匀液接种至 LST 肉汤管后,培养的时间是（   ）。

    A.（36±2）h   B.（48±2）h   C.（52±2）h   D.（58±2）h

15. 在大肠菌群的检验过程中,固体样品溶解在磷酸盐缓冲溶液中装入均质杯,均质速度符合标准要求的范围是（   ）。

    A. 1 000～3 000 r/min   B. 3 000～6 000 r/min

    C. 6 000～7 000 r/min   D. 8 000～10 000 r/min

16. 在大肠菌群的检验过程中,样品匀液的酸碱性控制在（   ）范围内。

    A. 强酸性   B. 强碱性   C. 弱酸性   D. 近中性

17. 在大肠菌群的检验过程中,复发酵试验的培养温度是（   ）。

    A.（27±1）℃   B.（36±1）℃   C.（42±1）℃   D.（48±1）℃

18. 下列有关大肠菌群平板计数的描述,正确的是（   ）。

    A. 结晶紫中性红胆盐琼脂冷却至 46 ℃

    B. 快速摇动平皿,将培养基与样液充分混匀

    C. 在琼脂未凝固时,加入 VRBA 覆盖平板表面

    D. VRBA 的用量控制在 10 mL 左右

19. LST 培养基将胰蛋白胨、氯化钠、乳糖、磷酸氢二钾、磷酸二氢钾、月桂基磺酸钠、蒸馏水按比例混合,调节（   ）,分装到小试管中,在 121 ℃条件下灭菌 15 min。

A. 黏度 　　　　　B. 浓度 　　　　　C. 温度 　　　　　D. 酸度

20. BGLB 培养基的制备方法是：将蛋白胨、乳糖溶于蒸馏水中，加入牛胆粉溶液，用蒸馏水稀释至 975 mL，调节（　　　　），再加入煌绿水溶液 13.3 mL，用蒸馏水补足到 1 000 mL，用棉花过滤后，分装到有玻璃小倒管的试管中，每管 10 mL，在 121 ℃条件下灭菌 15 min。

A. pH=6.4 　　　B. pH=7.4 　　　C. pH=8.4 　　　D. pH=9.4

21. 制备结晶紫中性红胆盐琼脂，是将蛋白胨、酵母膏、乳糖、氯化钠、胆盐、中性红和结晶紫溶解于蒸馏水中，充分搅拌，调节酸度，煮沸 2 min，将培养基冷却至（　　　　）。应在使用前临时制备，放置不得超过 3 h。

A. 25～30 ℃　　B. 35～40 ℃　　C. 45～50 ℃　　D. 50～60 ℃

22. 培养基按不同的分类标准可分为不同类型，下列培养基属于天然培养基的是（　　　　）。

A. 淀粉硝酸盐培养基　　　　　　　B. 牛肉膏蛋白胨培养基

C. 蔗糖硝酸盐培养基　　　　　　　D. 马铃薯蔗糖培养基

23. 实验室应保存有效的培养基目录清单，一般清单的内容可以不包括（　　　　）。

A. 容器的密闭性检查　　　　　　　B. 首次开封日期

C. 每次使用日期　　　　　　　　　D. 内容物的感官检查

24. 除特殊说明外，实验室常用的培养基灭菌并冷却到 25 ℃时，其 pH 变化不应超过（　　　　）。

A. 0.2 　　　　　B. 0.4 　　　　　C. 0.6 　　　　　D. 0.8

25. 普通营养琼脂培养基倾注平板时，为保证无菌操作，倾注口与火焰的安全距离以控制在（　　　　）左右为宜。

A. 5 cm 　　　　B. 10 cm 　　　　C. 20 cm 　　　　D. 25 cm

26. 成品培养基物理性状的质量控制至少包括（　　　　）时的 pH。

A. 20～25 ℃　　B. 15～20 ℃　　C. 10～20 ℃　　D. 25～30 ℃

27. 每批培养基制备好以后，应仔细检查一遍，若存在（　　　　）现象，则质量不合格，应挑出弃去。

A. 破裂 　　　　B. 无水分浸入 　　C. 色泽正常 　　　D. 棉塞洁净

28. 在使用超净工作台进行无菌操作前，操作人员须用（　　　　）对双手进行消毒。

A. 55%（体积分数）的酒精　　　　B. 65%（体积分数）的酒精

C. 75%（体积分数）的酒精　　　　D. 85%（体积分数）的酒精

29. 在使用超净工作台进行无菌操作前，操作人员须用 75%（体积分数）的（　　　　）对双手进行消毒。

A. 酒精 　　　　B. 过氧化氢 　　　C. 碘液 　　　　　D. 次氯酸

30. 无菌操作区内人员应保持双手卫生，在下述情况下，可以不对双手消毒的是（　　　　）。

A. 欲进入无菌操作区前　　　　　　B. 开始操作前

C. 双手沾染污物　　　　　　　　　D. 佩戴灭菌乳胶手套

31. 下列各项中属于无菌操作的仪器设备是（　　　　）。

A. 恒温水浴锅 　　B. 生物培养箱 　　C. 高速离心机 　　D. 高温灭菌锅

32. 在无菌操作间进行无菌操作时，不需要注意的事项是（　　　　）。

A. 所用的玻璃器皿要洁净无菌　　　B. 操作区域要洁净无菌

C. 操作人员的工作服要洁净无菌　　D. 操作人员要洁净无菌

33. 84 消毒液原液有效氯含量大于等于 5%，配制 0.5%的使用液方法正确的为（　　　　）。

A. 取 100 mL 原液,加水 1 000 mL 即得　　B. 取 90 mL 原液,加水至 1 000 mL 即得
C. 取 90 mL 原液,加水 1 000 mL 即得　　D. 取 100 mL 原液,加水至 1 000 mL 即得

34. 下列不属于无菌操作中常用的灭菌方法是(　　)。
　　A. 湿热灭菌　　　　B. 干热灭菌　　　　C. 化学灭菌　　　　D. 渗透压灭菌

35. 下列无菌操作中常用的灭菌方法,其原理不属于高温灭菌的是(　　)。
　　A. 湿热灭菌　　　　B. 干热灭菌　　　　C. 辐射灭菌　　　　D. 间歇灭菌

二、判断题(对的画"√",错的画"×")

(　　) 1. 微生物由于体型都极其微小,因而有着如下共性:体积小,面积大;吸收多,转化快;生长旺,繁殖快;适应性强,易变异;分布广,种类多。

(　　) 2. 细菌是一类细胞细而短、结构简单、细胞壁坚韧、以二等分裂方式繁殖和水生性较弱的原核微生物。

(　　) 3. 细菌的生理特征较为简单,其细胞壁的主要功能包括固定细胞外形、协助鞭毛运动和为正常细胞分裂所必需。

(　　) 4. 霉菌菌丝细胞由厚实、坚韧的细胞膜包裹,其内有细胞质。

(　　) 5. 酵母菌是一类低等的真核生物,其个体一般以单细胞状态存在。

(　　) 6. 菌落总数是指:食品检样经过处理,在一定条件下进行培养后,所得 1.0 g 检样中形成菌落的总数。

(　　) 7. 在水产品中菌落总数的检验过程中,检样在培养基上混匀后,培养的温度是(30±1)℃,培养的时间是(72±3)h。

(　　) 8. 固体样品溶解在磷酸盐缓冲溶液中装入均质杯,均质时间符合标准要求的范围是 1～2 min。

(　　) 9. 平板上出现菌落间无明显界限的链状生长时,则每条单链作为一个菌落计数。

(　　) 10. 若 2 个连续稀释度的平板菌落数在适宜的计数范围内,第一稀释度(1:100)的菌落数为282和288,第二稀释度的菌落数为73和85,则样品中菌落数是 $3.31×10^4$。

(　　) 11. 有关菌落总数的检测结果采用"四舍六入五成双"的修约规则。

(　　) 12. 大肠菌群是一群在 36 ℃条件下培养 48 h 能发酵乳糖、产酸产气的需氧和兼性厌氧革兰氏阳性无芽孢杆菌。

(　　) 13. 计量大肠菌群数量的最可能数是基于泊松分布的一种间接计数方法。

(　　) 14. 在大肠菌群的检验过程中,初发酵试验所使用的培养基是煌绿乳糖胆盐。

(　　) 15. 在大肠菌群的检验过程中,固体样品溶解在磷酸盐缓冲溶液中装入均质杯,均质速度符合标准要求的范围是 8 000～10 000 r/min。

(　　) 16. 在大肠菌群的检验过程中,样品匀液的酸度控制在 pH = 5.5～6.5 的范围内。

(　　) 17. 在大肠菌群的检验过程中,复发酵试验所使用的培养基是月桂基硫酸盐胰蛋白胨。

(　　) 18. 大肠菌群平板计数,选择 2～3 个适宜的连续稀释度,每个稀释度接种 2 个无菌平皿,每皿加 5 mL 样品匀液,同时用 2 个无菌平皿做空白对照。

(　　) 19. LST 培养基的制备方法是将胰蛋白胨、氯化钠、乳糖、月桂基磺酸钠、蒸馏水按比例混合,调节酸度,分装到小试管中,在 121 ℃条件下灭菌 15 min。

(　　) 20. 制备 BGLB 培养基的主要原料是蛋白胨、乳糖、牛胆粉溶液、蒸馏水和煌绿水溶液。

(　　) 21. 结晶紫中性红胆盐琼脂使用前应临时制备,放置时间不得超过 5 h。

（　　）22. 按培养基的物理状态划分,平板计数琼脂培养基应属于半固体培养基。

（　　）23. 一般来说,未开封的脱水培养基应避光储存于 25 ℃条件下阴凉干燥处,开过封的
脱水培养基应盖紧瓶盖注意密封储存。

（　　）24. 所有培养基灭菌后均需要重新调节到所要求的 pH。

（　　）25. 对不稳定的添加成分应在培养基融化后立即添加。

（　　）26. 每批制备好的培养基都应进行污染测试。

（　　）27. 将灭菌后的营养琼脂培养基放入（36±1）℃恒温箱培养过夜,如发现有菌生长,
应判为不合格而弃去。

（　　）28. 在使用超净工作台进行无菌操作前,操作人员须用 55%（体积分数)的酒精对双手进
行消毒。

（　　）39. 无菌技术操作人员操作完毕后应将手套口翻转向下脱去手套。

（　　）30. 高压灭菌锅是用于湿法灭菌操作的设备。

（　　）31. 接种环使用完毕后在酒精灯外焰迅速通过 2 次即可。

（　　）32. 将碳酸钠配成 1%的水溶液煮沸消毒玻璃器皿可增强消毒作用,并可去污。

（　　）33. 热灭菌法包括干热灭菌、湿热灭菌和间歇灭菌。

（　　）34. 高压蒸汽灭菌的蒸汽温度可达 121 ℃,维持 30 min,它也适用于某些易被高压破
坏的物质。

参考答案

一、单项选择题

1. A	2. C	3. C	4. B	5. B	6. A	7. B	8. D	9. D	10. A
11. B	12. C	13. C	14. B	15. D	16. D	17. B	18. A	19. D	20. B
21. C	22. B	23. C	24. A	25. B	26. A	27. A	28. C	29. A	30. D
31. D	32. D	33. D	34. D	35. C					

二、判断题

1. √	2. ×	3. √	4. ×	5. √	6. √	7. √	8. √	9. √	10. ×
11. ×	12. ×	13. √	14. ×	15. √	16. ×	17. √	18. ×	19. ×	20. √
21. ×	22. √	23. √	24. ×	25. ×	26. ×	27. √	28. ×	29. √	30. √
31. ×	32. √	33. √	34. ×						

第五单元　仪器检验

学习目标

（1）了解食品检验常用玻璃器皿的种类、规格、使用方法及注意事项。

（2）掌握恒温干燥箱、天平、生物显微镜及干燥器等的使用方法。

考核要点

考核类别	考核范围	考 核 点	重要程度
仪器检验	常用玻璃器皿	常用玻璃器皿的种类	★
		常用玻璃器皿的使用注意事项	★
		常用玻璃器皿的规格	★
		常用玻璃器皿的用途	★
		玻璃器皿的洗涤方法	★
		常用洗涤液的配方	★
		常用洗涤液的使用方法	★
		常用玻璃器皿的干燥方法	★
		常用玻璃器皿的存放方法	★
		实验室常用玻璃仪器装置的组合方法	★
		容量瓶的使用方法	★
		刻度吸量管的使用方法	★
		移液管的使用方法	★
		量筒的使用方法	★
		烧杯的使用方法	★
		锥形瓶的使用方法	★
	常用检验仪器	电热恒温干燥箱的使用方法	★★★
		机械天平(电光分析天平)的使用方法	★★★
		机械天平(电光分析天平)的维护方法	★★★
		架盘药物天平的使用方法	★★★
		生物显微镜的使用方法	★★★
		生物显微镜的维护方法	★★★
		高压蒸汽灭菌锅的使用方法	★★★
		电子天平的使用方法	★★★
		隔水式电热恒温培养箱的使用方法	★★★
		玻璃干燥器的使用方法	★★★
		干燥剂的选用	★★★

考点导航

一、常用玻璃器皿

1. 常用玻璃器皿的种类、规格及使用方法

在食品分析中,常用的玻璃仪器按用途可分为容器类、量器类和其他仪器类。

(1)烧杯。

① 规格及用途:玻璃品质,有 10 mL、15 mL、25 mL、50 mL、100 mL、250 mL、400 mL、500 mL、600 mL、1 000、2 000 mL 等规格,主要用于配制溶液、溶样等。

② 使用注意事项。

a. 硬质的烧杯可以加热至高温,但软质的烧杯要注意勿使温度变化过于剧烈。

b. 加热时应置于石棉网上,使其受热均匀,一般不可烧干。

(2)三角烧瓶(锥形瓶)。

① 规格及用途:主要有 50 mL、100 mL、250 mL、500 mL、1 000 mL 等规格,主要用于滴定分析。

② 使用注意事项:同烧杯。

(3)量筒、量杯。

① 主要用途、性能:粗略地量取一定体积的液体用。

② 使用注意事项。

a. 不能做反应容器用。

b. 不能加热或烘烤。

(4)容量瓶(量瓶)。

① 规格及用途:有 5 mL、10 mL、25 mL、50 mL、100 mL、200 mL、250 mL、500 mL、1 000 mL、2 000 mL 等规格,主要用于配制标准溶液或被测溶液。

② 使用注意事项。

a. 不能盛热溶液、加热或烘烤。

b. 磨口塞必须密合,要保持原配,避免打碎、遗失和搞混,漏水的不能用。

(5)移液管(单标线吸量管)。

① 规格及用途:主要有 1 mL、2 mL、5 mL、10 mL、15 mL、20 mL、25 mL、50 mL、100 mL 等规格,量出式,用于准确地移取一定量的液体。

② 使用注意事项。

a. 不能加热或烘干。

b. 吸取的溶液放出时管尖端的液体一般不得吹出,若有"吹"字的需吹出。

(6)吸量管。

① 规格及用途:主要有 0.1 mL、0.2 mL、0.25 mL、0.5 mL、1 mL、2 mL、5 mL、10 mL、25 mL、50 mL 等规格,能准确地移取各种不同体积的液体。

② 使用注意事项:同移液管。

(7)干燥器。

① 主要用途、性能。

a. 定量分析时,保持烘干或灼烧过的物质的干燥。

b. 盛需干燥的仪器和物品。

② 使用注意事项。

a. 底部放变色硅胶或其他干燥剂,干燥剂不要放得太满,以干燥器下室的 1/2 为宜。

b. 在磨口处涂适量凡士林使之与盖子密合。

c. 不可将刚灼烧过的物体放入,放入热的物体后要时常开盖以免盖子跳起。

d. 干燥器内的干燥剂要按时更换。

e. 打开盖时应将盖子向旁边推开,搬动时应用手按住盖子,以免盖子滑落而打碎。

2. 常用玻璃器皿的洗涤方法

（1）用水刷洗：首先用毛刷蘸水刷洗仪器，用水冲去可溶性物质及刷去表面黏附的灰尘。若未洗净根据油污选择洗液洗涤，再用自来水冲洗干净。最后用蒸馏水润湿2～3次。

（2）用低泡沫洗涤液刷洗：用低泡沫洗涤液和水摇动，温热的洗涤液去油能力更强，必要时可短时间浸泡。用自来水冲净洗涤液，再用蒸馏水洗3遍。

（3）用还原剂洗去氧化剂，如二氧化锰的洗涤。

（4）进行定量分析时，即使少量杂质对分析结果的准确性也是有影响的。这时可用铬酸洗液清洗容量仪器。去污粉因含有细砂等固体摩擦物，有损玻璃，不能用于洗涤容量仪器。

（5）滴管、吸量管等仪器浸于温热的洗涤剂水溶液中在超声波清洗机液槽中超洗数分钟，洗涤效果极佳。

（6）洗净的仪器倒置时，水流出后器壁应不挂水珠，再用少量蒸馏水涮洗仪器2～3次，洗去自来水带来的杂质，即可使用。

3. 常用洗涤液

（1）铬酸洗液：用于去除器壁残留油污；用少量洗液涮洗或浸泡一夜，洗液可重复使用；洗液由红棕色变绿色即失效；洗涤废液经处理解毒方可排放；尽量不用。

（2）合成洗涤剂。

① 成分：主要是洗衣粉、去污粉、洗洁精等。

② 使用方法：适用于一般的器皿，可有效去除油污及某些有机化合物。

（3）盐酸－乙醇溶液。

① 成分：化学纯的盐酸和乙醇以1∶2的体积比进行混合。

② 使用方法：用于洗涤被染色的吸收池、比色管、吸量管等。洗时最好将器皿浸泡一定时间，然后用水冲洗。

（4）纯酸洗液。

① 成分：1∶1、1∶2或1∶9的盐酸或硝酸。

② 使用方法：用于除去 Hg、Pb 等重金属杂质离子，将常法洗净的仪器浸泡于纯酸洗液中24 h。

（5）氢氧化钠洗液。

① 成分：10%的氢氧化钠水溶液。

② 使用方法：水溶液加热（可煮沸）使用，其去油效果较好；注意，煮的时间太长会腐蚀玻璃。

（6）氢氧化钠－乙醇（或异丙醇）洗液。

① 成分：将120 g NaOH 溶于150 mL 水中，用95%的乙醇稀释至1 L。

② 使用方法：用于洗去油污及某些有机物。精密玻璃量器不可长时间在该洗液中浸泡，以免被腐蚀，影响量器精度。

4. 玻璃器皿的干燥和存放

（1）玻璃器皿的干燥。

玻璃器皿的干燥方法主要有以下4种。

① 晾干：不急等用的仪器可用纯水涮洗后，倒置于干净的实验柜或容器架上控去水分，然后自然晾干。

② 烘干：洗净的仪器控去水分，放在烘箱中烘干，烘箱温度为105～120 ℃，烘1 h左右。

放置容器时应注意平放或使容器口朝下。砂芯玻璃滤器、带实心玻璃塞的及厚壁的仪器烘干时要注意慢慢升温并且温度不可过高，以免烘裂。玻璃量器的烘干温度不得超过 150 ℃。用乙醇等有机溶剂润洗过的仪器勿立即放入烘箱，以免爆炸，应晾干。

③ 烤干：烧杯或蒸发皿可置于石棉网上用火烤干。

④ 吹干：急需干燥又不便于烘干或烤干的玻璃仪器，可以使用电吹风机吹干。

（2）玻璃器皿的保管。

储藏室里玻璃器皿要分门别类地存放，以便取用。

玻璃仪器的保管方法如下：

① 移液管：洗净后置于防尘的盒中。

② 滴定管：用毕洗去内装的溶液，用纯水涮洗后注满纯水，上盖玻璃短试管或塑料套管，也可倒置夹于滴定管夹上。

③ 比色皿：用毕后洗净，在小瓷盘或塑料盘中下垫滤纸，倒置晾干后收于比色皿盒或洁净的器皿中。

④ 带磨口塞的仪器：容量瓶或比色管等最好在清洗前就用小线绳或塑料细套管把塞和管口拴好，以免打破塞子或互相弄混。需长期保存的磨口仪器要在塞间垫一张纸片，以免日久黏住。长期不用的滴定管要除掉凡士林后垫纸，用皮筋拴好活塞保存。磨口塞间如有砂粒不要用力转动，以免损伤其精度。不要用去污粉擦洗磨口部位。

⑤ 成套仪器：如索氏抽提器、气体分析器等用完要立即洗净，放在专门的纸盒里保存。

（3）实验室常用玻璃器皿装置的组合方法。

① 配制一般质量分数的溶液，应选用烧杯、玻璃棒、量筒等玻璃仪器。

② 实验室组装定氮蒸馏装置时，应选用圆底烧瓶、冷凝管、定氮球等玻璃仪器。

③ 实验室组装较低沸点组分的普通回流装置时，至少应选用球形冷凝管、圆底烧瓶等玻璃仪器。

④ 实验室组装水泵减压蒸馏装置时至少应选用圆底烧瓶、接收瓶、直行冷凝管、克莱森接头等玻璃仪器。

（4）容量瓶的使用方法。

使用容量瓶配制溶液的方法是：

① 使用前检查瓶塞处是否漏水。

② 把准确称量好的固体溶质放在烧杯中，用少量溶剂溶解。然后把溶液转移到容量瓶里。

③ 向容量瓶内加入的液体液面离标线 1 cm 左右时，应改用滴管小心滴加，最后使液体的弯液面与标线正好相切。若加水超过刻度线，则需重新配制。

④ 盖紧瓶塞，用倒转和摇动的方法使瓶内的液体混合均匀。

⑤ 用容量瓶配制溶液，在定容结束后，应将容量瓶倒转，使气泡上升到顶部，此时将瓶体振荡数次，再倒转过来，仍使气泡上升到顶部，如此反复 10 次以上，才能混合均匀。

（5）刻度吸量管的使用方法。

① 执管：用中指和拇指拿住吸量管上口，以食指控制流速；刻度数字应朝向操作者。

② 取液：把吸量管插入液体内（切记悬空，以免液体吸入洗耳球内），用洗耳球吸取液体至所取液量的刻度上端 1～2 cm 处，然后迅速用食指按紧吸量管上口，使管内液体不再流出。

③ 调准刻度：将已吸足液体的吸量管提出液面，然后垂直提起吸量管于供器内口（管尖悬离供器内液面）。用食指控制液流至所需刻度，此时液体凹面、视线和刻度应在同一水平面上，

并立即按紧吸量管上口。

④ 放液：放松食指，让液体自然流入受器内（如移液管标有"吹"字，则应将管口残余液滴吹入受器内），此时，管尖应接触受器内壁，但不应插入受器内的原有液体之中，以免污染吸量管及试剂。

（6）移液管的使用。

① 使用时，应先将移液管洗净，自然沥干，并用待量取的溶液少许荡洗 3 次。

② 以右手拇指及中指捏住管颈标线以上的地方，将移液管插入供试品溶液液面下约 1 cm，这时，左手拿橡皮吸球（一般用 60 mL 的洗耳球）轻轻将溶液吸上，当液面上升到刻度标线以上约 1 cm 时，迅速用右手食指堵住管口，取出移液管，并使之与地面垂直，稍微松开右手食指，使液面缓缓下降，此时应平视标线，直到弯液面与标线相切，立即按紧食指，使液体不再流出，并使出口尖端接触容器外壁，以除去尖端外残留溶液。

③ 将移液管移入准备接受溶液的容器中，使其出口尖端接触器壁，使容器稍倾斜，而使移液管直立，然后放松右手食指，使溶液自由地顺壁流下，待溶液停止流出后，一般等待 15 s 拿出。

④ 注意此时移液管尖端仍残留有一滴液体，不可吹出。

（7）量筒的使用。

① 不能用量筒配制溶液或进行化学反应。

② 不能加热，也不能盛装热溶液，以免炸裂。

③ 量取液体时应在室温下进行。

④ 读数时，视线应与凹液面的最低点水平相切。

⑤ 量取已知体积的液体，应选择比已知体积稍大的量筒，否则会造成误差过大。如量取 15 mL 的液体，应选用容量为 20 mL 的量筒，不能选用容量为 50 mL 或 100 mL 的量筒。

（8）锥形瓶的使用。

① 锥形瓶为平底窄口的锥形容器，一般皆用于滴定试验中。

② 为了防止滴定液下滴时溅出瓶外，造成试验的误差，将瓶子放在磁搅拌器上搅拌。也可以用手旋转摇动。

③ 锥形瓶亦可用于普通试验中制取气体或作为反应容器。其锥形结构相对稳定，不会倾倒。

二、常用检验仪器

1. 电热恒温干燥箱的使用方法

（1）电热恒温干燥箱自动恒温系统常用差动式或接点式温度计来控制温度。

（2）需干燥处理的物品放入干燥箱内，上下四周应留存一定空间，以保持工作室内气流畅通。

（3）不能烘干易燃易爆检样。

2. 机械天平（电光分析天平）的使用和维护方法

（1）机械天平（电光分析天平）读数时，小数点后一、二位应读圈码对应的数值。

（2）取放圈码时要轻缓，不要过快转动指示盘旋钮，以免圈码跳落或变位。

（3）调节零点，即观察投影屏上的刻度线是否与微分标尺上的 0.0 mg 刻度重合，读数方法为砝码＋圈码＋微分标尺。

（4）称量步骤为：称前检查、零点调节、称量、读数、复原。

（5）若长时间不使用，应定时通电预热，一般每周一次，预热 2 h，以确保仪器始终处于良好使用状态。

（6）检定室的温度应保持在 15～30 ℃，不得受振动、气流及强磁场的影响，避免阳光直接照射。

3. 架盘药物天平的使用方法

（1）如果配制一般溶液，称量几到几十克物质，应该选用架盘药物天平，其最大荷载为 100 g，精确到 0.1 g。

（2）使用架盘药物天平时应在右面托盘放置砝码，左面托盘放置被称量物品。

（3）把天平放置在水平的地方，游码要指向红色 0 刻度线。调节横梁两端的平衡螺母，调节零点直至指针对准中央刻度线。

4. 生物显微镜的使用和维护方法

（1）生物显微镜的照明光源有自然光源和人工光源两种。

（2）使用显微镜时，载玻片和盖玻片在清洗前可先在 2% 的盐酸溶液中浸泡 1 h。

（3）生物显微镜对物体的放大倍数是目镜放大倍数与物镜放大倍数的积。

（4）使用生物显微镜观察标本时，经对光后再调节粗调节器，使视野中出现模糊的影像。先用低倍物镜进行观察，便于找到观察物。在找到观察物后，将其移至视场中央，再转换高倍物镜进行观察。

（5）生物显微镜镜检完毕，应上旋镜头，先用拭镜纸擦去镜头上的油，再用拭镜纸蘸二甲苯擦镜头。长期放置的生物显微镜涂在镜架零部件上的润滑油脂会硬化，维护时须先用汽油清洗，然后用乙醇和乙醚混合液进行擦拭。

（6）生物显微镜应放置在干燥、阴凉的地方，如果是潮湿季节，应按规定勤擦镜头或在箱内放干燥的氧化钙，以免潮湿发霉损伤镜头。由于保管不善导致生物显微镜的镜头发霉起雾时，一般用吹风球吹去灰尘，或用毛笔轻轻地拭去附在镜头表面的灰尘，然后用脱脂棉或白纱布蘸适量的二甲苯轻轻地擦拭，直至完全消除霉雾为止。

5. 高压蒸汽灭菌锅的使用方法

（1）采用高压蒸汽灭菌锅进行湿热灭菌时，确保灭菌质量的关键是排除冷空气。

（2）使用高压蒸汽灭菌锅灭菌时，其一般消毒杀菌条件为：温度 121 ℃ 时，维持时间 20 min，到达保压时间后，即可切断电源，在压力降至 0.5 MPa 时，可缓慢放出蒸汽。其目的是排净空气，使锅内均匀升温，保证灭菌彻底。

6. 电子天平的使用方法

（1）电子天平在初次接通电源或长时间断电之后，至少需要预热 30 min。在持续的检测过程中，为保证测量结果的准确性，电子天平应保持在待机状态。

（2）电子天平首次使用时必须用随机校准砝码校正。在调整校正之后，显示器无显示的原因可能是放置天平的台面不稳定。

（3）在使用过程中，称量结果不断改变的原因可能是被测物质量不稳定、被测物带静电荷、防风罩未完全关闭。

（4）电子天平调水平时，应调整地脚螺栓高度，使水平仪内空气气泡位于圆环中央。

7. 隔水式电热恒温培养箱的使用方法

（1）隔水式电热恒温培养箱的温度变化范围一般在 3～65 ℃。

（2）隔水式电热恒温培养箱开启电源后，一般运行 2 h，箱内温度即可达到均匀。完好的隔水式电热恒温培养箱开启后,温度波动范围在小于等于1℃。

（3）使用隔水式电热恒温培养箱时,若温度一直上升不能控制,可能的原因是设定温度过高、可控硅损坏、仪表损坏。

（4）使用隔水式电热恒温培养箱时,一般试验为了恒温快,可在未加热前先加入高于试验温度2~3℃的水。

（5）使用隔水式电热恒温培养箱时,在加水或加热状态,水套略有响动属于正常现象。

8. 玻璃干燥器的使用方法

（1）冬季气温低,有时玻璃干燥器盖子无法移动,可以用热毛巾覆盖,或者置于较高温度的环境中。

（2）为保证常用玻璃干燥器的密封性,一般需要涂抹凡士林,打开时需侧向用力。

9. 干燥剂的选用

实验室所用的干燥剂有些是可以再生的,比如硅胶颗粒。不同状态的物质对干燥剂有不同的要求,比如H_2SO_4（浓)干燥剂适用于一般气体的干燥,碱石灰干燥剂适用于氨气的干燥。

仿真训练

一、单项选择题（请将正确选项的代号填入题内的括号中）

1. 在食品分析中,常用的玻璃仪器按用途可分为容器类、量器类和其他仪器类。下列玻璃仪器属于量器类的是(　　)。
   A. 移液管　　　　B. 烧杯　　　　C. 试剂瓶　　　　D. 三角烧瓶

2. 在食品分析中,常用的玻璃仪器按用途可分为容器类、量器类和其他仪器类。下列玻璃仪器属于容器类的是(　　)。
   A. 移液管　　　　B. 容量瓶　　　　C. 量筒　　　　D. 三角烧瓶

3. 在食品分析中,玻璃烧杯常用于配制溶液、做加热反应容器等,下列关于烧杯的使用操作正确的是(　　)。
   A. 所盛反应液体超过烧杯容量的2/3　　B. 加热煮沸水的烧杯立即放在冰水中冷却
   C. 用烧杯做量器来配制标准溶液　　D. 把烧杯放在石棉网上加热

4. 在食品分析中,常用的容器类玻璃仪器有烧杯、锥形瓶、称量瓶等,下列对容器类玻璃仪器的使用描述错误的是(　　)。
   A. 用烧杯盛反应液体不能超过烧杯容量的2/3
   B. 锥形瓶常用于滴定分析的操作
   C. 直接将锥形瓶放在电炉上加热
   D. 将烧杯放在石棉网上加热

5. 在食品分析中,常用的容器类玻璃仪器有烧杯、锥形瓶、称量瓶等,关于烧杯的常用规格下列选项完全正确的是(　　)。
   A. 10 mL、25 mL、50 mL、80 mL　　B. 10 mL、25 mL、50 mL、100 mL
   C. 10 mL、20 mL、50 mL、100 mL　　D. 10 mL、25 mL、40 mL、100 mL

6. 容量瓶是食品分析中常用的量器,关于它的常用规格下列选项完全正确的是(　　)。
   A. 25 mL、50 mL、100 mL、200 mL　　B. 25 mL、50 mL、1 000 mL、150 mL
   C. 100 mL、200 mL、250 mL、500 mL　　D. 50 mL、100 mL、250 mL、500 mL

7. 对常用玻璃仪器的用途,下列描述不正确的是(　　　)。

　　A. 烧杯可用于配制溶液　　　　　　　　B. 碘量瓶可用于溶解样品

　　C. 三角烧瓶可用于滴定分析　　　　　　D. 圆底烧瓶可用于蒸馏

8. 在食品分析试验中,不可以用于蒸馏试验的玻璃仪器是(　　　)。

　　A. 冷凝管　　　　　B. 碘量瓶　　　　　C. 三角烧瓶　　　　　D. 圆底烧瓶

9. 被有机物质严重沾污的玻璃器皿可置于(　　　)的高温炉中加热 15～30 min。

　　A. 100 ℃　　　　　B. 200 ℃　　　　　C. 300 ℃　　　　　D. 400 ℃

10. 在食品蛋白质含量的测定蒸馏试验中,蒸馏装置安装后可用(　　　)洗涤。

　　A. 水蒸气蒸馏　　　B. 硝酸溶液浸泡　　C. 高温加热　　　　D. 超纯水

11. 实验室中常用硝酸洗涤液主要用于浸泡清洗测定金属离子的器皿,常用(　　　)的溶液。

　　A. 1∶4 或 1∶2　　B. 1∶9 或 1∶4　　C. 1∶9 或 1∶2　　D. 1∶4 或 1∶4

12. 氢氧化钠-乙醇洗液的配制方法为:将 120 g 氢氧化钠溶于 150 mL 水中,用(　　　)稀释至 1 L。

　　A. 50% 的酒精　　　B. 医用酒精　　　　C. 工业乙醇　　　　D. 无水乙醇

13. 下列洗液不能用于去除油污的是(　　　)。

　　A. 铬酸洗液　　　　B. 纯酸洗液　　　　C. 碱性洗液　　　　D. 碱性高锰酸钾洗液

14. 用来洗涤硝酸银滴定后留下的黑褐色沾污物的最佳洗液是(　　　)。

　　A. 碘-碘化钾洗液　　　　　　　　　　　B. 铬酸洗液

　　C. 乙醇-浓硝酸洗液　　　　　　　　　　D. 硝酸-氢氟酸洗液

15. 玻璃仪器需快速干燥时,可采用吹风干燥法,使用电吹风机先用(　　　),然后加少量易挥发有机溶剂,再吹入(　　　)干燥,最后用(　　　)吹去残留溶剂。

　　A. 冷风　热风　冷风　　　　　　　　　　B. 热风　热风　冷风

　　C. 热风　冷风　热风　　　　　　　　　　D. 冷风　冷风　热风

16. 下列玻璃量器不适合使用鼓风干燥箱干燥的是(　　　)。

　　A. 三角烧瓶　　　　B. 刻度吸量管　　　C. 刻度试管　　　　D. 玻璃刻度离心管

17. 使用结束清洗洁净的玻璃仪器,不需放入专用的防尘盒里保存的是(　　　)。

　　A. 移液管　　　　　B. 容量瓶　　　　　C. 滴定管　　　　　D. 索氏萃取器

18. 长期不使用的带磨口塞的玻璃仪器的保存方法为(　　　)。

　　A. 涂抹凡士林　　　　　　　　　　　　　B. 涂抹凡士林,垫一张纸

　　C. 除掉凡士林　　　　　　　　　　　　　D. 除掉凡士林,垫一张纸

19. 配制一般质量分数的溶液,应选用(　　　)等玻璃仪器。

　　A. 三角烧瓶、量筒、玻璃棒　　　　　　　B. 量筒、试剂瓶、玻璃棒

　　C. 容量瓶、玻璃棒、量筒　　　　　　　　D. 烧杯、玻玻璃棒、量筒

20. 实验室组装定氮蒸馏装置时,应选用(　　　)等玻璃仪器。

　　A. 三角烧瓶、橡皮塞、冷凝管　　　　　　B. 圆底烧瓶、冷凝管、定氮球

　　C. 三角烧瓶、冷凝管、定氮球　　　　　　D. 圆底烧瓶、定氮球、凯氏烧瓶

21. 在使用容量瓶之前,检查瓶塞是否严密的具体操作为:在瓶中放水到标线附近,塞紧瓶塞,使其倒立片刻,用干滤纸片沿瓶口缝处检查,看有无水珠渗出。如果不漏,再把塞子旋转(　　　),塞紧,倒置,试验该方向有无渗漏。

　　A. 180°　　　　　　B. 90°　　　　　　　C. 45°　　　　　　　D. 120°

22.使用容量瓶配制溶液,当容量瓶内加入的液体液面离标线 1 cm 左右时,应改用滴管小心滴加,最后使液体的弯月面与标线(　　)。

　　A. 正好相交　　　　　B. 正好相切　　　　　C. 正好重合　　　　　D. 正好切割

23.刻度吸量管使用前不需要注意的是(　　)。

　　A. 观察吸量管有无破损、污渍　　　　　B. 观察吸量管的规格

　　C. 观察有无"吹"字　　　　　D. 观察有无商标或厂名

24.使用刻度吸量管移取液体时,需用(　　)润湿 3 次。

　　A. 纯净水　　　　　B. 标准液　　　　　C. 移取液　　　　　D. 待测液

25.有关移液管的使用方法,下列操作正确的是(　　)。

　　A. 量取 10 mL 的溶液,用 5 mL 的移液管移取 2 次

　　B. 移液管使用之前为了除去内壁水分,放在干燥箱内干燥

　　C. 移取溶液之前,用滤纸将管口尖端内外的水吸干

　　D. 观察移液管的刻度时,视线低于刻度线

26.有关移液管的使用方法,下列操作错误的是(　　)。

　　A. 量取 5 mL 的溶液,选用 5 mL 的移液管移取

　　B. 移液管使用之前为了除去内壁水分,放在干燥箱内干燥

　　C. 量取溶液之前,用滤纸将管口尖端内外的水吸干

　　D. 观察移液管的刻度时,视线与刻度线在同一水平线上

27.有关各规格量筒最低刻度描述正确的是(　　)。

　　A. 10 mL 的量筒标准最低刻度为 2 mL　　　B. 50 mL 的量筒标准最低刻度为 5 mL

　　C. 100 mL 的量筒标准最低刻度为 1 mL　　　D. 500 mL 的量筒标准最低刻度为 10 mL

28.若用量筒量取 70 mL 液体,应选用(　　)的量筒,目的是减少误差。

　　A. 10 mL　　　　　B. 50 mL　　　　　C. 100 mL　　　　　D. 250 mL

29.在食品检测的一般溶液配制过程中,烧杯不可用于(　　)。

　　A. 盛取溶液　　　　　B. 浓缩溶液　　　　　C. 加热溶液　　　　　D. 定容溶液

30.用烧杯盛装液体加热时,液体一般不超过烧杯容积的(　　)。

　　A. 5/6　　　　　B. 2/3　　　　　C. 1/2　　　　　D. 1/3

31.在食品分析时,锥形瓶可用于(　　)。

　　A. 储存试剂　　　　　B. 盛装药品　　　　　C. 滴定试验　　　　　D. 量取试剂

32.在使用锥形瓶滴定操作过程中,为防止滴定液滴下时溅出瓶外,造成试验的误差,需采取规范操作。下列操作不规范的是(　　)。

　　A. 将锥形瓶放在磁力搅拌器上搅拌　　　B. 用手握住锥形瓶以手臂晃动

　　C. 使用玻璃棒搅拌　　　　　D. 用手握住锥形瓶以手腕晃动

33.电热恒温干燥箱自动恒温系统常用(　　)来控制温度。

　　A. 热电偶　　　　　B. 水银温度计

　　C. 差动式或接点式温度计　　　　　D. 旋钮开关

34.使用电热恒温干燥箱时,放入(　　)有爆炸危险。

　　A. 过氧化苯甲酰(面粉增白剂)　　　　　B. $NaHCO_3$

　　C. $CaCl_2$　　　　　D. Na_2CO_3

35.欲称量质量为 0.135 g 的基准试剂,需选择机械天平(电光分析天平)的最小分度值为

（   ）。
    A. 1 g   B. 0.1 g   C. 0.001 g   D. 0.01 g

36. 机械天平（电光分析天平）调节零点，即观察投影屏上的刻度线是否与缩微标尺上的（   ）刻度相重合。
    A. 0.0 g   B. 0.0 mg   C. 0.00 g   D. 0.00 mg

37. 机械天平（电光分析天平）若长时间不使用，则应定时通电预热，一般每（   ）一次，每次预热 2 h，以确保仪器始终处于良好使用状态。
    A. 3 天   B. 7 天   C. 15 天   D. 30 天

38. 机械天平（电光分析天平）检定室的温度应保持在（   ）内。
    A. 0～10 ℃   B. 10～20 ℃   C. 15～30 ℃   D. 30～40 ℃

39. 如果配制一般溶液，称量几到几十克物质，应该选用架盘药物天平，最大荷载（   ），精确到 0.1 g。
    A. 10 g   B. 50 g   C. 100 g   D. 150 g

40. 如果要配制 20% 的氢氧化钠溶液 2 000 mL，应选用架盘药物天平的最大载荷为（   ）。
    A. 10 g   B. 100 g   C. 200 g   D. 500 g

41. 使用显微镜时，载玻片和盖玻片在清洗前可先在（   ）溶液中浸泡 1 h。
    A. 2% 的盐酸   B. 8% 的盐酸   C. 2% 的氢氧化钠   D. 6% 的氢氧化钠

42. 使用生物显微镜时，经对光后再调节（   ），使视野中出现模糊的影像。
    A. 粗调节器   B. 细调节器   C. 反光镜   D. 聚光镜

43. 生物显微镜镜检完毕，应上旋镜头，先用拭镜纸擦去镜头上的油，再用拭镜纸蘸（   ）擦镜头。
    A. 黄柏油   B. 二甲苯   C. 甘油   D. 75% 的乙醇

44. 生物显微镜应放置在干燥、阴凉的地方，如果是潮湿季节，应按规定勤擦镜头或在箱内放（   ），以免潮湿发霉损伤镜头。
    A. 硅胶   B. 碳酸钙   C. 干燥的硅胶   D. 干燥的氧化钙

45. 使用高压蒸汽灭菌锅灭菌时，其一般消毒杀菌条件为：温度为 121 ℃时，维持时间（   ）。
    A. 10 min   B. 20 min   C. 30 min   D. 25 min

46. 采用高压蒸汽灭菌锅进行湿热灭菌时，影响灭菌质量的关键是（   ）。
    A. 灭菌时间   B. 压力表的指针   C. 锅内装量   D. 排除冷空气

47. 电子天平在初次接通电源或长时间断电之后，至少需要预热（   ）。
    A. 30 min   B. 10 min   C. 1 h   D. 2 h

48. 在持续的检测过程中，为保证测量结果的准确性，电子天平应保持在（   ）状态。
    A. 关闭   B. 干燥   C. 待机   D. 调平

49. 隔水式电热恒温培养箱的温度变化范围一般为（   ）。
    A. 0～120 ℃   B. 50～120 ℃   C. 3～65 ℃   D. 0～85 ℃

50. 隔水式电热恒温培养箱开启电源后，一般运行（   ），箱内温度即可达到要求。
    A. 30 min   B. 1 h   C. 1.5 h   D. 2 h

51. 将称量瓶置于玻璃干燥器时，应将瓶盖（   ）。
    A. 横放在瓶口上 B. 盖紧   C. 取下   D. 任意放置

52. 冬季气温低，有时玻璃干燥器盖子无法移动，可以采取（   ）的措施。

A. 用热毛巾覆盖 B. 用火烤

C. 放在干燥箱内加热 D. 用锤子轻轻敲打

53. 不同状态的物质对干燥剂有不同的要求,下列干燥剂适用于气体干燥的是( )。

A. $MgSO_4$ B. H_2SO_4(浓) C. P_2O_5 D. $CaCl_2$

54. 不同的干燥剂吸水容量不同,下列干燥剂吸水容量最低的是( )。

A. 氧化铝 B. 硅胶 C. 硫酸镁 D. 碳酸钾

二、判断题(对的画"√",错的画"×")

( ) 1. 在食品分析中,常用的玻璃仪器按用途可分为容器类、量器类和其他仪器类,所有的容量瓶均为量器类。

( ) 2. 在食品分析中,锥形瓶常用在滴定分析的操作中,可以直接在电炉上进行加热。

( ) 3. 容量瓶是食品分析中常用的量器,常用的规格有 50 mL、100 mL、250 mL、500 mL 等。

( ) 4. 圆底蒸馏烧瓶可以用于进行蒸馏试验,但平底烧瓶不可以用于进行蒸馏试验。

( ) 5. 所有玻璃器皿都应用洗液清洗后,再用自来水冲洗。

( ) 6. 实验室中常用硝酸洗涤液主要用于浸泡清洗测定金属离子的器皿,常用 1 : 7 或 1 : 2 的水溶液。

( ) 7. 用酸性草酸洗液洗涤氧化物质,如高锰酸钾洗液洗后产生的二氧化锰,不可加热。

( ) 8. 刻度试管可以在鼓风干燥箱内干燥。

( ) 9. 长期不使用的滴定管要涂抹凡士林,垫一张纸,用橡皮筋拴好活塞后保存。

( ) 10. 实验室组装简单蒸馏装置时,装置中一定含有蒸馏头。

( ) 11. 不能在容量瓶里进行溶质的溶解,应将溶质在烧杯中溶解后转移到容量瓶里。

( ) 12. 用刻度吸量管移取液体,读数时应保持液面与视线成一条水平线,取凹面底部的数值。

( ) 13. 使用移液管移取液体时,残留在移液管管尖内壁处的少量溶液必须吹出,不允许保留。

( ) 14. 使用量筒时,分次量取可以减少误差。

( ) 15. 不可用烧杯长期盛放化学药品,以免落入尘土和使溶液中的水分蒸发。

( ) 16. 食品检验中,加热锥形瓶时需先擦干外部水分,防止炸裂。

( ) 17. 电热恒温干燥箱不能用于烘干易燃易爆检样。

( ) 18. 机械天平(电光分析天平)的读数方法为砝码 + 圈码 + 微分标尺。

( ) 19. 不能用机械天平(电光分析天平)称量强酸强碱类物质,以防腐蚀天平。

( ) 20. 使用架盘药物天平时左面托盘放置砝码,右面托盘放置被称量物品。

( ) 21. 使用生物显微镜观察标本切片时,其照明光源有自然光源和人工光源两种。

( ) 22. 生物显微镜应放置在干燥、阴凉的地方,如果是潮湿季节,应按规定勤擦镜头或在箱内放干燥的氧化钙,以免潮湿发霉损伤镜头。

( ) 23. 高压蒸汽灭菌锅排气有几种不同的做法,但目的都是排净空气,使锅内均匀升温,保证灭菌彻底。

( ) 24. 首次使用电子天平时必须用随机校准砝码校正。

( ) 25. 使用隔水式电热恒温培养箱时,在加水或加热状态下,水套略有响动属正常现象。

( ) 26. 玻璃干燥器是实验室常用干燥仪器之一,其主要用于对含水样品进行干燥。

（　）27. 生石灰的干燥过程属于化学吸附的干燥类型。

参考答案

一、单项选择题

1. A	2. D	3. D	4. C	5. B	6. D	7. B	8. B	9. D	10. A
11. B	12. C	13. B	14. A	15. D	16. B	17. C	18. D	19. D	20. B
21. A	22. B	23. D	24. C	25. C	26. C	27. C	28. C	29. D	30. D
31. C	32. B	33. C	34. A	35. C	36. C	37. B	38. C	39. C	40. D
41. A	42. A	43. B	44. D	45. B	46. D	47. A	48. C	49. C	50. D
51. B	52. A	53. B	54. D						

二、判断题

1. √	2. ×	3. √	4. ×	5. ×	6. √	7. ×	8. √	9. ×	10. ×
11. √	12. √	13. ×	14. ×	15. √	16. √	17. √	18. √	19. ×	20. ×
21. √	22. √	23. √	24. √	25. √	26. ×	27. √			

第六单元　采样与样品制备

学习目标

（1）掌握抽样检验基础知识。
（2）掌握食品检验样品的采集与预处理。

考核要点

考核类别	考核范围	考 核 点	重要程度
采样与样品制备	取样	样品的合理组批	★★★
		样品的抽样依据	★★★
		样品的抽样方法	★★★
		样品的抽样数量	★★★
		抽样工具的准备方法	★★★
		样品的标识目的	★★★
	样品处理	样品的分样方法	★★★
		样品的保存条件	★★★
		样品的留样方法	★★★
		检验用样品的预处理方法	★★★
		样品中被测成分的提取分离方法	★★★
		检验用样品预处理（样品分解）要求	★★★

> **考点导航**

一、取样

1. 样品的合理组批

组批就是根据检验分析的需要,将食品按一定的要求组成一个检验的总体。批量大小要根据实际需要由供需双方协商确定或由负责部门指定。组成一批的食品应该是由相同原材料、相同生产工艺、相同的加工设备和方法、相同的生产者在较短时间内生产的产品。

2. 样品的抽样依据

（1）所谓样品的采集（简称采样）,就是从整批产品中抽取一定量具有代表性的样品的过程。

（2）采样的原则。

① 采集的样品要均匀、有代表性。

② 采样过程中要设法保持食品原有的理化指标。

③ 采样方法必须与分析目的保持一致。

④ 要防止和避免被测物品的污染。

⑤ 样品处理过程尽可能简易。

3. 样品的抽样方法

样品的抽样方法有很多,不同的食品适用不同的采样方法,但基本的要求是能达到随机采样,不带主观性,以便使所采集的样品能正确地代表被检验的整批产品。常用的采样方法有简单随机抽样（又称纯随机抽样）、分层随机抽样（也称类型抽样）、等距抽样、整群随机抽样、定比例抽样等。

4. 样品的抽样数量

将采集到的样品分成 3 份,按要求分析检验和复检之后,还有 1 份样品保留 1 个月左右,以备复查。

5. 抽样工具的准备方法

食品抽样检验需要一定的抽样工具,如扦样器、取样铲、装样容器。

微生物检验抽样工具和容器需要事先灭菌。

6. 样品的标识

（1）样品应贴上标签,注明各项事宜（样品名称、批号、采样地点、日期、检验项目、采样人、样品编号等）。

（2）性质不同的样品不得混在一起存放,应分别包装,并分别注明性质,分开保存。

（3）采样必须注意样品的生产日期、批号、代表性和均匀性。

二、样品处理

1. 样品的分样方法

食品检验时样品需要破碎处理的,在样品每次破碎后,取出一部分有代表性的试样继续破碎,使样品量逐渐缩小,这个过程称为"缩分"。常用的手工缩分方法是四分法。

2. 样品的保存方法

针对不同性质的样品应采取不同的保存方法。

（1）将制备好的样品装入磨口塞的玻璃瓶中,置于暗处。

（2）易腐败变质的样品应在低温冰箱中保存,世界卫生组织规定在 −15 ℃以下保存动物性食品的新鲜样品。

（3）放入无菌密闭容器(如聚乙烯袋、聚乙烯瓶)中保存。

（4）在容器中充入惰性气体置换出容器中的空气。

3. 样品的留样方法

一般样品在检验结束后,应保留一个月,以备需要时复检。易变质的食品不予保留,保存时应加封并尽量保持原状。检验取样一般只取可食部分,以所检验的样品计算。

4. 样品的预处理方法

样品的预处理方法应根据项目测定的需要和样品的组成及性质而定,主要有有机物破坏法和食品中成分的提取分离两种方法。有机物破坏法用于食品中无机盐或金属离子的测定。在进行检验时,必须对样品进行处理,将有机物在高温或强氧化条件下破坏,被测元素以简单的无机化合物形式出现,从而易被分析测定。根据提取对象不同,有机物破坏法可分为化学分离法、离心分离法、浸泡萃取分离法、挥发分离法、色谱分离法和交换分离法。利用样品中各组分在特定溶剂中溶解度的差异,使其完全或部分分离的方法即为溶剂提取法。食品中成分的提取分离方法可用于从样品中提取被测物质或除去干扰物质,在食品分析检验中常用于维生素、重金属、农药以及黄曲霉毒素的测定。

5. 样品中被测成分的提取分离方法

样品中被测成分的提取分离方法包括化学分离法、离心分离法、浸泡萃取分离法、挥发分离法(蒸馏法)、色谱分离法和浓缩法。

6. 样品预处理的原则

样品预处理的目的是使样品中的被测成分转化为便于测定的状态,消除共存成分在测定过程中的影响和干扰,浓缩富集被测成分。因此在预处理时总的原则是:消除干扰因素、完整保留并尽可能浓缩被测组分,以获得可靠的分析结果。

➤ 仿真训练

一、单项选择题(请将正确选项的代号填入题内的括号中)

1. 食品抽样检验对检验批的组成有一定要求,下列关于产品合理组批的叙述最合适的是(　　)。

A. 同一批原材料、同一生产线、同一班次、同一品种、同一规格的产品为一批

B. 同一厂家的原材料、同一车间、同一班次、同一生产时间、同一设备的产品为一批

C. 同一批原材料、同一设备、同一车间、同一品种、同一包装时间的产品为一批

D. 同一厂家的原材料、同一设备、同一班次、同一品种、同一包装时间的产品为一批

2. 食品检验往往采用抽样检验,抽样的基本原则包括(　　)。

A. 随机性、代表性　　　B. 客观性、独特性　　　C. 主观性、针对性　　　D. 全面性、可追溯性

3. 抽样检验时样品的抽取方法有很多,下列选项中不属于随机抽样一般方法的是(　　)。

A. 随机抽样　　　　B. 等距抽样　　　　C. 分层抽样　　　　D. 选择抽样

4. 不同的食品、不同的检验项目,抽样检验对样品的数量要求不同,但样品的数量至少应满足(　　)的需要。

A. 三次全项重复检验、保留样品、制样预处理

B. 两次全项重复检验、保留样品、制样预处理

C. 三次全项重复检验、保留样品、制样预处理、投诉性检测

D. 两次全项重复检验、保留样品、制样预处理、投诉性检测

5. 食品抽样往往需要事先准备抽样工具,下列检验项目中,所用抽样工具和容器需要事先灭菌的是（　　）。

    A. 菌落总数　　　　　　B. 脲酶试验　　　　　C. 淀粉酶活性　　　　D. 黄曲霉毒素

6. 为准确反映检验样品的各种信息,样品的标识内容至少应包含（　　）。

    A. 样品名称、样品状态、样品数量　　　　　　B. 样品名称、样品状态、样品基数

    C. 样品数量、样品状态、样品基数　　　　　　D. 样品基数、样品名称、样品规格

7. 食品检验所用样品的准备过程有若干不同的环节,其中在样品的分样时,四分法为常用的（　　）方法。

    A. 抽样　　　　　　　　B. 检样　　　　　　　C. 缩样　　　　　　　D. 留样

8. 食品检验时为保持样品的原始质量,采样后需冷藏的样品最适宜的保存温度是（　　）。

    A. 10～15 ℃　　　　　B. 5～10 ℃　　　　　C. 0～4 ℃　　　　　D. −5～0 ℃

9. 食品检验样品的留样都有保存时间的要求,一般要在规定保存条件下保存至保质期满后（　　）,以备处理产品质量纠纷时复检用。

    A. 1个月　　　　　　　B. 2个月　　　　　　C. 3个月　　　　　　D. 4个月

10. 食品检验样品预处理应根据项目测定的需要和样品组成及性质而定,测定饮料中苯甲酸的含量时,样品预处理常选用的方法为（　　）。

    A. 干法灰化法　　　　　B. 溶剂提取法　　　　C. 有机物破坏法　　　D. 减压浓缩法

11. 测定食品中的维生素、重金属、农药以及黄曲霉毒素等,需要采用一定的方法从样品中提取分离被测物质或除去干扰物质,以下不属于常用的提取分离方法的是（　　）。

    A. 挥发分离法　　　　　B. 搅拌分离法　　　　C. 色谱分离法　　　D. 交换分离法

12. 食品检验时需要根据食品的成分和特点选择预处理方法,下列关于选择预处理方法时需要考虑因素的描述正确的是（　　）。

    A. 选择样品处理方法时要考虑检测的项目和样品的组成性质

    B. 选择样品处理方法时只需考虑检测的项目

    C. 选择样品处理方法时需要考虑缩样的方法

    D. 选择样品处理方法时需要考虑采样的方法

二、判断题（对的画"√",错的画"×"）

（　　）1. 抽样检验时要求同一批原材料、同一生产车间、同一班次、同一生产时间、同一设备生产的产品为一批。

（　　）2. 食品检验往往采用抽样检验,要求抽取的样品能代表全部产品的成分和含量。

（　　）3. 固体样品抽样时应对大包装样品分别抽样,混合均匀后按四分法取平均小样。

（　　）4. 进行微生物检测的食品,可以通过增加样品数量来提高微生物指标的代表性。

（　　）5. 样品需要检验微生物指标时,所用抽样工具和容器需要事先灭菌。

（　　）6. 为了保证样品在接收、传递和储存过程中不被混淆,样品应有唯一性的标识。

（　　）7. 随机抽取的食品样品一般不直接用于检验,样品采集后要按标准规定进行分样。

（　　）8. 运送样品时在包装容器内不得添加任何物品,以防止样品污染。

（　　）9. 在食品检测中,样品的留样和复检备样是同一个样品。

（　）10. 测定样品中蛋白质含量时一般采用干法灰化法来处理被测样品。

（　）11. 在食品检验中常用提取法分离、浓缩样品,浸取法和萃取法既可以单独使用也可
联合使用。

（　）12. 食品检验样品预处理的要求是:消除干扰因素、部分保留被测组分、使被测组分浓缩。

参考答案

一、单项选择题

1. A　　2. A　　3. D　　4. A　　5. A　　6. A　　7. C　　8. C　　9. C　　10. B

11. B　　12. A

二、判断题

1. ×　　2. ×　　3. √　　4. √　　5. √　　6. √　　7. √　　8. ×　　9. ×　　10. ×

11. √　　12. ×

第七单元　法定计量单位、数据处理与检验报告

学习目标

（1）掌握法定计量单位的组成和各种规定。

（2）掌握误差的分类、定义、计算与产生原因。

（3）掌握数据记录与处理的各项规定。

（4）掌握检验报告的编写方法和各项规定。

考核要点

考核类别	考核范围	考 核 点	重要程度
计量与误差	法定计量单位	国际单位制的基本单位	★★
		法定计量单位的组成	★★★
		法定计量单位名称	★★★
		法定计量单位符号	★★★
		法定计量单位的使用	★★★
		长度的计量单位	★★★
		体积(容积)的计量单位	★★★
		质量的计量单位	★★★
		物质的量的计量单位	★★★
		国际单位制的倍数单位	★★★
	误差	误差的分类	★★★

考核类别	考核范围	考 核 点	重要程度
计量与误差	误差	产生误差的主要原因	★★★
		相对误差的定义	★★★
		绝对误差的定义	★★★
		随机误差的定义	★★★
		减小误差的主要途径	★★★
		测量误差的计算	★★★
		系统误差的定义	★★★
		偏差的定义	★★★
		减小系统误差的主要方法	★★
		随机误差的性质	★
		平均值的概念	★
	数据处理与检验报告	有效数字的概念	★
		有效数字的判读	★
		有效数字的修约	★
		有效数字的运算规则	★
		原始记录的书写规范	★
		原始记录的编号	★
		原始数据的填写	★
		原始记录的修改	★
		单项结果判定	★
		原始记录的审核	★
		测量准确度的概念	★
		测量不确定度的概念	★
		样品信息	★
		检验报告的编制	★
		检验报告编号的特点	★
		检验报告的结论	★
		检验报告的发放范围	★
		检验报告的存档	★
		检验报告的查阅	★
		检验报告的销毁	★
		异常结果的分析	★
		不合格品的处置	★
		可疑结果的取舍 Q 检验	★
		回收率试验	★

➡ 考点导航

一、法定计量单位

1. 国际单位制

国际单位制(SI)包括 7 个基本单位和 2 个辅助单位。

(1) 7 个基本单位:长度单位 m,时间单位 s,质量单位 kg,热力学温度(Kelvin 温度)单位 K,电流单位 A,光强度单位 cd(坎〔德拉〕),物质的量单位 mol。

(2) 2 个辅助单位:平面角弧度 rad,立体角球面度 Sr。

2. 法定计量单位

(1) 我国法定计量单位的组成。

法定计量单位指的是在工作、学习或日常生活中使用的长度、力、体积、容积等计量单位,由国际单位制单位、国家选定的非国际单位制单位及两者构成的组合形式的单位组成。

我国法定计量单位包括国际单位制的基本单位、国际单位制的辅助单位、国际单位制中具有专门名称的导出单位、国家选定的非国际单位制单位、由以上单位构成的组合形式的单位、由词头和以上单位所构成的十进倍数和分数单位。

(2) 法定计量单位的名称、符号及使用。

组合单位名称读写的顺序与该单位的国际符号表示的顺序要一致。如摩尔质量的计量单位为 $kg \cdot mol^{-1}$;放射活度的计量单位为 1/s(或 s^{-1});质量浓度的 SI 单位为 $kg \cdot m^{-3}$(kg/L);温度可写作 28.5 ℃ ±0.5 ℃或(28.5±0.5)℃等。

(3) 导出单位。

在选定了基本单位和辅助单位之后,按物理量之间的关系,由基本单位和辅助单位以相乘或相除的形式所构成的单位称为导出单位。

二、误差

1. 误差的来源

测量值与真实值之间的差异称为误差。检测误差主要来源于检测人员、检测仪器、检测环境、检测方法和检测试样等方面。

2. 相对误差与绝对误差的概念

测量误差与真实值之比为相对误差。

测量结果减去被测量的真值所得的差称为绝对误差。

当两个被测量量值相差较大时,用相对误差进行测量水平的比较为有效。

3. 误差的分类

误差按其特性可以分为随机误差与系统误差。

(1) 测量结果与在重复性条件下,对同一被测量进行无限多次测量所得结果的平均值之差,称为随机误差。随机误差也称偶然误差,无规律变化。随机误差具有单峰性、对称性、有界性和抵偿性。

(2) 在重复性条件下,对同一被测量进行无限多次测量所得结果的平均值与被测量的真值之差,称为系统误差。

4. 减小误差的主要途径

减小检测分析误差常用的方法有:选择合适的检测分析方法、选择合适的分析用水、对仪器设备检定校准、做回收试验、增加测量次数、做空白试验和对照试验等。

5. 消除系统误差的方法

常用的系统误差消除方法有加修正值法、替代法、交换法、补偿法、空白试验、对照试验等。

6. 偏差

对某量测量时,任一次测量结果与多次测量所得结果的平均值之差称为偏差。

7. 算术平均值

(1) 如果测量不存在系统误差,测量次数越多,算术平均值越接近真值。

(2) 当测量不存在系统误差时,有限次测量的算术平均值是真值的最佳估计值。

(3) 即使测量不存在系统误差,测量的算术平均值也只是接近真值而不会是真值。

(4) 当测量次数足够多时,测量结果的算术平均值可以认为是不含随机误差。

三、数据处理及检验报告

1. 有效数字的概念

有效数字是指实际上能测量得到的数字,只保留末一位可疑数字,其余数字均为准确数字。

2. 有效数字的判读

从左边第一个不是零的数字起到最后一个数位止,所有的数字都是有效数字。

在食品检验中对有效数字的要求:

(1) 容量器皿:滴定管;移液管;容量瓶取小数点后 2 位。

(2) 分析天平(万分之一)取小数点后 4 位。

(3) 标准溶液的浓度用 4 位有效数字表示,如 0.100 0 mol/L。

(4) pH、pM、log K,小数点后的数字位数为有效数字,整数只代表该数的方次。如 pH=4.34 具有 2 位有效数字。

3. 有效数字的修约

修约规则:四舍六入五成双。

4. 有效数字的运算规则

加减运算——和、差有效数字以小数点后位数最少或绝对误差最大者为依据。

乘除运算——积、商有效数字以有效数字最少或相对误差最大者为依据。

5. 原始记录的书写规范

(1) 原始记录必须真实、齐全、准确地反映客观事实,记录方式尽可能简洁、明了。

(2) 原始数据的书写要求清晰工整。

(3) 原始记录应统一编号,用钢笔或圆珠笔填写,不得用铅笔填写。要保持原始记录表的完整,不得随意撕页、散失。

(4) 原始数据的单位和符号要符合国家标准。

6. 原始记录的编号

原始记录需要编号,编号须有唯一性。不同产品的相同项目原始记录使用不同的编号;相同产品的相同项目原始记录使用相同的编号。

7. 原始数据的填写

原始数据包含的信息:如样品名称、规格、数量、生产日期、生产批号、执行标准、样品来源、编号、采样地点、采样人员、样品处理方法、包装形式、保管状况、检验分析项目、采用的分析方法、检验分析日期、检验人员、检验结论等。

8. 原始记录的修改

（1）原始记录要书写清晰、客观、真实，不得随意涂改。

（2）原始记录只能由原始记录者修改。

（3）原始记录的修改量应该不超过整个记录的1/5。

（4）原始记录的修改超出规定限度的应该重新整理并将原有记录附后。

（5）原始记录修改时，应用删除线（单线）将修改内容划去，然后写上正确内容并加盖个人印章确认。

9. 单项结果判定

在对单项检验结果进行判定时，若标准没有给定数字修约要求，应该遵循的原则是全数值比较法。

10. 原始记录的审核

原始记录审核内容为记录内容的完整性、检验依据的正确性、检验数据的准确性。

11. 测量准确度的概念

测量准确度表示测量结果与被测量真值之间的一致程度。准确度是测量结果中系统误差和随机误差的综合。误差大，则准确度低；误差小，则准确度高。

12. 测量不确定度的概念

测量不确定度是与测量结果相关联的参数，表征测量值的分散性、准确性和可靠程度，或者说它是被测量值在某一范围内的一个评定。

13. 样品信息

食品检验中，采样前或后应立即贴上标签，每件样品必须标记清楚，标记的内容为品名、批次、来源、地点、数量、采样人、日期等。

14. 检验报告的编制

检验报告应包括的内容为样品名称、取样地点和时间、检测项目、结果及使用的方法，本标准中未规定或另加的操作、结论、检验日期、操作人。

15. 检验报告编号的特点

检验报告编号须有唯一性、可追溯性、连续性和概括性。

16. 检验报告的结论

检验报告的结论是根据产品标准和卫生标准对食品质量和标示标签做出的是否合格的终结性判定。

17. 检验报告的发放范围

食品检验报告的发放一般采用检验部门负责人签发制度，并报送质量负责人、质检科、随货同行和成品库。

18. 检验报告的存档

食品检验报告存档要求是独立存放、便于查找、防火、防水、防尘；存档时间要求不少于2年。

19. 检验报告的查阅

依据工作规范要求，检验报告必须经过质量负责人的批准，方可查阅。

20. 检验报告的销毁

检验报告销毁要执行申报程序，须获得正式批准方可销毁。超过保存期的报告最好采用粉碎销毁(符合环境保护要求)。

21. 异常结果的分析

食品检验的异常结果通常是指标准规定检验项目的检测值偏离产品的真实属性。

22. 不合格品的处置

食品生产企业的不合格食品是指产品指标的检验结果达不到标准要求。而不安全食品是指不符合食品安全标准的食品,如可诱发食品污染或食源性疾病的食品,对人体健康造成危害甚至死亡的食品,对特定人群可能引发健康危害的成分而在食品标签和说明书上未予以标识,或标识不全、不明确的食品。

食品生产企业应当及时对被召回的不安全食品进行无害化处理或者予以销毁。对被召回的食品采取销毁措施的,销毁过程必须符合环境保护等有关法律法规的规定;对被召回的食品采取无害化处理措施的,不得将无害化处理后的产品重新用于食品生产和销售;对因标签、标识或者说明书不符合食品安全标准而被召回的食品,食品生产企业在采取通过加贴标签、另附补充说明等形式完善原有标签、标识或者说明书等补救措施,且能保证食品安全的情况下可以继续销售,销售时应当向消费者明示补救措施。

23. 可疑结果的取舍 Q 检验

食品检验过程中,对可疑结果和异常结果通常采用 Q 检验的方法进行数据有效性的判定。Q 检验方法步骤如下:

(1)把数据按照从大到小排序。

(2)找出最大值与最小值。

(3)计算可疑数据与最相邻值的差值。

(4)将(3)中差值与最大值和最小值之差做商。

(5)计算得出的 Q 计算与量表中的 Q 理论对比。

(6)若 Q 计算大于 Q 理论,则应舍去。

24. 回收率试验

食品检验过程中,对组成复杂的检验样品通常采用回收率试验。检查检测过程中系统误差的存在与否。食品检验中常采用加标回收试验,即相同的样品取两份,其中一份加入定量的待测成分标准物质;两份同时按相同的分析步骤分析,加标的一份所得的结果减去未加标的一份所得的结果,其差值同加入标准物质的理论值之比即为样品加标回收率。加标回收率试验可以反映分析结果的准确度。

→ 仿真训练

一、单项选择题(请将正确选项的代号填入题内的括号中)

1. 国际单位制的基本单位有长度单位米、热力学温度单位开［尔文］、(   )、发光强度单位坎［德拉］、物质的量单位摩［尔］。

    A. 时间单位时、质量单位千克、电流单位安［培］

    B. 时间单位秒、质量单位克、电流单位安［培］

    C. 时间单位秒、质量单位千克、电流单位安［培］

    D. 时间单位分、质量单位千克、电流单位安［培］

2. 我国法定计量单位由(   )以及两者构成的组合形式的单位组成。

A. 国际单位制单位、非国际单位制单位

B. SI 单位、国际上常用的非 SI 单位

C. 国际单位制单位、国家选定的非国际单位制单位

D. 国际单位制单位、我国常用的计量单位

3. 摩尔质量的计量单位 kg·mol^{-1} 的名称是(　　)。

   A. 千克除以摩尔　　　　　　　　　　B. 千克摩尔的负一次方

   C. 千克每摩尔　　　　　　　　　　　D. 千克负一次方摩尔

4. 摩尔体积的法定计量单位升每摩尔的国际符号是(　　)。

   A. l / mol　　　　　B. L/moL　　　　C. l mol^{-1}　　　　D. L·mol^{-1}

5. 下列测量结果表示正确的是(　　)。

   A. 28.5±0.5 ℃　　　B. (25.0±0.1) g　　　C. 10 cm 5 mm　　　D. 1 m75

6. 长度单位米是国际单位制的(　　)。

   A. 基本单位　　　　　B. 导出单位　　　　C. 辅助单位　　　　D. 倍数单位

7. 以下容积的单位中属于法定计量单位是(　　)。

   A. dm^3　　　　　　B. 公升　　　　　C. 加仑　　　　　D. 立升

8. 质量单位千克属于(　　)。

   A. SI 基本单位　　　B. SI 导出单位　　　C. 辅助单位　　　　D. SI 倍数单位

9. 摩尔质量是以质量除以物质的量,其 SI 单位是(　　)。

   A. 斤 / 摩〔尔〕　　B. 磅 / 摩〔尔〕　　C. 千克 / 摩〔尔〕　　D. 吨 / 摩〔尔〕

10. 下列选项中不属于国际单位制的分数单位的是(　　)。

   A. 毫米　　　　　　B. 毫克　　　　　C. 毫伏　　　　　D. 摩〔尔〕

11. 测量误差按不同的分类方式可分为不同的类型,按特性可分为(　　)两大类。

   A. 粗大误差与微小误差　　　　　　B. 绝对误差与相对误差

   C. 测量误差与计算误差　　　　　　D. 随机误差与系统误差

12. 检测误差主要来源于检测人员、检测仪器、检测环境、检测方法和(　　)等方面。

   A. 检测试样　　　　B. 检测时间　　　　C. 检测目的　　　　D. 检测次数

13. 测量误差除以被测量的真值所得的商称为(　　)。

   A. 引用误差　　　　B. 相对误差　　　　C. 随机误差　　　　D. 绝对误差

14. 测量误差是指(　　)减去被测量的真值。

   A. 测量的结果　　　B. 测量的平均值　　　C. 测量的近似值　　　D. 测量的最大值

15. 随机误差是指测量结果与在重复性条件下,对同一被测量进行无限多次测量所得结果的(　　)之差。

   A. 真实值　　　　　B. 平均值　　　　C. 最大值　　　　D. 最小值

16. 减小检测分析误差常用的方法有选择合适的检测分析方法、选择合适的分析用水、对仪器设备检定校准、做收回试验、(　　)等。

   A. 减少测量次数、做满载试验对照试验

   B. 增加测量次数、做满载试验平行试验

   C. 增加测量次数、做空白试验对照试验

   D. 减少测量次数、做空白试验平行试验

17. 对检测样品的某一成分连续测量了 5 次,测量结果分别为:5.04 mg/L、4.97 mg/L、

5.02 mg/L、4.95 mg/L、5.02 mg/L。若该成分的实际含量为 5.03 mg/L,则本次测量的最小误差是(   )。

    A. −0.02 mg/L   B. 0.02 mg/L   C. ±0.02 mg/L   D. ±0.01 mg/L

18. 系统误差是指在重复性条件下,对同一被测量进行无限多次测量所得结果的平均值与被测量的(   )之差。

    A. 真实值   B. 最大值   C. 最小值   D. 任意值

19. 对某量测量时,任一次测量结果与多次测量所得结果的平均值之差称为(   )。

    A. 系统误差   B. 偏差   C. 标准差   D. 随机误差

20. 常用的系统误差消除方法有加修正值、替代法、交换法、补偿法、空白试验、(   )等。

    A. 增加测量次数   B. 缩短测量时间   C. 对照试验   D. 验证试验

21. 随机误差具有单峰性、对称性、有界性、(   )。

    A. 规律性   B. 周期性   C. 抵偿性   D. 确定性

22. 以下关于测量结果算术平均值的描述错误的是(   )。

    A. 如果测量不存在系统误差,测量次数越多,算术平均值越接近真值

    B. 如果测量不存在系统误差,测量次数足够多时算术平均值就是真值

    C. 当测量不存在系统误差时,有限次测量的算术平均值是真值的最佳估计值

    D. 即使测量不存在系统误差,测量的算术平均值只是接近真值而不会是真值

23. 有效数字是指实际上能测量得到的数字,只保留末一位(   ),其余数字均为准确数字。

    A. 可疑数字   B. 准确数字   C. 不可读数字   D. 可读数字

24. 如果食品酸度测量的结果是 pH = 10.26,则该结果的有效数字是(   )。

    A. 1 位   B. 2 位   C. 3 位   D. 4 位

25. 欲配制 0.050 00 mol/L 标准溶液,由计算器算得的乘法结果为 32.175 471,按有效数字运算规则应将结果修约为(   )。

    A. 32.18   B. 32.175   C. 32.17   D. 32

26. 按有效数字的运算规则,3.40+5.728 1+1.004 21 的计算结果为(   )。

    A. 10.132 31   B. 10.132 3   C. 10.132   D. 10.13

27. 按照原始数据的书写规范,下列说法不正确的是(   )。

    A. 原始数据可以用蓝色或黑色钢笔填写

    B. 原始数据不可以用黑色铅笔填写

    C. 原始数据可以在检测完成后进行补记

    D. 原始数据的单位要使用国家法定计量单位

28. 有关原始记录编号,下列说法正确的是(   )。

    A. 相同产品的不同项目原始记录编号可以相同

    B. 不同产品的相同项目原始记录使用不同的编号

    C. 原始记录不需要编号

    D. 相同产品的相同项目原始记录使用不同的编号

29. 在填写原始记录时,项目检验原始记录可以不包含的信息是(   )。

    A. 样品名称   B. 样品抽样基数   C. 检验依据   D. 样品来源

30. 在对原始记录进行修改时,下列叙述正确的是(   )。

    A. 原始记录只能由原始记录者修改

B. 原始记录的修改量应该不超过整个记录的 1/3

C. 修改超出规定限度的原始记录应该重新整理并撤换原有记录

D. 原始记录修改时,应用删除线将修改内容覆盖,然后写上正确内容

31. 在对单项检验结果进行判定时,若标准没有给定数字修约要求,应该遵循的原则是(　　)。
A. 随意比较法　　　B. 全数值比较法　　　C. 修约值比较法　　　D. 随机比较法

32. 在对检验结果的原始记录进行审核时,下列原始记录审核内容不正确的是(　　)。
A. 记录内容的完整性和检验依据的正确性
B. 记录字迹的规范性和检验依据的正确性
C. 检验依据的正确性和检验数据的准确性
D. 检验数据的准确性和记录内容的完整性

33. 下列关于平行测定结果准确度与精密度的描述正确的有(　　)。
A. 精密度高则没有随机误差　　　　　B. 精密度高表明方法的重现性好
C. 准确度高则精密度一定高　　　　　D. 存在系统误差则精密度一定不高

34. 测量不确定度是与测量结果相关联的参数,表征测量值的(　　)、准确性和可靠程度,或者说它是被测量值在某一范围内的一个评定。
A. 分散性　　　B. 代表性　　　C. 集中性　　　D. 偶然性

35. 采样前或采样后应立即贴上标签,每件样品必须标记清楚,标签可以不标记的内容包括(　　)。
A. 样品名称和样品批次　　　　　　　B. 采样地点和样品数量
C. 检验日期和注意事项　　　　　　　D. 采样人和采样日期

36. 食品出厂检验报告可以不包含(　　)等内容。
A. 产品批号　　　B. 食品的名称　　　C. 抽样基数　　　D. 执行标准

37. 食品出厂检验报告的编号不应该具有(　　)。
A. 唯一性　　　B. 重复性　　　C. 连续性　　　D. 概括性

38. 食品出厂检验报告的结论是根据(　　)对食品质量和标示标签做出的是否合格的终结性判定。
A. 产品标准和卫生标准　　　　　　　B. 出厂项目和产品标准
C. 行业规范和卫生标准　　　　　　　D. 产品属性和产品标准

39. 食品检验报告的发放一般采用检验部门负责人签发制度,下列选项中不属于发放范围的是(　　)。
A. 检验员　　　B. 质量负责人　　　C. 质量检验科　　　D. 随货同行

40. 下列选项中不符合食品检验报告存档要求的是(　　)。
A. 独立存放　　　B. 便于查找　　　C. 防水防尘　　　D. 混合存放

41. 对有关食品检验报告进行查阅时,工作规范要求必须经过质量负责人的(　　)程序,方可查阅。
A. 批准　　　B. 汇报　　　C. 请示　　　D. 协商

42. 对有关食品检验报告进行销毁时,下列选项符合工作规范的是(　　)。
A. 销毁保存期内不再使用的报告　　　B. 销毁检验报告由检验人员确定
C. 检验报告的销毁可不执行申报程序　D. 检验报告的销毁须获得正式批准

43. 食品检验的异常结果通常是指标准规定检验项目的(　　)偏离产品的真实属性,例如某

产品的总氮含量为48 g/kg,其中铵态氮含量为56 g/kg。

    A. 计算值   B. 检测值   C. 经验值   D. 估算值

44. 食品生产企业的不合格食品是指产品指标的检验结果达不到标准要求,而不安全食品是指不符合食品安全标准的食品,下列不属于不安全食品的是(　　)。

    A. 净含量严重不足的食品

    B. 可诱发食品污染或食源性疾病的食品

    C. 对人体健康造成危害甚至致人死亡的食品

    D. 对特定人群可能引发健康危害的成分而在食品标签和说明书上未予以标识,或标识不全、不明确的食品

45. 在食品检验过程中,对可疑结果和异常结果通常是采用Q检验的方法进行数据有效性的判定,下列有关Q检验方法中,对具体各步骤的叙述错误的是(　　)。

    A. 把数据按照从大到小排序

    B. 找出最大值与最小值

    C. 计算可疑数据与最相邻值的差值

    D. 计算可疑数据与最相邻值的差值,并将其与最大值和最小值之差做积

46. 在食品检验过程中,对组成复杂的检验样品通常采用回收率试验,检查检测过程中系统误差的存在与否,下列有关回收率试验的具体步骤叙述错误的是(　　)。

    A. 回收率试验即通常所说的标准曲线法   B. 在检样中加入未知量的被测组分

    C. 确定检测方法的准确度   D. 求得加入的被测组分的回收率

二、判断题(对的画"√",错的画"×")

(　　) 1. 在国际单位制中,质量的基本单位是克。

(　　) 2. 升是我国的法定计量单位,但不属于国际单位制单位。

(　　) 3. 计量单位 mol/kg 的名称应为每千克摩尔。

(　　) 4. 压力的单位帕[斯卡]的国际符号是 Pa,中文符号是帕。

(　　) 5. 摄氏温度单位"摄氏度"是 SI 导出单位,所以能加词头。

(　　) 6. 千米、厘米都是我国长度的法定计量单位。

(　　) 7. 升是我国的法定计量单位,也是国际单位制单位。

(　　) 8. 吨是我国的法定计量单位,也是国际单位制单位。

(　　) 9. 摩尔是物质的量的单位,而不是质量单位。

(　　) 10. 在国际单位制中,千克是主单位而不是倍数单位。

(　　) 11. 随机误差与系统误差是两种性质截然不同的误差,其产生原因和处理方法也不同。

(　　) 12. 因为测量原理和方法的不完备所产生的误差是检测方法误差,它属于随机误差。

(　　) 13. 当两个被测量量值大小相近时,用相对误差进行测量水平的比较较为有效。

(　　) 14. 绝对误差就是误差的绝对值,因此没有负值。

(　　) 15. 随机误差是指测量结果与在重复性条件下,对同一被测量进行无限多次测量所得结果的平均值之差。

(　　) 16. 系统误差都可以通过加修正值来消除,而随机误差就不能通过加修正值消除。

(　　) 17. 对某量测量时,如果测量结果为 10.05,实际值为 10.01,则测量误差应为 -0.04。

（　　）18. 系统误差没有抵偿性,不可能通过增加测量次数来减小或消除,只能通过正确的测量方法加以消除或减小。

（　　）19. 平均偏差代表了一组测量值的整体偏差,可以表示一组数据的重复性。

（　　）20. 经常对仪器进行检定或校准以确保其准确度,可以有效降低系统误差。

（　　）21. 随机误差的有界性决定了其具有抵偿性。

（　　）22. 无论测量次数多少,测量结果的算术平均值只是最接近真值,但永远不会是真值。

（　　）23. 在食品检验工作中,实际上能测量到的数字称为准确数字。

（　　）24. 在食品检验工作中,pH = 10.00 有 4 位有效数字。

（　　）25. 欲配制 0.050 00 mol/L 标准溶液,由计算器算得需要溶质质量数值为 22.447 16,按有效数字运算规则应将结果修约为 22.45。

（　　）26. 按有效数字的运算规则,4.40+6.728 1+2.004 21 的计算结果为 13.132 1。

（　　）27. 食品检验过程中,原始记录的数据,其单位和符号要符合国家标准要求。

（　　）28. 不同产品的相同项目原始记录编号可以相同。

（　　）29. 在填写原始记录时,项目检验原始记录可以不包含的信息是样品生产批次、样品名称、样品抽样基数和检验依据。

（　　）30. 在填写原始记录时,原始记录的修改量应该不超过整个记录的 1/3。

（　　）31. 在对单项检验结果进行判定时,若标准没有给定数字修约要求,应该遵循的原则是全数值比较法。

（　　）32. 在对检验结果的原始记录进行审核时,记录字迹的规范性不是原始记录审核内容。

（　　）33. 在食品检验过程中,检测结果的准确度反映了几次测量值的接近程度。

（　　）34. 测量不确定度是与测量结果相关联的参数,表征测量值的集中性、准确性和可靠程度,或者说它是被测量值在某一范围内的一个评定。

（　　）35. 采样后应立即贴上标签,每件样品必须标记清楚,标签可以不标记的内容包括采样人和采样日期。

（　　）36. 食品出厂检验报告可以不包含产品批号等内容。

（　　）37. 食品出厂检验报告的编号应该具有唯一性。

（　　）38. 食品出厂检验报告的结论是根据产品属性对食品质量和标签标示做出的是否合格的终结性判定。

（　　）39. 食品检验报告的发放要求是在质量检验部门负责人签发后随货同行,并报送质量负责人和质检科等部门。

（　　）40. 食品检验报告是评价食品质量的依据,食品检验报告的存档时间要求是 5 年。

（　　）41. 食品检验报告是评价食品质量的依据,食品检验报告可以随时进行查阅。

（　　）42. 食品检验报告是评价食品质量的依据,保存期内不再使用的食品检验报告可以销毁。

（　　）43. 食品检验的异常结果通常是指标准规定检验项目的检测值偏离产品的加工属性。

（　　）44. 不合格食品可以重新加工,不安全食品不能重新加工。

（　　）45. 在食品检验过程中,对可疑结果和异常结果通常是采用 Q 检验的方法进行数据有效性的判定。

（　　）46. 在食品检验过程中,对组成复杂的检验样品通常采用回收率试验检查检测过程中偶然误差的存在与否。

参考答案

一、单项选择题

1. C　2. C　3. C　4. D　5. B　6. A　7. A　8. A　9. C　10. D
11. D　12. A　13. B　14. A　15. B　16. C　17. D　18. A　19. B　20. C
21. C　22. B　23. A　24. B　25. A　26. D　27. C　28. B　29. B　30. A
31. B　32. B　33. C　34. A　35. C　36. A　37. B　38. A　39. A　40. D
41. A　42. D　43. B　44. A　45. D　46. D

二、判断题

1. ×　2. √　3. ×　4. √　5. ×　6. √　7. ×　8. ×　9. √　10. √
11. ×　12. ×　13. ×　14. ×　15. √　16. ×　17. ×　18. √　19. ×　20. √
21. ×　22. √　23. ×　24. ×　25. √　26. ×　27. √　28. ×　29. ×　30. ×
31. √　32. √　33. ×　34. ×　35. ×　36. ×　37. √　38. ×　39. √　40. ×
41. ×　42. ×　43. ×　44. ×　45. √　46. ×

第八单元　实验室安全知识

学习目标

（1）掌握实验室用电常识。
（2）掌握实验室安全防护知识。

考核要点

考核类别	考核范围	考　核　点	重要程度
实验室安全知识	实验室用电常识	触电的常见原因	★★
		防短路的方法	★★★
		电压测量常识	★★★
		电流测量常识	★★★
		触电急救措施	★★★
		防触电的措施	★★★
		万用表使用常识	★★★
		用电安全常识	★★★
	实验室安全防护知识	实验室气体使用常识	★★★
		实验室防毒常识	★★★
		实验室设备安全使用常识	★★★
		实验室安全防护的种类	★★★

考核类别	考核范围	考 核 点	重要程度
实验室安全知识	实验室安全防护知识	实验室消防常识	★★★
		实验室意外伤害急救	★★★
		实验室有毒物品管理	★★★
		实验室易燃物品管理	★★★
		实验室化学药品管理	★★★
		属于危险品的化学药品种类	★★★
		使用化学药品的防护	★★★
		实验室防爆常识	★★★
		实验室防灼伤常识	★★★

➡ 考点导航

一、实验室用电常识

实验室内往往有大量的用电仪器和设备,违章用电常常可能造成人身伤亡、火灾、损坏仪器设备等严重事故,所以安全用电对于实验室非常重要。

1. 触电的常见原因

(1)实验室发生触电的主要原因之一是违反操作规程,如触及破坏的设备或导线;带电移动电器设备;用湿手拔插头、开关电源、更换灯泡等。

(2)实验室发生触电的主要原因之一是设备不合格,如安全距离不够、二线一地制接地电阻过大、绝缘破坏导线裸露等。

2. 防短路的方法

(1)线路中各接点应牢固,电路元件两端接头不要互相接触,以防短路。

(2)电线、电器不要被水淋湿或浸在导电液体中,例如实验室加热用的灯泡接口不要浸在水中。

3. 电压测量常识

(1)测量电压时,电压表必须并联在电路中,要测量哪个用电器两端的电压,就并联到哪个用电器两端。

(2)当电路中串联有多个用电设备时,如果将电压表直接连接在电源的两端,测量的应该是电源的电压。

(3)测量电压之前,应当先调整电压表零位,以便消除电压表的零位误差。要正确选取适当的量程,例如测量220 V的电压,最合适的量程是0～250 V。

4. 电流测量常识

(1)使用普通电流表测量电流时,电流表须串联在电路中,不能并联在电源两端。

(2)测量直流电流时,电流表的正极要连接到电器设备的正极上。

(3)使用电流表测量电流,要选用最合适的量程。

(4)测量电流之前,要先检查电流表的指针是否对准零位。

5. 触电急救措施

（1）发生触电事故时，在保证救护者本身安全的同时，应立即切断电源，用干燥的木棍、竹棒等不导电的物体，使伤员尽快脱开电源，然后再进行抢救工作。

（2）在触电现场抢救中，不要随意移动伤员，若确需移动时，除应使伤员平躺并在背部垫以平硬阔木板外，应继续抢救，抢救中断时间不应超过30 s。

（3）若触电者出现心脏停止跳动或不规则颤动可进行人工压胸抢救。

6. 防触电的措施

（1）不用潮湿的手接触电器。

（2）电源裸露部分应有绝缘装置（例如电线接头处应裹上绝缘胶布）。

（3）所有电器的金属外壳都应保护接地。

（4）进行试验时，应先连接好电路后才接通电源。试验结束时，先切断电源再拆线路。

（5）修理或安装电器时，应先切断电源。

（6）不能用试电笔去试高压电。使用高压电源应有专门的防护措施。

（7）如有人触电，应迅速切断电源，然后进行抢救。

7. 万用表使用常识

（1）在使用前，先了解电器仪表要求使用的电源是交流电还是直流电、是三相电还是单相电以及电压的大小（380 V、220 V、110 V或6 V）；须弄清电器功率是否符合要求及直流电器仪表的正、负极。

（2）仪表量程应大于待测量。若待测量大小不明时，应从最大量程开始测量。

（3）使用之前要检查线路连接是否正确。

（4）在电器仪表使用过程中，如发现有不正常声响、局部温升或嗅到绝缘漆过热产生的焦味，应立即切断电源，并报告教师进行检查。

（5）使用指针式万用表之前，应先进行"机械调零"，即在没有被测电量时，使万用表指针指在零电压或零电流的位置上。

（6）万用表不能在测量的同时换挡，尤其是在测量高电压或大电流时更应注意，否则会使万用表毁坏。如需换挡，应先断开表笔，换挡后再去测量。

（7）万用表在使用时要水平放置，以免造成误差。同时，还要注意避免外界磁场对万用表的影响。

（8）万用表用完后要拔出表笔；将选择开关旋至"OFF"挡或交流电压最大量程挡；若长期不用，应将表内电池取出，以防电池电解液渗漏而腐蚀内部电路。

（9）指针式万用表读数精度较差，但指针摆动的过程比较直观；数字万用表读数精度高且读数直观，但数字变化的过程看起来比较杂乱，不易读数。

（10）在使用万用表过程中，不能用手去接触表笔的金属部分，这样既可以保证测量的准确性，又可以保证人身安全。

8. 用电安全常识

（1）为用电安全，可在电路中装设漏电保护器，当人体触及漏电部位，可能引起通过人体的电流大于或等于电击电流时，能在规定时间内自动断开电流。

（2）为确保使用人员的人身安全，在使用电器设备前应认真阅读产品使用说明书，了解使用时可能出现的危险及相应的预防措施，并按产品使用说明书的要求正确使用。

（3）插头与插座应按规定正确接线，插座的保护接地极在任何情况下都必须单独与保护线可靠连接。

（4）当保护装置动作或熔断器的熔体（保险丝）熔断后,应先查明原因、排除故障,并确认电器装置已恢复正常后才能重新继续使用,更换熔体时不应任意改变熔断器的熔体规格或用其他导线代替。

（5）用电设备和电气线路的周围应留有足够的安全空间,电器装置附近不应堆放易燃、易爆和腐蚀性物品。

二、实验室安全防护知识

1. 实验室气体使用常识

（1）搬运钢瓶时,应防止剧烈振动,严禁连氧气表一起装车运输。

（2）严禁在同一个实验室里面使用氧气与氢气。

（3）钢瓶尽可能远离热源。

（4）氧气瓶在使用时特别注意在手上、工具上、钢瓶和周围不能沾有油污。

（5）气瓶应与气表一起使用,气表需仔细保护,不能随便用在其他钢瓶上。

（6）开阀门及调压时,人不要站在钢瓶出气口处,头不要在瓶头之上,而应在钢瓶的侧面,以保人身安全。

（7）开气瓶总阀门之前,必须首先检查氧气表调压阀门是否处于关闭（手把松开是关闭）状态。不要在调压阀开放（手把顶紧是开放）状态突然打开气瓶总阀,否则会将气表打坏或出其他事故。

（8）防止漏气,若漏气应将螺旋旋紧或换皮垫。

（9）钢瓶内压力在 0.5 MPa 以下时,不能再用,应该去灌气。

2. 实验室防毒常识

（1）试验前,应了解所用药品的毒性及防护措施。

（2）操作有毒气体（如 H_2S、Cl_2、Br_2、NO_2、浓 HCl 和 HF 等）应在通风橱内进行。

（3）苯、四氯化碳、乙醚、硝基苯等的蒸气会引起中毒。它们虽有特殊气味,但久嗅会使人嗅觉灵敏性减弱,所以应在通风良好的情况下使用。

（4）有些药品（如苯、有机溶剂、汞等）能透过皮肤进入人体,应避免与皮肤接触。

（5）氰化物、高汞盐 [$HgCl_2$、$Hg(NO_3)_2$ 等]、可溶性钡盐（$BaCl_2$）、重金属盐（如镉、铅盐）、三氧化二砷等剧毒药品应妥善保管,使用时要特别小心。

（6）禁止在实验室内喝水、吃东西。饮食用具不要带进实验室,以防被毒物污染,离开实验室及饭前要洗净双手。

3. 实验室设备安全使用常识

（1）仪器设备周围不得堆放易燃、易爆和强腐蚀性等物品,确因工作需要放置的,仅限满足当天检测任务用量,并杜绝安全隐患,工作完毕应立即清除。

（2）为确保电器设备安全,检验人员应掌握所用设备的额定功率、保护方式和要求、保护装置的额定值和保护元件的规格。

（3）使用任何仪器设备,都必须严格按操作规程操作,使用前检查仪器是否正常,仪器运行中使用人员不得离开现场,用完后须清理仪器表面。

（4）仪器设备在使用过程中如发现有异常响声或气味时,应立即停机维修,不得"带病"工作,以免发生意外。

（5）玻璃器皿加热时要注意循序渐进、全面加热，避免局部急剧升温而导致爆裂。

4. **实验室安全防护的种类**

实验室安全防护不仅指检测人员自身的防护，还包括实验室设备和公共安全的防护。实验室安全防护的种类很多，防毒、防火、防触电、防辐射、防爆炸、防灼伤、高压容器和生物安全的防护，还包括对试验用废水、废气、废弃物品（试剂、药品、样品等）的安全处理措施。

5. **实验室消防常识**

（1）许多有机溶剂如乙醚、丙酮、乙醇、苯等非常容易燃烧，大量使用时室内不能有明火、电火花或静电放电。实验室内不可存放过多这类药品，用后要及时回收处理，不可倒入下水道，以免聚集引起火灾。

（2）有些物质如磷，金属钠、钾、电石及金属氢化物等，在空气中易氧化自燃。还有一些金属如铁、锌、铝等的粉末比表面大，也易在空气中氧化自燃。这些物质要隔绝空气保存，使用时要特别小心。

（3）实验室如果着火不要惊慌，应根据情况进行灭火，常用的灭火剂有：水、沙、二氧化碳灭火器、四氯化碳灭火器、泡沫灭火器和干粉灭火器等。可根据起火的原因选择使用，以下几种情况不能用水灭火：

① 金属钠、钾、镁、铝粉，电石，过氧化钠着火，应用干沙灭火。

② 比水轻的易燃液体，如汽油、苯、丙酮等着火，可用泡沫灭火器。

③ 有灼烧的金属或熔融物的地方着火时，应用干沙或干粉灭火器。

④ 电器设备或带电系统着火，可用二氧化碳灭火器或四氯化碳灭火器。

6. **实验室意外伤害急救**

（1）对于玻璃割伤及其他机械损伤首先检查伤口内有无玻璃或金属碎片，然后用硼酸水清洗，涂碘酒，必要时进行简单包扎。若伤口过大过深，应迅速在伤口上部和下方勒紧血管止血，然后到就近医院就诊。

（2）轻度烫伤或烧伤，皮肤出现红肿时，可涂 75% 的乙醇，若烫伤导致皮肤起泡，立即用大量水冲洗，然后再涂抹獾油或万花油，严重者立即送医院就诊。

（3）若强酸或强碱溅到皮肤或眼睛内应立即用大量水清洗，然后再用碳酸氢钠或硼酸清洗。

（4）吸入氯气或氯化氢气体可立即吸入少量乙醇和乙醚的混合蒸气。若吸入硫化氢气体而感到不适或头晕，应立即到室外呼吸新鲜空气。

（5）如果乙醚、乙醇、苯等有机物着火，应立即用湿布、细沙或泡沫灭火器扑灭，严禁用水扑灭此类火灾。

（6）若遇电气设备着火，必须先切断电源，再用二氧化碳灭火器灭火，不能使用泡沫灭火器。

（7）煤气中毒应到室外呼吸新鲜空气，下颌抬高，头部后仰，解开衣领，松开领带，若严重立即到医院就诊。

（8）从业人员在操作过程中发现直接危及人身安全的紧急情况时，应该停止操作，立即撤离现场。对于操作人员来说，安全生产知识、安全意识与安全操作技能教育部分的安全教育内容最为重要。

7. **实验室有毒物品管理**

（1）剧毒品仓库和保存箱必须由两人同时管理，锁双锁，两人同时到场才能打开锁。

（2）剧毒品保管人员必须熟悉剧毒品的有关物理和化学性质，以便做好仓库温度控制与通风调节。

（3）严格执行化学试剂在库检查制度，对库存试剂必须进行定期检查，发现有变质或有异常现象要进行原因分析，提出改进储存条件和保护措施，并及时通知有关部门处理。

（4）对剧毒品发放本着先入先出的原则，发放时有准确登记（试剂的计量、发放时间和经手人）。

（5）凡是领用单位必须是双人领取，双人送还，否则剧毒品仓库保管员有权不予发放。

（6）领用剧毒品试剂时必须提前申请上报，做到用多少领多少，并一次配制成使用试剂。

（7）使用剧毒试剂时一定要严格遵守分析操作规程。

（8）使用剧毒试剂的人员必须穿好工作服，戴好防护眼镜、手套等劳动保护用具。

（9）对使用后产生的废液不准随便倒入水池内，应倒入指定的废液桶或瓶内。废液必须当天处理，不得存放。

（10）产生的废液要在指定的安全地方用化学方法处理，要建立废液处理记录。记录内容包括：废液量、处理方法、处理时间、地点、处理人。

8. 实验室易燃物品管理

（1）氢气应单独存放，最好放置在实验室外专用的小屋内，以确保安全，严禁放在实验室内，严禁烟火。

（2）氧气瓶一定要防止与油类接触，并绝对避免让其他可燃性气体混入，禁止用盛装其他可燃性气体的气瓶来充灌氧气。

（3）易挥发形成可燃气体的物质，应存放于棕色等不透明的密闭容器中，并避光保存。

（4）乙醚、乙醇、汽油等易燃物品的保存场所应注意通风、避光、低温，并远离火源。

（5）易燃易爆物品的周围不能有电线、电器设备等容易产生火花的东西。

9. 实验室化学药品管理

实验室的化学药品及试剂溶液品种很多，化学药品大多具有一定的毒性及危险性，对其加强管理不仅是保证分析数据质量的需要，也是确保安全的需要。

实验室只宜存放少量短期内需用的药品。化学药品按无机物、有机物、生物培养剂分类存放，无机物按酸、碱、盐分类存放，盐类中按金属活泼性顺序分类存放，生物培养剂按培养菌群不同分类存放，其中属于危险化学药品中的剧毒品应锁在专门的毒品柜中，由专门人员加锁保管，实行领用经申请、审批、双人登记签字的制度。

10. 属于危险品的化学药品种类

（1）易爆和不稳定物质：如浓过氧化氢、有机过氧化物等。

（2）氧化性物质：如氧化性酸，过氧化氢也属此类。

（3）可燃性物质：除易燃的气体、液体、固体外，还包括在潮气中会产生可燃物的物质，如碱金属的氢化物、碳化钙及接触空气自燃的物质如白磷等。

（4）有毒物质。

（5）腐蚀性物质：如酸、碱等。

（6）放射性物质。

11. 使用化学药品的防护

（1）食品检验所用的化学药品大多具有一定的毒性及危险性，对其加强管理不仅是保证分析数据质量的需要，也是确保安全的需要。

（2）食品分析用化学药品种类繁多，为加强管理，不发生错用事故，各种化学药品应单独盛装并加贴标签，注明名称、规格等。

（3）为方便拿取，食品分析用化学药品应按无机物、有机物、生物培养剂分类存放。

12. 实验室防爆常识

可燃气体与空气混合，当两者比例达到爆炸极限时，受到热源（如电火花）的诱发，就会引起爆炸。一些气体的爆炸极限见表1-3-4。

表1-3-4　与空气相混合的某些气体的爆炸极限（20℃，1个大气压下）表

气　体	爆炸高限（体积分数）/%	爆炸低限（体积分数）/%	气　体	爆炸高限（体积分数）/%	爆炸低限（体积分数）/%
氢	74.2	4.0	醋　酸	—	4.1
乙　烯	28.6	2.8	乙酸乙酯	11.4	2.2
乙　炔	80.0	2.5	一氧化碳	74.2	12.5
苯	6.8	1.4	水煤气	72	7.0
乙　醇	19.0	3.3	煤　气	32	5.3
乙　醚	36.5	1.9	氨	27.0	15.5
丙　酮	12.8	2.6			

（1）使用可燃性气体时，要防止气体逸出，室内通风要良好。

（2）操作大量可燃性气体时，严禁同时使用明火，还要防止产生电火花及其他撞击火花。

（3）有些药品如叠氮铝、乙炔银、乙炔铜、高氯酸盐、过氧化物等受震和受热都易发生爆炸，使用时要特别小心。

（4）严禁将强氧化剂和强还原剂放在一起。

（5）久藏的乙醚使用前应除去其中可能产生的过氧化物。

（6）进行容易引起爆炸的试验时应有防爆措施。

13. 实验室防灼伤常识

强酸、强碱、强氧化剂、溴、磷、钠、钾、苯酚、冰醋酸等都会腐蚀皮肤，特别要防止溅入眼内。液氧、液氮等低温时也会严重灼伤皮肤，使用时要小心，一旦灼伤应及时治疗。

仿真训练

一、单项选择题（请将正确选项的代号填入题内的括号中）

1. GB 7144 规定，氧气、氢气、氮气钢瓶瓶身的颜色分别是（　　）。
   A. 橙、淡黄、黑　　　B. 天蓝、深蓝、绿　　　C. 淡蓝、淡绿、黑　　　D. 黑、黄、绿

2. 在使用氧气瓶时要特别注意，手上、工具上、钢瓶和周围不能沾有（　　）。
   A. 污水　　　B. 油污　　　C. 泥土　　　D. 粉尘

3. 高压气瓶充装气体后都有一定的危险性，必须高度注意，下列关于高压气瓶的使用注意事项描述错误的是（　　）。
   A. 一般实验室内存放高压气瓶量不能少于两瓶
   B. 高压气瓶要远离热源，避免暴晒和强烈振动
   C. 高压气瓶用完后，应先关闭开关阀放尽余气后，再关减压器
   D. 使用高压气瓶时严禁敲打撞击，应经常检查有无漏气

4. 食品检验人员必须了解所用药品的毒性及防护措施,操作有毒气体应在通风橱内进行,苯、乙醚等的蒸气久闻会引起( ),应在通风良好的情况下使用。

　　A. 中毒　　　　　　B. 成瘾性　　　　　　C. 亢奋　　　　　　D. 过敏性

5. 仪器设备周围不得堆放易燃、易爆和强腐蚀性等物品,确因工作需要放置的,仅限满足( ),并杜绝安全隐患,工作完毕应立即清除。

　　A. 一次检测任务用量　　　　　　　　B. 当天检测任务用量

　　C. 一批次检测任务用量　　　　　　　D. 完成检测任务用量

6. 使用任何仪器设备,都必须严格( ),使用前检查仪器是否正常,仪器运行中使用人员不得离开现场,用完后须清理仪器表面。

　　A. 进行执业培训　　　B. 进行操作考核　　　C. 按操作规程操作　　D. 进行专业培训

7. 实验室安全防护的内容很多,以下不属于理化检验实验室安全防护内容的是( )。

　　A. 防虫、防蛀　　　　B. 防毒、防火　　　　C. 防触电、防辐射　　D. 防爆炸、防灼伤

8. 引发实验室火灾的因素很多,以下不会引发火灾的是( )。

　　A. 试验用水　　　　　B. 化学试剂　　　　　C. 有机物　　　　　　D. 强氧化剂

9. 如遇电线起火,应用( )灭火,禁止用水或泡沫灭火器等导电液体灭火。

　　A. 压缩空气吹的方式　　　　　　　　B. 沙或棉被覆盖等方式

　　C. 沙或二氧化碳、四氯化碳灭火器　　　D. 人工扑打方式

10. 有机溶剂如乙醚、乙醇、苯等非常易燃,大量使用时室内不能有明火、( )。

　　A. 电或静电　　　B. 用电设备或电缆　　　C. 电池或电线　　D. 电火花或静电放电

11. 实验室如发现有人中毒,应尽快将患者( ),并尽量清理致毒物质,以便协助医生排除中毒者体内毒物。

　　A. 保持原地不动　　　　　　　　　　B. 平躺在地面上且头部降低

　　C. 从中毒物质区域中移出　　　　　　D. 俯卧于地面且头部抬高

12. 在实验室如遇强碱(如氢氧化钠、氢氧化钾)触及皮肤而引起灼伤时,要先用大量自来水冲洗,再用( )。

　　A. 5%的硼酸溶液或2%的乙酸溶液涂洗　　B. 5%的碳酸氢钠溶液或5%的氨水溶液洗涤

　　C. 90%～95%的酒精清洗　　　　　　　　D. 1%的磷酸溶液或2%的丙酸溶液涂洗

13. 在实验室如发生较大的创伤或者动、静脉出血时,应立即用绷带扎紧止血,消毒并保护好伤口。但止血时间长时,应注意每隔1～2 h适当( ),以免肢体缺血坏死。

　　A. 包扎一次　　　　B. 放松一次　　　　C. 清洗一次　　　　D. 检查一次

14. 剧毒化学品应当在专用仓库内单独存放,并实行( )制度。

　　A. 双人收发、双人保管　　　　　　　B. 单人收发、双人保管

　　C. 双人收发、单人保管　　　　　　　D. 单人收发、单人保管

15. 剧毒化学品的采购、保管、使用都有严格规定,购买时应当于购买后5日内,按规定到所在地县级( )备案。

　　A. 人民政府　　　　　　　　　　　　B. 质量技术监督行政部门

　　C. 人民政府公安机关　　　　　　　　D. 人民政府安全生产监督管理机关

16. 检测实验室所用的一切( )的物品及化学药剂,要严格分类、保管、使用,并妥善处理剩余物。

　　A. 有刺激性气味　　B. 有挥发性特点　　　C. 有损伤性作用　　　D. 有毒害性作用

17. 氢气应单独存放,最好放置在实验室外专用的小屋内,以确保安全,严禁放在( ),严禁烟火。

    A. 实验室内   B. 原材料库内   C. 厂区内   D. 高压容器内

18. 一定要防止氧气瓶与( )接触,并绝对避免让其他可燃气体混入,禁止用盛装其他可燃气体的气瓶来充灌氧气。

    A. 惰性金属类   B. 无机盐类   C. 油类   D. 水类

19. 易挥发形成可燃气体的物质应存放于( )的密闭容器中,并( )保存。

    A. 白色透明 避光   B. 棕色等不透明 避光

    C. 棕色等不透明 光照   D. 白色透明 光照

20. 食品检验所用的化学药品大多具有一定的毒性及危险性,对其加强管理不仅是保证分析数据( )的需要,也是确保安全的需要。

    A. 质量   B. 数量   C. 特性   D. 完整

21. 实验所用的危险化学药品一般是指对人体、设施、环境具有危害的化学药品,下列不属于危险化学药品的是( )。

    A. 浓硫酸   B. 检验用蔗糖   C. 硝酸铅溶液   D. 硫酸镉

22. 食品检测时如果使用化学药品,为避免化学药品对人体造成危害,应尽量在( )操作,以减少有毒物在室内逸出。

    A. 空调或电风扇处   B. 通风橱或排风扇处

    C. 室外上风口   D. 室内门窗口

23. 食品检测时如果使用化学药品,应严格遵守个人( ),禁止在使用有毒物或有可能被毒物污染的实验室内饮食、吸烟。

    A. 防护规程   B. 工作习惯   C. 喜好   D. 工作承诺

24. 食品检验人员要加强自身防护,每次检测工作结束,须经仔细洗手、消毒、漱口后方能( )。

    A. 休息   B. 运动   C. 饮食   D. 更衣

25. 检测工作中,当具有一定危险性的化学物质可能会溅到身体上时,应使用塑料围裙或防液体的长罩服,如有必要还应戴手套、口罩、( )等防护用品。

    A. 护袖   B. 护膝   C. 鞋套   D. 防护镜

26. 食品检测中使用易燃易爆物质时,每次领用量不宜过多,易燃易爆物品周围禁止放置( )。

    A. 检验样品   B. 分析用水   C. 检验工具   D. 可燃物质

27. 食品检测过程中,在使用易爆性物质时,要注意防止( )。

    A. 突然振动和过热   B. 突然停顿和降温   C. 随意晃动和冷却   D. 随意停止和保温

28. 检测工作中,在对容器、压力调节阀或安全阀等进行操作时,切忌面部正对危险体,必要时应戴( )。

    A. 防毒面具   B. 防爆面具   C. 防护口罩   D. 防护眼镜

29. 某些化学物质对皮肤具有灼伤作用,下列物质中不会导致人体被皮肤灼伤的是( )。

    A. 硫酸   B. 氢氧化钠   C. 盐酸   D. 酒精

30. 在检测工作中,当使用具有灼伤皮肤作用的物质时应注意加强防护,下列选项中不具有防灼伤作用的是( )。

A. 戴防护面罩　　　　B. 穿防护鞋套　　　　C. 戴防护手套　　　　D. 穿防护服装

31. 开启具有灼伤性物质的瓶塞(旋塞)时,瓶口不要正对自己,而应朝向(　　),以免液体喷溅而致伤害。

A. 无人处　　　　　B. 正前方　　　　　C. 正上方　　　　　D. 侧前方

32. 在使用强酸、强碱、强氧化剂等具有灼伤皮肤作用的物质时,应注意不要让皮肤直接接触,尤其防止溅入(　　)。

A. 衣服上　　　　　B. 鞋子上　　　　　C. 眼睛中　　　　　D. 眼镜上

二、判断题(对的画"√",错的画"×")

(　　) 1. 缺乏用电安全知识、带电接线、手摸带电体等也是发生触电的原因。

(　　) 2. 为保证用电安全,常采取一些保护措施,短路保护和过载保护的措施及效果是相同的。

(　　) 3. 测量电压时电压表应并联在电路中,而不能串联在电路中。

(　　) 4. 测量电流时,电流表必须串联在电路中,而不能并联在用电器两端。

(　　) 5. 发现有人触电时,应立即切断电源,或用干燥的木棍、竹棒等不导电的物体使伤员尽快脱开电源。

(　　) 6. 在防触电问题上主要靠技术措施,人自身所做的事情极其有限。

(　　) 7. 指针式万用表读数精度较差,但指针摆动的过程比较直观;数字万用表读数精度高且读数直观,但数字变化的过程看起来比较杂乱,不易读数。

(　　) 8. 电流通过人体时,对人体的危害不仅与电压大小有关,还与频率有关,电压相同时,频率越高危害越大。

(　　) 9. 用电设备在停止使用、发生故障或遇突然停电时,不一定必须切断电源,必要时采取相应技术措施即可。

(　　) 10. 检验人员离开使用易燃气体的实验室之前,应注意检查使用过的易燃气器具是否完全关闭或熄灭,以防内燃。

(　　) 11. 操作 H_2S、Cl_2、NO_2 等有毒气体时,应到下风口进行,以免中毒。

(　　) 12. 加热玻璃器皿时要注意循序渐进、全面加热,避免局部急剧升温而导致爆裂。

(　　) 13. 检测实验室安全防护包括对实验用废水、废气、废弃物品(试剂、药品、样品等)的安全处理措施。

(　　) 14. 有些物质如磷、钠、钾等,在空气中易氧化自燃,应浸泡于水中保管。

(　　) 15. 工作中如不慎让强酸灼伤皮肤,应立即用自来水冲洗,再用 5% 的乙酸溶液清洗。

(　　) 16. 有毒物品及化学试剂的保管人员必须熟悉它们的有关物理化学性质,以便做好仓库温度控制与通风调节。

(　　) 17. 易燃易爆物品只要不遇明火是不会发生意外的,因此,在易燃易爆物品的存放地只要没有明火出现就是安全的。

(　　) 18. 食品分析用化学药品种类繁多,性质各异,毒性和危险性各不相同,保管时应分门别类、集中盛装。

(　　) 19. 钾、钠虽是金属,但由于其性质活泼,在空气中极易被氧化从而发生爆炸,因此也属于危险化学物品。

(　　) 20. 从事检测工作时所用的手套应符合舒适、灵活、耐腐蚀的要求,并对所涉及的危险化学药品有足够的防护作用。

( )21.当发现工作室内有可燃气体(如煤气、氢气、乙炔等)泄漏时,应首先打开排风扇通风,减小可燃气体的浓度,再采取相应措施。

( )22.除了强酸、强碱、强氧化剂等化学物质能灼伤皮肤外,高温气体也能灼伤皮肤。

参考答案

一、单项选择题

1. C	2. B	3. A	4. A	5. B	6. C	7. A	8. A	9. C	10. D
11. C	12. A	13. B	14. A	15. C	16. D	17. A	18. C	19. B	20. B
21. B	22. B	23. A	24. C	25. D	26. D	27. A	28. B	29. D	30. B
31. A	32. C								

二、判断题

1. √	2. ×	3. √	4. √	5. √	6. ×	7. √	8. √	9. ×	10. √
11. ×	12. √	13. √	14. ×	15. ×	16. √	17. ×	18. ×	19. √	20. √
21. ×	22. √								

第九单元　粮油及制品检验

学习目标

(1)熟练掌握粮油及制品中样品的制备。

(2)熟练掌握粮油及制品检验中阿贝折射仪、pH计、筛选器、黏度仪、磁性金属物测定仪等专业仪器的使用。

(3)熟练掌握粮油及制品色泽、气味的感官检验。

(4)熟练掌握粮油及制品不完善粒、白度、杂质、黏度等的理化检验。

考核要点

考核类别	考核范围	考　核　点	重要程度
检验前的准备	专业样品制备	食用植物油及其制品样品的扦样要求	★★★
		粮食及制品样品的扦样要求	★★★
		粮油及制品样品预处理的粉碎方法	★★★
		粮油及制品样品预处理后的存放容器	★★★
		粮油及制品有机磷农药残留检验用的样品粉碎细度要求	★★★
		粮油及制品中黄曲霉素 B_1 检测用的样品粉碎细度要求	★★★

考核类别	考核范围	考　核　点	重要程度
检验前的准备	专业检验仪器	阿贝折射仪的使用方法	★★★
		pH 计的使用方法	★★★
		pH 计使用时的注意事项	★★★
		筛选器的使用方法	★★★
		黏度仪的使用方法	★★★
		磁性金属物测定仪的使用方法	★★★
		罗维朋比较测色计的使用方法	★★★
		马弗炉的使用方法	★★★
		白度仪的使用方法	★★★
检验	感官检验	粮食的色泽检验方法	★★★
		淀粉及淀粉制品的色泽检验方法	★★★
		豆制品的色泽检验方法	★★★
		粮食加工品的气味检验方法	★★★
		食用油、油脂及其制品的气味检验方法	★★★
		淀粉及淀粉制品的气味检验方法	★★★
		豆制品的气味检验方法	★★★
	理化检验	粮食中不完善粒的含量规定	★★★
		粮食及制品白度的测定方法	★★★
		粮食制品中粉色麸星加工精度的测定方法	★★★
		粮食中杂质的测定用样品量规定	★★★
		粮食及粮食制品黏度的测定方法	★★★
		粮食及粮食制品中磁性金属物的测定方法	★★★
		小麦粉面筋的测定方法	★★★
		粮食制品粗细度的测定方法	★★★
		粮食的容重测定方法	★★★
		小麦粉中水分含量的范围	★★★
		大米中水分含量的范围	★★★
		挂面中水分的测定方法	★★★
		玉米中水分的测定方法	★★★
		食用动物油脂中水分的检测方法	★★★
		食用植物油中水分的测定方法	★★★
		食用油脂制品中水分的测定方法	★★★
		淀粉及淀粉制品中水分的测定方法	★★★
		谷物及谷物制品中水分测定的烘干条件的选择方法	★★★
		豆制品中水分的测定方法	★★★

考核类别	考核范围	考 核 点	重要程度
检验	理化检验	其他豆制品中水分的测定方法	★★★
		大米中杂质的测定方法	★★★
		食用植物油中不溶性杂质的测定方法	★★★
		食用油脂制品中脂肪的测定方法	★★★
		食用植物油脂酸价的测定方法	★★★
		豆制品中蛋白质的测定方法	★★★
		其他豆制品中蛋白质的测定方法	★★★
		小麦粉中灰分的测定方法	★★★
		大米中直链淀粉含量的测定方法	★★★
		粮食加工品中灰分的测定方法	★★★
		豆制品中脲酶的定性测定方法	★★★
		大米胶稠度的测定操作方法	★★★
		食用植物油加热试验原理	★★★
		动植物油脂酸值的测定方法	★★★
		小麦粉中含砂量测定时样品的处理方法	★★★
		粮食及加工品中含砂量的测定方法	★★★
		高粱中单宁含量的测定操作方法	★★★
		小麦粉中磁性金属物的测定操作方法	★★★
		小麦粉中脂肪酸值的测定操作方法	★★★
		玉米粉中粗脂肪含量的测定操作方法	★★★
		挂面的熟断条率及烹调损失的测定操作方法	★★★
		植物油的挥发物含量的测定操作方法	★★★
		食用动植物油皂化值的测定操作方法	★★★

➡ 考点导航

一、专业样品制备

1. 动植物油脂的扦样

动植物油脂扦样的基本要求是每罐分别扦样。对于储存于立式筒形陆地油罐中的非均相食用油脂,扦样时从罐顶至罐底,每隔 300 mm 的深度扦取检样;对于储存于计量罐中的食用植物油,注满罐后,要在产生沉淀之前扦样,将扦样装置沉入油罐中部并灌满扦取样品。

2. 中、小粒粮食和油料扦样

扦样器分为包装和散装两种。

包装扦样器包括大粒粮扦样器(全长 75 cm)、中粒粮扦样器(全长 70 cm)和粉状粮扦样器(全长约 55 cm)。

中、小粒粮食和油料取样量一般不超过 200 t;特大粒粮食和油料取样量一般不超过 50 t。取样时,采取倒包和拆包相结合的方法。取样比例:倒包按规定取样包数的 20%,拆包按规定取样包数的 80%。

3. 脂肪酸测定前样品的制备

对大豆、玉米胚芽的脂肪酸测定,样品预处理时,取具有代表性的去杂样品约 40 g,用锤式旋风磨粉碎样品。处理后,装入磨口瓶中备用。

对脂肪含量较高的小粒(如油菜籽、芝麻、葵花籽仁)、大粒(如花生仁、核桃仁)油料中脂肪酸测定,样品预处理时,至少取具有代表性的去杂样品 30～40 g,用微型高速万能粉碎机粉碎,混匀,装入磨口瓶中备用。

4. 有机磷农药残留检验前样品的制备

(1)小麦。预处理有机磷农药残留检验样品时,先将样品磨碎过 20 目筛。

(2)玉米。试样磨碎过 20 目筛,混匀,称取 10.00 g 置于锥形瓶中,加入 0.5 g 中性氧化铝、0.2 g 活性炭及 20 mL 二氯甲烷,振摇 0.5 h 后过滤,滤液直接进样。

(3)植物油。称取 5.00 g 混匀的试样,用 50 mL 丙酮分次溶解并洗入分液漏斗中摇匀。

(4)谷物。取磨碎过 20 目筛后的试样 25.00 g,置于 300 mL 的烧杯中,加入 50 mL 水和 100 mL 丙酮,用组织捣碎机提取 1～2 min。

5. 黄曲霉素 B_1 检验前样品的制备

每份分析测定用的试样均应从大样经粗碎,多次用四分法缩减至 0.5～1 kg,然后全部粉碎。粮食试样全部通过 20 目筛,混匀。花生试样全部通过 10 目筛,混匀。

二、专业检验仪器

1. 阿贝折射仪

使用阿贝折射仪测定植物油的折射率时,应注意以下事项:

(1)测定时上、下棱镜均匀充满液体。

(2)测定时首先用脱脂棉蘸乙醚对上、下棱镜进行清洁,然后校正仪器。

(3)读数时把明暗分界线调整到正切在十字线的交叉点上。

(4)用阿贝折射仪测定折射率时可读至小数点后的第四位,为了使读数准确,一般应将试样重复测量 3 次,每次相差不能超过 0.000 2,然后取平均值。

(5)使用阿贝折射仪测定植物油的折射率时,在每次测试完毕后,棱镜要用脱脂棉蘸乙醇与乙醚混合液擦洗干净,待其挥发干燥后将仪器存放好。

2. pH 计(又称酸度计)

(1)在使用 pH 计测定食品溶液的 pH 时,使用前一般需要开机预热 30 min。

(2)用电位计法测动植物油的酸度和酸值时,滴定前 pH 计的玻璃电极浸在甲基异丁基酮中 12 h。

(3)pH 计校准时,一般先用 pH 为 6.86 的标准缓冲溶液对电极进行定位,再根据待测溶液的酸碱性选择第二种标准缓冲溶液。

(4)配制好的 pH 计标准缓冲溶液一般可保存 2～3 个月。

(5)测定溶液的 pH 时,要求饱和甘汞电极端部略低于 pH 玻璃电极端部。

(6)在测定动植物油的酸值和酸度时,如果 pH 计的电极效应欠佳,则用 1 mol/L 的盐酸异丙酮溶液浸泡 14 h,可使电极复苏。

3. 毛细管黏度计

毛细管黏度计孔径的选择以测定糊化液流动时间在 $30\sim60$ s 为宜，流动时间不应超过 90 s 和低于 20 s。

测定粮食的运动黏度时，用洗耳球及乳胶管将毛细管黏度计中糊化液缓慢吸起吹下 $2\sim3$ 次，使之混匀。毛细管黏度计使用前必须洗净，一般先用能溶解黏度计内残留物的溶剂反复洗涤，再用酒精或汽油洗，然后用发烟硫酸洗或用重铬酸钾洗液浸泡 $2\sim3$ h。

4. 磁性金属物测定仪

开启磁性金属物测定仪的电源，调节流量控制板旋钮，控制试样流量在 250 g/min 左右，使试样匀速通过淌样板进入出粉箱内，磁感应强度应不低于 120 mT。待试样流完后，用洗耳球将残留在淌样板上的试样吹入储粉箱。

5. 罗维朋比色计

使用罗维朋比色计时靠肉眼确定样品颜色。使用时应先放平仪器，安装观测管和碳酸镁片，检查光源是否完好；取澄清（或过滤）的试样注入罗维朋比色计的比色槽中，达到距离比色槽上口约 5 mm；按规定固定黄色玻片色值，打开光源，移动红色玻片调色，直至玻片色与油样色完全相同为止。

6. 马弗炉

打开马弗炉的电源之后应先调节温度零点，再调整至需要灰化的温度。将盛有样品的坩埚炭化完毕后，坩埚连同盖子放在马弗炉中灰化。用马弗炉灰化粮油样品时，灰化温度为 (550 ± 10) ℃。达到测定样品的灰化温度和规定的灰化时间后，要冷却到一定温度才能打开马弗炉门。待坩埚降温至 200 ℃ 以下取出，放入干燥器内冷却至室温。

7. 白度仪

测样前先用标有白度的优级纯氧化镁制成的标准白板校正白度仪。测定淀粉白度的波长为 457 nm。白度仪的标准白板需要定期校准。

三、感官检验

1. 色泽检验

检验粮食的色泽时，将试样置于散射光下进行。用肉眼鉴别样品的颜色和光泽是否正常。对色泽不易鉴定的样品，取 $100\sim150$ g 放在黑色平板均匀地摊成 15 cm×20 cm 的薄层，在散射光下仔细观察样品的整体颜色和光泽。

检验淀粉及淀粉制品的色泽时，取 50 g 以上淀粉制品试样置于白色洁净的瓷盘中，在自然光下目测色泽，应呈半透明状。

检验大豆油色泽时，采用罗维朋比色计法或重铬酸钾溶液比色法进行。对于一级和二级大豆油，所用罗维朋比色槽的尺寸为 133.4 mm；对于三级和四级大豆油，所用罗维朋比色槽的尺寸为 25.4 mm。

2. 气味检验

检验食用植物油的气味时，将试样放入密闭器皿内，在 $60\sim70$ ℃ 的温水杯中保温数分钟，取出，开盖嗅辨气味是否正常。

检验人造奶油的气味时，用洁净的玻璃棒挑起样品置于 50 mL 的烧杯中，于水浴上加热至 50 ℃，用玻璃棒迅速搅拌，闻其气味。

检验气味不易鉴定的颗粒状粮食加工品的气味时，将试样放入广口瓶内，在 $60\sim70$ ℃ 的水浴锅中保温 $8\sim10$ min，开盖嗅辨气味是否正常。

检验复合麦片的气味时,取 30 g 样品倒入一个适当的容器内,以 200 mL 80 ℃的温水冲调后,嗅其气味。

四、理化检验

1. 粮食中不完善粒的含量规定

检验大米中的小碎米时,将试样首先置于直径 2.0 mm 的圆孔筛内,盖上筛盖,安装于筛选器上进行自动筛选,然后根据留在直径 1.0 mm 的圆孔筛上小粒米的质量计算小粒米的含量。

2. 小麦粉的粉色麸星加工精度的测定方法

小麦粉的加工精度常用检测麸星含量的方法来确定,确定小麦粉加工精度的检测方法有干样法、湿样法、干烫法、湿烫法和蒸馒头法。仲裁检测方法是干烫法和湿烫法。

3. 黏度的测定方法

采用毛细管运动黏度计测定粮食的黏度时,所用毛细管黏度计的孔径有 0.8 nm、1.0 nm、1.2 nm、1.5 nm。测定玉米的黏度时,将试样反复粉碎、过筛至 90% 以上通过 40 目筛。

测定时样液应在 10 min 左右达到微沸状态,继续保持稳定微沸状态 30 min 即可。

4. 粉类粗细度测定

步骤:从混匀的样品中称取试样 50 g,放入上层筛,同时放入清理块,盖好筛盖,自动筛理 10 min。

称量时注意层筛残留物质量低于 0.1 g 时忽略不计。精密度要求:在重复性条件下,获得的两次独立测试结果的绝对值不大于 0.5%。

5. 粮食的容重测定

测定粮食的容重时,从平均样品中分取试样约 1 000 g,按规定的筛层分几次进行筛选,取下层筛筛上物混匀作为测定容重的试样。测定高粱的容重时,试样选筛所用筛层为上筛层 4.5 mm,下筛层 2.0 mm;测定谷子的容重时,试样选筛所用筛层为上筛层 3.5 mm,下筛层 1.2 mm。

测定粮食的容重中,双试验结果允许差不超过 3 g/L,求其平均数,即为测定结果。

6. 水分的测定

(1)小麦粉中水分含量的测定是按照 GB/T 5497 规定的方法进行的(见表 1-3-5)。

表 1-3-5　小麦粉中水分含量测定表

项　　目	水分(≤)/%
精制糕点用小麦粉	14
高筋小麦粉	14.5
面包用小麦粉	14.5

(2)大米中水分含量的测定是按照 GB/T 5497 规定的方法进行的(见表 1-3-6)。

表 1-3-6　大米中水分含量测定表

项　　目	水分(≤)/%
粳　　米	15.5
籼 糯 米	14.5
籼　　米	14.5

（3）挂面中水分检测参照 GB/T 5009.3 规定的方法进行。采用直接干燥法进行测定,烘干温度是 100 ℃左右。

（4）玉米中水分测定按照 GB/T 10362 规定的方法进行。水分含量大于 15% 的试样采用两次烘干法,先取 100 g 试样放入恒质器中,在 60～80 ℃的烘箱中干燥,调节试样水分至 9%～15%。进行第二次烘干,称取约 8 g 试样,在 130～133 ℃烘干 4 h,取出置于干燥器内冷却至室温称重。

（5）食用植物油水分及挥发物含量的测定参照 GB/T 5528 规定的方法进行。取试样 20 g（精确至 0.001 g）,置于碟子（玻璃或陶瓷的）中进行测定,装有测试样品的碟子放在沙浴或电热板上进行加热,烘干温度控制在（103±2）℃,为了确保水分散尽,应重复加热。

（6）检测谷物及谷物制品中的水分时,对于水分含量为 7%～17% 的样品,不需预处理,直接粉碎。称取（5±1）g 样品,精确至 0.001 g。将含试样的敞开盖的皿与盖一起放入烘箱中,从烘箱温度达（130±3）℃开始计时,保持（120±5）min,然后将其取出放于干燥器内冷却后称重。

（7）非发酵豆制品水分参照 GB/T 5009.3 规定的直接干燥法进行测定（见表 1-3-7）。检验豆腐干中的水分时,称取切碎的试样 2～10 g（精确至 0.000 1 g）,放入称量瓶中,试样厚度不超过 5 mm,瓶盖斜支于瓶边;置于 101～105 ℃的干燥箱中烘至恒重,再取出放入干燥器内冷却至室温后称重。

表 1-3-7　豆腐干类产品的水分指标表

项　　目	水分（≤）/[g·(100 g)$^{-1}$]
豆腐干	75
熏制豆腐干	70
油炸豆腐干	63
调味豆腐干	75
脱水豆腐干	10

7. 粮食杂质的测定

（1）取样量的规定。

检验杂质的试样分大样、小样两种,大样用于检验大样杂质,包括大型杂质和绝对筛层的筛下物;小样是从检样过大样杂质的样品中分出少量试样,检验与粮粒大小相似的并肩杂质。粮食杂质检验试样用量见表 1-3-8。

表 1-3-8　杂质检验试样用量规定表

名　　称	大样用量 /g	小样用量 /g
小粒:粟、芝麻、油菜籽等	约 500	约 10
中粒:稻谷、小麦、高粱、小豆、棉籽等	约 500	约 50
大粒:大豆、玉米、豌豆、葵花籽、小粒蚕豆等	约 500	约 100
特大粒:花生果、仁,蓖麻籽,桐籽,茶籽,文冠果,大粒蚕豆等	约 1 000	约 200
其他:甘薯片、大米中带壳稗粒和稻谷粒	500～1 000	

测定粮食中的杂质时,称取大样时应精确至 1 g,称取小样时应精确至 0.01 g。

(2)大米杂质测定。

大米杂质是指除了大米粒之外的其他物质,包括糠粉、矿物质、稻谷粒、带壳稗粒等。

大米杂质测定方法:取试样约 200 g,精确至 0.1 g,分两次放入直径 1.0 mm 的圆孔筛内筛选,称量。

优质一级、二级大米中最大限度杂质总量不高于 0.25%,三级大米中最大限度杂质总量不高于 0.3%。

8. 粗脂肪含量的测定

玉米粉中粗脂肪含量的测定方法有索氏抽提法、直滴式抽提法和粗脂肪萃取仪法。

样品的制备:测定玉米粉中粗脂肪含量时,取除去杂质的干净试样 30～50 g,磨碎,通过孔径为 1.0 mm 的圆孔筛,然后装入广口瓶中备用。

试样的包扎:用烘盒从备用的样品中称取 2～5 g 试样,在 105 ℃温度下烘 30 min,趁热倒入研钵中,加入约 2 g 脱脂细沙一同研磨。磨到出油状,装入滤纸筒内。

9. 酸价、酸值的测定

油脂酸价是指中和 1 g 油脂所含游离脂肪酸需要氢氧化钾的毫克数。

酸值是指测出的游离脂肪酸含量,用质量分数表示。

植物油脂酸价的测定方法分为热乙醇测定法、冷溶剂法和电位计法等,其中电位计法可用于测定所有植物油脂的酸价,冷冻剂法可用于测定浅色油脂的酸价。

热乙醇法测定步骤:将含有 0.5 mL 酚酞指示剂的 50 mL 乙醇溶液置于锥形瓶中,加热至沸腾,当乙醇温度高于 70 ℃时,用 0.1 mol/L 的氢氧化钾溶液滴定至溶液变色并保持 15 s 不褪色即为滴定终点。

10. 脂肪酸值的测定

脂肪酸值是指中和 100 g 干物质试样中游离脂肪酸所需氢氧化钾的毫克数,其测定方法有苯提取法和石油醚提取法。测定小麦粉中的脂肪酸值时,样品中的脂肪酸采用苯提取法进行提取。用苯振荡提取出小麦粉中的脂肪酸,以酚酞为指示剂,用氢氧化钾标准溶液滴定。

注意:测定时,若收集的试样预处理液来不及测定,应盖紧比色管塞,于 4～10 ℃条件下保存,放置时间不宜超过 24 h。

11. 蛋白质的测定

蛋白质的测定方法有凯氏定氮法、分光光度法和杜马燃烧法。重复性条件下获得的两次独立测定结果的绝对差值不得超过算术平均值的 10%。

(1)分光光度法。测定豆制品中蛋白质的含量时,所用检测波波长为 400 nm。用分光光度法测脱水豆腐中蛋白质的含量时,试样溶液的制备方法为:取 5 mL 试样消化液或试剂空白消化液于 50 mL 的容量瓶内,以对硝基苯酚为指示剂,滴加 NaOH 溶液至黄色,再滴加乙酸溶液至无色,用水稀释至刻度并混匀,供比色分析用。

(2)杜马燃烧法。称取 0.1～1.0 g 充分混匀的试样(精确至 0.000 1 g),用锡箔包裹后置于样品盘上。试样进入燃烧反应炉(900～1 200 ℃)后,在高纯氧(≥99.99%)中充分燃烧。燃烧炉中的产物(NO_x)被载气二氧化碳运送至还原炉(800 ℃)中,经还原生成氮气后检测其含量。

蛋白质的测定方法有多种,应根据样品的不同选用不同的测定方法,其中测定豆浆中的蛋白质时不宜采用杜马燃烧法。

12. 灰分的测定

灰分测定参照 GB/T 5505 规定的方法,有 550 ℃灼烧法和乙酸镁法。

550 ℃灼烧法的原理:试样经(550±10)℃高温灰化至有机物完全灼烧挥发后,称量其残留物。

乙酸镁法的原理:试样中加入助灰化试剂乙酸镁后,经(850±25)℃高温灰化至有机物完全灼烧挥发后,称量残留物质量,并计算灰分含量。

注意:样品灼烧前,先把坩埚恒重;坩埚放在马弗炉之前,先放在炉口片刻,再移入炉膛内,错开坩埚盖,关闭炉门;在灼烧过程中,应将坩埚位置调换 1～2 次,样品灼烧至黑色炭粒全部消失变成灰白色为止;相同条件下两次测定值的绝对差值不应超过 0.03%。

灰分测定见表 1-3-9。

表 1-3-9　灰分测定表

项　　目	灰分(干基)(≤)/%
全玉米粉	3
玉　米　糁	1
一级低筋小麦粉	0.6
馒头精制小麦粉	0.55
蛋糕精制小麦粉	0.53

13. 磁性金属物的测定

所用主要仪器:① 磁性金属物测定仪[磁感应强度应不小于 120 mT(毫特斯拉)];② 分离板(210 mm×210 mm×6 mm,磁感应强度应不小于 120 mT);③ 天平(分度值 0.000 1 g);④ 称量纸(硫酸纸或不易吸水的纸);⑤ 白纸(约 200 mm×300 mm)。

测定中注意事项:① 从分取的平均样品中称取试样 1 kg;② 控制试样流量在 250 g/min 左右;③ 将磁性金属物和称量纸一并称量,精确至 0.000 1 g;④ 双试验测定值以高值为该试样的测定结果。

小麦粉(特制一等、特制二等、标准粉和普通粉)中磁性金属物的含量应小于等于 0.003 g/kg。

14. 含砂量的测定(四氯化碳分离法)

测定小麦粉中的含砂量时,量取 70 mL 四氯化碳注入细砂分离漏斗内,加入试样(10±0.01)g,搅拌后静置,然后每隔 5 min 搅拌一次,共搅拌 3 次,再静置 30 min,然后进行分离、称量。

在短时间内相同条件下获得的 2 次独立测试结果的绝对差值不大于 0.005%。

小麦粉中含砂量应小于等于 0.02%。

15. 食用植物油加热试验原理(GB/T 5531)

纯净的油脂加热至 280 ℃时,仍呈透明状态,如果油脂中存在磷脂,则在 280 ℃时磷脂会析出或分解,使油色变深变黑。当油中磷脂含量较高时,甚至会产生絮状沉淀。

16. 食用动植物油皂化值的测定

原理:在回流条件下将样品和氢氧化钾乙醇溶液一起煮沸,然后用标定的盐酸溶液滴定过量的氢氧化钾。

称样:称取 2 g 样品(精确至 0.005 g)于 250 mL 具磨口的锥形瓶中。称取试样量依据不同范围皂化值来确定,具体见表 1-3-10。

表 1-3-10　食用动植物油皂化值测定表

估计的皂化值(以 KOH 计)/(mg·g⁻¹)	取样量 /g
150～200	2.2～1.8
200～250	1.7～1.4
250～300	1.3～1.2
>300	1.1～1.0

注意:对浅色皂化液用酚酞作为指示剂;对深色皂化液选碱性蓝 6B 作为指示剂。

17. 不溶性杂质

油脂中不溶性杂质指不溶于正己烷或石油醚等有机溶剂的物质及外来杂质的量。这些杂质包括:机械杂质、矿物质、碳水化合物、含氮化合物、各种树脂、钙皂、氧化脂肪酸、脂肪酸内酯、碱皂、羟皂脂肪酸及其甘油酯。

一级、二级压榨花生油中不溶性杂质含量应小于等于 0.05%。

18. 豆制品脲酶的定性判定

豆制品脲酶的定性判定见表 1-3-11。

表 1-3-11　豆制品脲酶定性判定表

脲酶定性	表示符号	显示情况
强阳性	++++	砖红色浑浊或澄清液
次强阳性	+++	桔红色澄清液
阳性	++	深金黄色或黄色澄清液
弱阳性	+	浅黄色或微黄色澄清液
阴性	—	试样管与空白对照管同色或更淡

仿真训练

一、单项选择题(请将正确选项的代号填入题内的括号中)

1. 对于储存于立式筒形陆地油罐中的非均相食用油脂,扦样时从罐顶至罐底,每隔(　　)深度扦取检样。

A. 100 mm　　　　　　B. 200 mm　　　　　　C. 300 mm　　　　　　D. 400 mm

2. 对中、小粒粮食扦样时,一个检验单位的代表数量一般不超过(　　)。

A. 50 t　　　　　　　B. 100 t　　　　　　　C. 150 t　　　　　　　D. 200 t

3. 对油菜籽、芝麻、葵花籽仁等脂肪含量较高的小粒油料样品的脂肪酸测定样品进行预处理时,至少取具有代表性的去杂样品 30～40 g,用(　　)粉碎。

A. 实验室超微粉碎机　　　　　　　　　　B. 锤式旋风磨

C. 粉碎机　　　　　　　　　　　　　　　D. 微型高速万能粉碎机

4. 预处理花生仁和核桃仁等脂肪含量较高的大粒油料样品的脂肪酸测定样品时,至少取具有代表性的去杂样品 30～40 g,用微型高速万能粉碎机粉碎,混匀,装入(　　)中备用。

A. 三角瓶　　　　　B. 试管　　　　　C. 磨口瓶　　　　　D. 塑料袋

5. 预处理小麦中有机磷农药残留检验样品时,先将样品磨碎过(　　)筛。

A. 20 目　　　　　B. 40 目　　　　　C. 50 目　　　　　D. 80 目

6. 预处理花生中黄曲霉素 B_1 检验样品时,试样粉碎并全部通过(　　)筛,混匀。

A. 10 目　　　　　B. 20 目　　　　　C. 40 目　　　　　D. 80 目

7. 在使用阿贝折射仪测定植物油的折射率时,下列操作规范的是(　　)。

A. 测定时上、下棱镜未充满液体

B. 测定时首先用脱脂棉蘸乙醚对上、下棱镜进行清洁,然后校正仪器

C. 读数时没有把明暗分界线调整到正切在十字线的交叉点上

D. 测定时首先用脱脂棉蘸蒸馏水对上、下棱镜进行清洁,然后校正仪器

8. 用电位计法测动植物油的酸度和酸值时,滴定前 pH 计的玻璃电极浸在甲基异丁基酮中(　　)。

A. 1 h　　　　　B. 6 h　　　　　C. 12 h　　　　　D. 24 h

9. pH 计的甘汞电极使用后应浸泡于饱和(　　)溶液内。

A. $NaNO_3$　　　　　B. K_2SO_4　　　　　C. NaCl　　　　　D. KCl

10. 检验粮食和油料中的杂质时,取试样放入筛上,盖上筛盖,放在电动筛选器上,接通电源,打开开关,选筛自动向左、右各筛(　　)(110~120 r/min)。

A. 0.5 min　　　　　B. 1.0 min　　　　　C. 5.0 min　　　　　D. 10.0 min

11. 毛细管黏度计使用前必须洗净,一般先用能溶解黏度计内残留物的溶剂反复洗涤,再用酒精或汽油洗,然后用发烟硫酸洗用重铬酸钾洗液浸(　　)。

A. 0.5~1 h　　　　　B. 1~2 h　　　　　C. 2~3 h　　　　　D. 3~4 h

12. 测定食品中的粉类磁性金属物时,待试样流完后,用洗耳球将残留在淌样板上的试样吹入(　　)。

A. 滤纸　　　　　B. 称量瓶　　　　　C. 储样瓶　　　　　D. 储粉箱

13. 使用罗维朋比色计时,先放平仪器,安置观测管和(　　)片,检查光源是否完好。

A. 硝酸镁　　　　　B. 磷酸镁　　　　　C. 硫酸镁　　　　　D. 碳酸镁

14. 用马弗炉灰化样品时,下面操作正确的是(　　)。

A. 打开马弗炉的电源之后直接调整至需要灰化的温度,没有调整零点

B. 达到测定样品的灰化温度和规定的灰化时间后,立即打开马弗炉门

C. 样品炭化完毕后直接移入高温马弗炉炉膛内

D. 待坩埚降温至200 ℃以下取出,放入干燥器内冷却至室温

15. 关于白度仪的使用,下列说法正确的是(　　)。

A. 测样前先用化学纯氧化镁制成的标准白板校正

B. 淀粉白度测定的波长为425 nm

C. 测样前先用陶瓷白板校正

D. 淀粉白度测定的波长为457 nm

16. 检验粮食的色泽时,将试样置于(　　)下进行。

A. 自然光　　　　　B. 单色光　　　　　C. 散射光　　　　　D. 偏射光

17. 检验淀粉制品如卢龙粉丝的色泽时,取 50 g 以上试样置于白色洁净的瓷盘中,在自然光下目测应呈(　　)。

A. 白色　　　　　　B. 黄色　　　　　　C. 浅褐色　　　　　　D. 半透明状

18. 检验大豆油的色泽时,对于三级和四级大豆油,所用罗维朋比色槽的尺寸为(　　)。

　　A. 25.4 mm　　　B. 33.4 mm　　　C. 125.4 mm　　　D. 133.4 mm

19. 检验复合麦片的气味时,取 30 g 样品,倒入一个适当的容器内,以 200 mL(　　)的温水冲调后,嗅其气味。

　　A. 50 ℃　　　B. 60 ℃　　　C. 100 ℃　　　D. 80 ℃

20. 检验食用油、油脂及其制品如食用氢化油的气味时,用洁净的玻璃棒挑起样品置于 50 mL 的烧杯中,于水浴上加热至(　　),用玻璃棒迅速搅拌,闻其气味。

　　A. 80 ℃　　　B. 70 ℃　　　C. 50 ℃　　　D. 30 ℃

21. 检验淀粉及淀粉制品的气味时,取 100 g 以上试样置于(　　)中,用鼻嗅气味。

　　A. 白色洁净的纸　B. 白色滤纸　　C. 白色洁净的瓷盘　D. 不锈钢托盘

22. 检验卤豆腐干的气味时,其气味要求是(　　)。

　　A. 有卤汁香味及豆香味,无异味　　　　B. 有豆香味及应有的臭味

　　C. 有卤汁香味及豆香味　　　　　　　D. 有豆香味及豆腥味

23. 大米的小碎米检验中,将试样首先置于直径为(　　)的圆孔筛内,盖上筛盖,安装于筛选器上进行自动筛选,然后根据留在直径为(　　)的圆孔筛上小粒米的质量计算小粒米的含量。

　　A. 2.0 mm　1.0 mm　　　　　　B. 1.0 mm　2.0 mm

　　C. 1.5 mm　0.5 mm　　　　　　D. 1.0 mm　0.5 mm

24. 用白度仪测定淀粉白度时,测定波长为(　　)。

　　A. 340 nm　　　B. 457 nm　　　C. 520 nm　　　D. 640 nm

25. 小麦粉的粉色麸星加工精度检验所用天平感量为(　　)。

　　A. 0.000 1 g　　B. 0.001 g　　　C. 0.01 g　　　D. 0.1 g

26. 测定粮食的杂质中,大样用于(　　)检验。

　　A. 大型杂质　　　B. 全部杂质　　　C. 小型杂质　　　D. 并肩杂质

27. 采用毛细管运动黏度计测定粮食的黏度时,所用毛细管黏度计的孔径有(　　)。

　　A. 0.8 nm、1.0 nm、1.2 nm、1.5 nm　　B. 0.8 nm、1.0 nm、1.2 nm、1.4 nm

　　C. 0.6 nm、0.8 nm、1.0 nm、1.2 nm　　D. 0.8 nm、1.2 nm、1.6 nm、2.0 nm

28. 检验粮食及粮食粉状样品中的磁性金属物时,取样量为(　　),精确至 1 g。

　　A. 100 g　　　B. 250 g　　　C. 500 g　　　D. 1 000 g

29. 用水洗法测定一等小麦粉面筋含量时,取样量为(　　)。

　　A. 1 g　　　B. 5 g　　　C. 10 g　　　D. 25 g

30. 检验粮食制品中的粗细度时,从混匀的样品中称取试样 50.0 g,放入验粉筛,自动筛理(　　)。

　　A. 5 min　　　B. 10 min　　　C. 15 min　　　D. 20 min

31. 测定粮食如高粱的容重时,试样选筛所用筛层为(　　)。

　　A. 上筛层 4.5 mm,下筛层 1.5 mm　　B. 上筛层 4.0 mm,下筛层 2.0 mm

　　C. 上筛层 3.5 mm,下筛层 1.2 mm　　D. 上筛层 4.5 mm,下筛层 2.0 mm

32. 根据 SB/T 10143 规定,精制糕点用小麦粉中水分的含量应不高于(　　)。

　　A. 10%　　　B. 12%　　　C. 13%　　　D. 14%

33. 检测大米中的水分时,根据 GB/T 1354,粳米中水分含量不得高于(　　)。

A. 13.5%   B. 14.0%   C. 14.5%   D. 15.5%

34. SB/T 10068 规定,普通挂面中水分一般采用(   )进行测定。
    A. 减压干燥法   B. 蒸馏法   C. 直接干燥法   D. 卡尔－费休法

35. 检测玉米中的水分时,水分含量大于 15% 的试样采用两次烘干法,第一次烘干取样量为
    (   )。
    A. 50 g   B. 8 g   C. 10 g   D. 100 g

36. GB/T 8937 规定,一级食用猪油中水分含量应控制在(   )以下。
    A. 0.2%   B. 0.25%   C. 0.1%   D. 0.15%

37. 测定食用植物油中的水分时,取试样(   )。
    A. 15 g   B. 20 g   C. 25 g   D. 30 g

38. 测定人造奶油中的水分时,通常采用(   )。
    A. 减压蒸馏法   B. 直接干燥法   C. 蒸馏法   D. 减压干燥法

39. GB/T 23587 规定,每 100 g 红薯干粉条中水分含量应低于(   )。
    A. 13 g   B. 14 g   C. 15 g   D. 17 g

40. 检测谷物及谷物制品中的水分时,将含试样的敞开盖的皿与盖一起放入烘箱中,从烘箱温
    度达(   )时开始计时,保持(120±5)min,然后取出放在干燥器内冷却后称重。
    A.(130±3)℃   B.(103±2)℃   C.(105±2)℃   D. 101～105 ℃

41. 检验非发酵豆制品的水分,对于水分含量超过 20% 的试样,需先于 60～80 ℃ 干燥
    (   ),然后升温至(105±5)℃干燥 2～3 h,再取出放在干燥器内冷却后称重。
    A. 1 h   B. 1.5 h   C. 2 h   D. 2.5 h

42. 检验脱水豆腐干的水分时,取洁净铝制或玻璃制的扁形称量瓶,置于(   )的干燥箱中烘
    至恒重,再取出放入干燥器内冷却至室温后称重。
    A. 60～80 ℃   B. 80～90 ℃   C. 90～100 ℃   D. 101～105 ℃

43. 下列选项中不属于大米中杂质的是(   )。
    A. 糠粉   B. 矿物质   C. 稻谷粒   D. 腐烂粒

44. 食用植物油中的不溶性杂质是指不溶于石油醚等有机溶剂的残留物,下列物质属于植物
    油中的不溶性杂质的是(   )。
    A. 维生素 E   B. 维生素 D   C. 氧化脂肪酸   D. 不饱和脂肪酸

45. 测定人造奶油中的脂肪时,将样品提取液全部转入砂芯漏斗中,抽滤干净,将砂芯漏斗置
    于(   )的干燥箱中烘烤 2 h,冷却称量,反复干燥称至恒重。
    A. 60～80 ℃   B. 80～90 ℃   C. 90～100 ℃   D. 100～105 ℃

46. 油脂酸价是指中和 1 g 油脂所含游离脂肪酸需要氢氧化钾的(   )。
    A. 克数   B. 毫克数   C. 毫升数   D. 升数

47. 下列方法不属于豆制品中蛋白质的测定方法的是(   )。
    A. 凯氏定氮法   B. 分光光度法   C. 杜马燃烧法   D. 高温灼烧法

48. 用分光光度法测定其他豆制品如脱水豆腐中的蛋白质时,取 5 mL 试样消化液或试剂空
    白消化液于 50 mL 的容量瓶内,以对硝基苯酚为指示剂,滴加 NaOH 溶液至黄色,再滴加

（　　）溶液至无色,用水稀释至刻度并混匀,供比色分析用。

    A. 稀盐酸　　　　　　B. 稀硫酸　　　　　　C. 乙酸　　　　　　D. 稀硝酸

49. 测定小麦粉中的灰分时,在灼烧过程中,应将坩埚位置调换 1～2 次,样品灼烧至黑色炭粒全部消失变成（　　）为止。

    A. 灰色　　　　　　B. 灰白色　　　　　　C. 灰黑色　　　　　　D. 黑色

50. 大米中直链淀粉含量测定是依据直链淀粉遇碘变为（　　）的原理。

    A. 棕色　　　　　　B. 红紫色　　　　　　C. 蓝紫色　　　　　　D. 蓝色

51. 关于粮食加工品中的灰分测定,下列说法错误的是（　　）。

    A. 样品灼烧前先把坩埚恒重

    B. 将试样放入坩埚中,盖上盖置于马弗炉中灼烧

    C. 相同条件下两次测定值的绝对差值不应超过 0.03%

    D. 可在试样中加入助灰化剂灼烧

52. 测定豆制品中脲酶的定性,当试样测定结果为砖红色时,则脲酶定性为（　　）。

    A. 阴性　　　　　　B. 阳性　　　　　　C. 强阳性　　　　　　D. 弱阳性

53. 测定大米的胶稠度时,将装有混匀试样的试管放入沸水浴中,用（　　）盖好试管口,加热 8 min。

    A. 棉塞　　　　　　B. 胶塞　　　　　　C. 试管盖　　　　　　D. 玻璃弹子球

54. 进行食用植物油加热试验时,当油脂中磷脂含量较高时,则在 280 ℃ 时就会产生（　　）。

    A. 团状沉淀　　　　　　B. 絮状沉淀　　　　　　C. 蓝色沉淀　　　　　　D. 黄色沉淀

55. 在测定动植物油脂酸值时,将含有 0.5 mL （　　）的 50 mL 乙醇溶液置于锥形瓶中,加热至沸腾,当乙醇温度高于 70 ℃ 时,用 0.1 mol/L 的氢氧化钠或氢氧化钾溶液滴定至溶液变色并保持 15 s 不褪色即为滴定终点。

    A. 酚酞指示剂　　B. 次甲基蓝指示剂　　C. 溴甲酚蓝指示剂　　D. 甲基红指示剂

56. 测定小麦粉中的含砂量时,量取 70 mL（　　）注入细砂分离漏斗内,加入试样（10±0.01）g,搅拌后静置,然后每隔 5 min 搅拌一次,共搅拌 3 次,再静置 30 min。

    A. 四氯化碳　　　　　　B. 三氯甲烷　　　　　　C. 石油醚　　　　　　D. 乙醚

57. 含砂量是面粉质量标准的控制指标之一,面粉类含砂量的测定方法主要有:四氯化碳分离法、（　　）和感官鉴定法。

    A. 物理鉴定法　　　　B. 湿法消化法　　　　C. 灰化法　　　　D. 燃烧法

58. 测定高粱中的单宁含量时,用（　　）溶液提取高粱中的单宁。

    A. 水　　　　　　B. 乙醇　　　　　　C. 丙酮　　　　　　D. 二甲基甲酰胺

59. 测定小麦粉中的磁性金属物,称量时所用称量纸应选择（　　）。

    A. 白纸或普通打印纸　　　　　　B. 硫酸纸或不吸水的纸

    C. 滤纸或擦镜纸　　　　　　D. 普通称量纸

60. 测定小麦粉中的脂肪酸值时,收集的试样预处理液来不及测定时,应盖紧比色管塞,于 4～10 ℃ 条件下保存,放置时间不宜超过（　　）。

    A. 48 h　　　　　　B. 36 h　　　　　　C. 24 h　　　　　　D. 12 h

61. 测定玉米粉中的粗脂肪含量时,所用提取剂为（　　）。

    A. 无水甲苯　　　　　　B. 无水乙醚　　　　　　C. 无水乙醇　　　　　　D. 无水甲醇

62. 测定挂面的熟断条率时,抽取挂面 40 根,放入盛有样品质量（　　）沸水的 1 000 mL 烧杯

中并加热,保持水的微沸状态,达到规定的烹调时间后计算熟断条率。

    A. 50 倍   B. 40 倍   C. 30 倍   D. 100 倍

63. 关于测定植物油的挥发物含量,下列操作错误的是(   )。

    A. 用沙浴加热测试样品的碟子   B. 样品用量为 20 g,精确至 0.001 g

    C. 用电热板加热测试样品的碟子   D. 用水浴加热测试样品的碟子

64. 测定食用动植物油的皂化值时,在回流条件下将样品和(   )溶液一起煮沸,然后用标定的盐酸溶液滴定过量的氢氧化钾。

    A. 氢氧化钾 石油醚   B. 氢氧化钾   C. 氢氧化钾乙醇   D. 氢氧化钾乙醚

二、判断题(对的画"√",错的画"×")

(   ) 1. 对立式筒形陆地油罐中的非均相油脂样品,从罐顶至罐底,每隔 200 mm 的深度扦取检样。

(   ) 2. 机械输送粮食、油料取样时,应先按受检粮食、油料数量和传送时间定出取样次数和每次应取的数量,然后定时从粮流的终点横断接取样品。

(   ) 3. 预处理粮油及其制品脂肪酸测定样品时,对大豆、玉米胚芽应取具有代表性的去杂样品约 40 g,用实验室粉碎机粉碎。

(   ) 4. 预处理粮油及其制品的样品运动黏性测定样品,对稻谷试样预先用砻谷机脱壳,然后用粉碎机粉碎至通过直径为 1.5 mm 的圆孔筛的不少于 90%,合并筛上筛下物,混合均匀放入磨口瓶中备用。

(   ) 5. 检验植物油中有机磷农药残留时,称取 5.00 g 混匀的试样,用 50 mL 丙酮分次溶解并洗入分液漏斗中摇匀。

(   ) 6. 预处理花生中黄曲霉素 B_1 检验样品时,将试样粉碎并全部通过 20 目筛,混匀。

(   ) 7. 将阿贝折射仪安放在光亮处,但应避免阳光的直接照射,以免液体试样受热迅速蒸发。

(   ) 8. 配制好的 pH 计标准缓冲溶液一般可保存 5～6 个月。

(   ) 9. 测量电极使用前后都要清洗干净,并放回盛有饱和 KCl 溶液的烧杯里面。

(   ) 10. 以手筛法进行粮食、油料杂质和不完善颗粒检测时,筛动范围掌握在选筛直径扩大 10～12 cm。

(   ) 11. 测定粮食的运动黏度时,毛细管黏度计孔径的选择以测定糊化液流动时间在 30～60 s 为宜,不要超过 90 s 和低于 20 s。

(   ) 12. 开启磁性金属物测定仪的电源,调节流量控制板旋钮,控制试样流量在 110 g/min 左右,使试样匀速通过淌样板进入出粉箱内。

(   ) 13. 罗维朋比色计的检定员须经医院体检证明视觉功能正常、无色盲色弱情况。在检定前眼睛应适当休息,避免强光刺激。

(   ) 14. 用马弗炉灰化样品时,将盛有样品的坩埚炭化完毕后,盖好盖子放在马弗炉中灰化。

(   ) 15. 使用白度仪测样前先用标有白度的优级纯氧化镁制成的标准白板校正。

(   ) 16. 检验粮食及制品的色泽时用肉眼鉴别样品的颜色和光泽是否正常。

(   ) 17. 检验淀粉及淀粉制品的色泽时,将试样置于白色洁净的纸上检测。

(   ) 18. 检验大豆油的色泽时,对于三级和四级大豆油,所用罗维朋比色槽的尺寸为 25.4 mm。

(   ) 19. 检验复合麦片的气味时,取 30 g 样品,倒入一个适当的容器内,以 200 mL 60 ℃

的温水冲调后,嗅其气味。

( ) 20. 检验食用油、油脂及其制品如人造奶油的气味时,用洁净的玻璃棒挑起样品置于 50 mL 的烧杯中,于水浴上加热至 50 ℃,用玻璃棒迅速搅拌,闻其气味。

( ) 21. 检验淀粉及淀粉制品的气味时,取 100 g 以上试样置于白色洁净的瓷盘中,用鼻嗅气味。

( ) 22. 卤豆腐干应具有卤汁香味及豆香味,无异味。

( ) 23. 检验大米中的黄粒米时,分取大米试样约 50 g,或在检验碎米的同时,按规定拣出黄粒米(小碎米中不检验黄粒米),称重并计算黄粒米率。

( ) 24. 在用白度仪测定粉状粮食制品的白度时,所用白度仪测定结果能精确至 0.01。

( ) 25. 小麦粉的加工精度常用检测麸星含量的方法来确定,确定小麦粉加工精度的检测方法有干样法、干烫法、湿样法、湿烫法和蒸馒头法。

( ) 26. 粮食中杂质测定中称取大样时应精确至 1 g。

( ) 27. 测定玉米的黏度时,试样反复粉碎、过筛至 90% 以上通过 60 目筛。

( ) 28. 检验粮食及粮食制品中的磁性金属物时,取样量为 1 000 g,精确至 1 g。

( ) 29. 测定小麦粉中的面筋含量时,称取 10.00 g 小麦粉样品于小搪瓷碗中,加入 2% 的盐水溶液 5.5 mL,用玻璃棒或牛角匙拌和面粉,然后用手揉捏成表面光滑的面团。

( ) 30. 检验粮食制品中的粗细度,上层筛残留物质量低于 0.1 g 时忽略不计。

( ) 31. 高粱的容重测定中,试样选筛所用筛层为上筛层 4.0 mm,下筛层 2.0 mm。

( ) 32. 麦粉中水分含量是按照 GB/T 5009.3 规定的方法进行测定的。

( ) 33. 检测大米中的水分时,籼米中水分含量不得高于 15.5%。

( ) 34. 检测挂面中的水分时,参照 GB/T 5497 规定的方法进行测定。

( ) 35. 检测玉米中的水分时,对于水分含量大于 15% 的试样,先取 100 g 放入恒质器中,在 60～80 ℃ 的烘箱中干燥,调节试样水分至 9%～15%。

( ) 36. 根据 GB/T 8937 规定,一级食用猪油水分含量应控制在 0.2% 以下。

( ) 37. 测定食用植物油中的水分,重复加热时,每次复烘时间为 30 min。

( ) 38. 《人造奶油卫生标准》(GB 15196)规定,每 100 g 人造奶油中水分含量小于等于 16 g。

( ) 39. 国标规定淀粉制品中水分的检验采用直接干燥法。

( ) 40. 检测谷物及谷物制品中的水分时,对于水分含量为 7%～17% 的样品,不需预处理,直接粉碎。

( ) 41. 检验非发酵豆制品中的水分时,对于水分含量超过 20% 的试样,需于 60～80 ℃ 干燥 1 h,然后升温至(105±5)℃ 再干燥 2～3 h。

( ) 42. 检验其他豆制品如豆腐干中的水分时,将混合均匀的试样尽可能切碎,称取 2～10 g 试样(精确至 0.000 1 g),放入称量瓶中,试样厚度不超过 5 mm。

( ) 43. 检验米中的杂质,样品预处理时,取试样约 500 g,精确至 0.1 g,分 2 次放入直径 1.0 mm 的圆孔筛内筛选。

( ) 44. 植物油脂中的不溶性杂质是指不溶于石油醚等有机溶剂的残留物。

( ) 45. 测定食用油脂制品如人造奶油中的脂肪时,取测水分后已恒重的试样,加 10 mL 乙醇,用玻璃棒搅拌,使脂肪溶解。

( ) 46. 植物油脂酸价的测定方法分为热乙醇测定法、冷溶剂法和电位计法等,其中电位计法可以测定所有植物油脂的酸价。

（　　）47. 测定豆制品中的蛋白质时，重复性条件下获得的 2 次独立测定结果的绝对差值不得超过算术平均值的 10%。

（　　）48. 蛋白质的测定方法有多种，应根据样品的不同选用不同的测定方法，其中测定豆浆中的蛋白质时不宜采用杜马燃烧法。

（　　）49. SB/T 10142 规定，蛋糕用精制小麦粉中灰分含量（以干基计）最高限定值为 0.53%。

（　　）50. 大米中直链淀粉含量测定是利用直链淀粉遇碘变为蓝的原理。

（　　）51. 测定粮食加工品中的灰分时，相同条件下 2 次测定值的绝对差值不应超过 0.03%。

（　　）52. 定性测定豆制品中的脲酶，当试样测定结果为砖红色时，则脲酶定性为强阳性。

（　　）53. 测定大米的胶稠度时，将装有混匀试样的试管放入沸水浴中，用棉塞盖好试管口，加热 8 min。

（　　）54. 食用植物油如亚麻油的加热试验中，若油脂中存在磷脂，则在 282 ℃ 下就会析出或分解，使油色变深变黑。

（　　）55. 动植物油脂酸值测定方法中的冷溶剂法适合于浅色油脂。

（　　）56. 测定小麦粉中的含砂量时，量取 70 mL 三氯化碳注入细砂分离漏斗内，加入试样（10±0.01）g，搅拌后静置，然后每隔 5 min 搅拌一次，共搅拌 3 次，再静置 30 min。

（　　）57. 含砂量是面粉质量标准的控制指标之一，面粉类含砂量的测定方法主要有：四氯化碳分离法、灰化法和感官鉴定法。

（　　）58. 测定高粱中的单宁含量时，用二甲基甲酰胺溶液提取高粱中的单宁。

（　　）59. SB/T 10140 规定，发酵饼干用小麦粉中磁性金属物含量应小于等于 0.003 g/kg。

（　　）60. 小麦粉中脂肪酸值的测定中，收集的试样预处理液来不及测定时，应盖紧比色管塞，于 4～10 ℃ 条件下保存，放置时间不宜超过 24 h。

（　　）61. 玉米粉中粗脂肪含量的测定中，用烘盒从备用的样品中称取 2～5 g 试样，在 105 ℃ 温度下烘 30 min，趁热倒入研钵中，加入约 2 g 脱脂细砂一同研磨。

（　　）62. 挂面的熟断条率测定中，抽取挂面 40 g，放入盛有样品质量 50 倍沸水的 1 000 mL 烧杯中并加热，保持水的微沸状态，达到规定的烹调时间后计算熟断条率。

（　　）63. 测定植物油的挥发物含量中，可以采用沙浴加热测试样品的碟子。

（　　）64. 测定食用动植物油的皂化值时，在回流条件下将样品和氢氧化钾乙醇溶液煮沸，然后用盐酸标准溶液滴定过量的氢氧化钾。

参考答案

一、单项选择题

1. C	2. D	3. D	4. C	5. A	6. A	7. B	8. C	9. D	10. B
11. C	12. D	13. D	14. D	15. D	16. C	17. D	18. A	19. D	20. C
21. C	22. A	23. A	24. B	25. D	26. A	27. A	28. D	29. C	30. B
31. D	32. D	33. D	34. C	35. D	36. A	37. B	38. B	39. C	40. A

41. C	42. D	43. D	44. C	45. D	46. B	47. D	48. C	49. B	50. D
51. B	52. C	53. D	54. B	55. A	56. A	57. C	58. D	59. B	60. C
61. B	62. A	63. D	64. C						

二、判断题

1. ×	2. √	3. ×	4. √	5. √	6. ×	7. √	8. ×	9. √	10. ×
11. √	12. ×	13. √	14. ×	15. √	16. √	17. ×	18. √	19. ×	20. √
21. √	22. √	23. √	24. ×	25. √	26. √	27. ×	28. √	29. ×	30. √
31. √	32. ×	33. √	34. ×	35. √	36. √	37. √	38. √	39. √	40. √
41. ×	42. √	43. ×	44. √	45. ×	46. √	47. √	48. √	49. √	50. √
51. √	52. √	53. √	54. √	55. √	56. √	57. √	58. √	59. √	60. √
61. √	62. ×	63. √	64. √						

第十单元　糕点和糖果检验

学习目标

（1）掌握糕点和糖果样品的制备。
（2）掌握糕点和糖果检验中所使用的专业仪器。
（3）掌握糕点和糖果的感官检验。
（4）掌握糕点和糖果的理化检验。

考核要点

考核类别	考核范围	考　核　点	重要程度
检验前的准备	专业样品制备	糖果样品的制备方法	★★★
		糕点样品的制备	★★★
		冷冻食品样品的制备	★★★
		蜜饯样品的制备方法	★★★
		炒货及坚果制品检测样品的制备方法	★★★
		蜂产品样品的制备方法	★★★
	专业检验仪器	马弗炉的使用方法	★★★
		马弗炉的使用注意事项	★★★
		阿贝折射仪的使用方法	★★★
		阿贝折射仪的使用注意事项	★★★
		真空干燥箱的使用方法	★★★
		面包体积仪的使用方法	★★★

考核类别	考核范围	考 核 点	重要程度
检验	感官检验	糖果的感官检验方法	★★★
		蜜饯的感官检验方法	★★★
		糕点的感官检验方法	★★★
		冷冻饮品的感官检验方法	★★★
		炒货及坚果制品的感官检验方法	★★★
		蜂蜜的感官检验方法	★★★
		蜂花粉的感官检验方法	★★★
		蜂胶产品的感官检验方法	★★★
		焙炒咖啡的感官检验方法	★★★
	理化检验	糖果的类型	★★★
		糖果干燥失重的测定注意事项	★★★
		代可可脂巧克力及其制品的分类	★★★
		巧克力细度的测定方法	★★★
		可可制品水分的测定方法	★★★
		可可制品灰分的测定方法	★★★
		可可制品 pH 的测定方法	★★★
		可可制品色价的测定方法	★★★
		可可制品汤色的测定方法	★★★
		可可脂含量的测定方法	★★★
		可可制品细度的测定方法	★★★
		可可制品挥发物的测定方法	★★★
		果冻产品的类型	★★★
		糖干燥失重的测定方法	★★★
		糖电导灰分的测定方法	★★★
		食糖不溶于水杂质的测定方法	★★★
		绿马铃薯片的检验方法	★★★
		饼干的分类方法	★★★
		饼干碱度的测定方法	★★★
		糕点的分类	★★★
		烘烤类糕点的品种	★★★
		油炸类糕点的品种	★★★
		熟粉类糕点的品种	★★★
		蒸煮类糕点的品种	★★★
		糕点干燥失重的测定方法	★★★

续表

考核类别	考核范围	考 核 点	重要程度
检验	理化检验	月饼的分类	★★★
		面包酸度测定样液的制备	★★★
		面包酸度的测定方法	★★★
		方便面复水时间测定方法	★★★
		蜜饯的种类	★★★
		糖渍类蜜饯的种类	★★★
		糖霜类蜜饯的种类	★★★
		果脯类蜜饯的种类	★★★
		凉果类蜜饯的种类	★★★
		话化类蜜饯的种类	★★★
		炒货及坚果制品的类别	★★★
		蜂蜜产品水分的检验方法	★★★
		蜂蜜产品灰分的检验方法	★★★
		蜂蜜产品酸度的检验方法	★★★
		蜂王浆产品灰分的检验方法	★★★
		蜂王浆产品酸度的检验方法	★★★
		蜂王浆水分的测定方法	★★★
		蜂花粉灰分的检验方法	★★★
		蜂花粉杂质的检测方法	★★★
		焙炒咖啡水分的检验方法	★★★

➡ 考点导航

一、专业样品制备

1. 糖果样品的制备方法

取 10 粒糖果,硬糖内层用滤纸,外层用塑料袋包好,然后用锤子捶碎;软糖用剪刀剪碎,各自混合。经四分法后,取 10 g 试样置于凯氏烧瓶中,按硝酸硫酸法进行有机破坏后定容至 100 mL。

2. 糕点样品的制备

称取糕点样品适量,用对角线取 2/4 或 2/6 或根据情况取有代表性的试样,粉碎混合均匀后放入广口瓶内置于冰箱中。对于包馅、夹心产品,馅、皮、夹心应同时取样。

3. 冷冻食品样品的制备

(1)清型。

取有代表性的样品至少 200 g,置于 300 mL 的烧杯中,在室温下融化,搅拌均匀。制备好的试样立即倒入广口瓶内,盖上瓶盖备用。

（2）组合型。

取有代表性样品的主体部分至少 200 g，置于 300 mL 的烧杯中，在室温下融化，搅拌均匀。制备好的试样立即倒入广口瓶内，盖上瓶盖备用。

4. 蜜饯样品的制备方法

称取 200 g 可食部分样品，剪碎、切碎或捣碎，充分混匀，装入干燥的磨口样品瓶内。糖渍类样品先沥干糖液（沥卤断线 1 min）；糖霜类样品应连同附着的糖霜一起称样。

5. 炒货及坚果制品检测样品的制备方法

对于带壳坚果炒货食品，应剥去外壳，取适量可食部分，其中南瓜子、吊瓜子产品应去除瓜子仁表面黏附着的绿色内膜，因绿色内膜经浸提后的产物影响滴定终点。

去除绿色内膜的方法：将去壳后的瓜子仁表面用蒸馏水喷洒，5 min 后，用手搓去绿色内膜，将绿色内膜去除干净的南瓜仁放在 50 ℃ 左右的烘箱内烘 45 min。

6. 蜂王浆样品的制备方法

（1）采用不锈钢棒、管或勺作为取样器。

（2）将样品装入样品瓶内，充分搅拌使之混合均匀，作为待测样品。

（3）每件样品不少于 20 g。

二、专业检验仪器

1. 马弗炉的使用及注意事项

（1）坩埚盛装样品前应先灼烧至恒重。

（2）坩埚与样品在电炉上炭化至灰白色（盖子留有缝隙）。

（3）液体样品先在水浴上蒸干水分再进行炭化。

（4）关闭电源后，开启炉门，降温至 200 ℃ 以下再取出。

2. 阿贝折射仪的使用方法及注意事项

（1）试验前，应首先用蒸馏水或已知标准折射率的油校正阿贝折射仪的读数。

（2）使用阿贝折射仪时，恒温水浴通入阿贝折射仪的两棱镜恒温夹套中，如被测样品浑浊或有较浓的颜色，视野较暗时可打开基础棱镜上的圆窗进行测量。

（3）使用阿贝折射仪时，因阿贝棱镜质地较软，利用滴管加液时，不能让滴管碰到棱镜面，以免划伤。

（4）每次测量后，棱镜表面必须用蒸馏水冲洗干净，用擦镜纸轻轻将水分吸干擦净。

（5）并合棱镜时，应防止待测液层中存在气泡，否则视场中的明暗分界线将模糊不清。

3. 真空干燥箱的使用方法

真空干燥箱又名减压干燥箱，是能在真空条件下干燥样品的电热设备，适宜干燥热敏性、高温易分解或氧化的物品。

干燥箱应放置在平稳处，箱体外壳必须接地；使用前清理真空干燥箱内的杂物和灰尘；真空干燥箱内不得放入易挥发及爆炸物品；必须先抽真空再升温加热，而不能先升温再抽真空。

4. 面包体积仪的使用方法

（1）面包体积仪（面包比容仪）要安置在干燥、清洁处，保持箱体内清洁卫生。

（2）使用时插入、取出插板用力要适度，使填充物自然落下，不要碰撞仪器，以免影响测量结果。

（3）盖好顶盖后要反复颠倒几次，消除死角空隙，调整填充物加入量至标尺零线。

（4）每次试前要检查零点,一个样品检测完后,清理仪器后可直接测定下一个样品。

（5）填充物使用前的处理:将除去杂质并洗去灰尘的填充物晾干后放入 105 ℃以下的烘箱内,烘 30 min,取出冷却后放入塑料袋中备用。

三、感官检验

1. 糖果的感官检验方法

将样品置于清洁、干燥的白瓷盘中,剥去所有的包装纸,检查色泽、形态、组织、滋味与气味、杂质。

2. 蜜饯的感官检验方法

（1）色泽、形态、杂质:将样品放在白瓷盘中,在自然光下用肉眼直接观察。

（2）组织:用不锈钢刀将样品切开,用目测、手感、口尝检验内部组织结构。

（3）滋味与气味:嗅其气味,品尝其滋味。

3. 糕点的感官检验方法

将样品置于清洁、干燥的白瓷盘中,目测检查形态、色泽;然后用餐刀按四分法切开,观察组织、杂质,品尝滋味与口感,做出评价。

4. 冷冻饮品的感官检验方法

在冻结状态下,取单只包装样品,置于清洁、干燥的白瓷盘中,先检查包装质量,然后剥开包装物,目测检查色泽、形态、杂质等,口尝、鼻嗅检查其他感官要求。

5. 炒货及坚果制品的感官检验方法

在自然光或 20 W 的白炽灯灯光下,将样品置于清洁、干燥的白瓷盘中,目测检查色泽、颗粒形态和杂质,带壳产品应去除外壳后目测检查仁的色泽;嗅其气味,尝其滋味与口感,做出评价。

6. 蜂蜜、蜂花粉和蜂胶产品的感官检验方法

（1）蜂蜜。

① 色泽。蜂蜜按色泽深浅分为水白色、特白色、白色、特浅琥珀色、深色等数种。用卜方特比色计比色:将不含气泡的试样倒入卜方特比色槽内,以卜方特比色计进行比色读取色值后确定色泽。

② 气味和味道。蜂蜜气味和味道的检验方法为:用洁净的玻璃棒搅拌试样,嗅其气味;再用玻璃棒挑起蜂蜜,尝其味道。

（2）蜂花粉。

① 形态、色泽:用放大镜或目测观察形态、色泽。

② 气味:鼻嗅。

③ 滋味:口尝。

（3）蜂胶产品。

① 色泽:将蜂胶块冷冻后,用锤子砸开,在自然光的环境中观察外表及断面的光泽度。

② 黏性:将蜂胶块(沫)加热至 35～60 ℃以上,用手揉搓成条,再慢慢向两端拉伸。含胶量越大,黏性越大,拉伸长度亦越大。

③ 气味、滋味:取 2 g 试样置于一块洁净的玻璃板上,先口尝蜂胶的滋味,再点燃,嗅其气味是否异常。

7.焙炒咖啡的感官检验方法

① 气味：用嗅觉器官分辨咖啡液中的鲜花味、蔬菜味、杏仁味、焦味、泥土味、化学药品味、木头味、烟草味、酸败味或腐烂味等。

② 品味：用口品尝咖啡的酸味、苦味、甜味、果味和杏仁味等。

③ 口感：喝下咖啡后，感觉口腔内咖啡香味浓厚度情况及有无涩味。

四、理化检验

1. 糖果干燥失重的测定

硬质糖果干燥失重用减压干燥法测定，要求真空干燥箱的温度控制在（80±2）℃，真空度达到 0.09 MPa，干燥 4 h，取出称量瓶，加盖后放入干燥器内，放置冷却至室温后取出称重，精确至 0.000 1 g。

2. 巧克力细度的测定方法

巧克力细度的测定方法有千分尺法和刮板法。

千分尺法：仪器有数字显示式千分尺（测量范围：0～25 mm；精度：0.001 mm）、不锈钢匙、烧杯。先将试样制备好，再将千分尺调零，然后测定，填写好记录数据表。

刮板法：将刮板和底板预热至（32±1）℃，取少量搅拌均匀的试样，滴入底板斜槽的最深处。滴入量应满足充满斜槽而稍有余量。

3. 可可制品水分、灰分、pH、色价、汤色的测定方法

（1）测定可可制品的水分：称取 2～10 g 试样，精确至 0.000 1 g，放入称量瓶中，置于 101～105 ℃的干燥箱中干燥、冷却、称量直至恒重。

（2）测定可可粉中的灰分：用剪刀拆开碱性可可粉样包的缝线、烫口，用不锈钢匙逐包扦取样品于塑料袋中，经充分混合，称取样品于坩埚内，坩埚与样品在电炉上炭化后移入马弗炉中灰化。

（3）测定可可制品的 pH：称取 10 g 试样，置于 150 mL 的烧杯中，加煮沸蒸馏水 90 mL，搅拌至悬浮液无结块，用滤纸过滤，待滤液冷却至室温，用 pH 计测定其 pH。

（4）测定可可制品的色价：称取试样 2 g 均匀放于一块有机玻璃中央处，盖上另一块有机玻璃，用力压紧置于工作台上，凭肉眼检视可可粉的色泽，并作出判断记录。

（5）测定可可制品的汤色：取试样 8 g，食糖 15 g，置于高型刻度烧杯中，缓缓加少量 70 ℃的蒸馏水于杯中，用玻璃棒搅至糊状，再用热蒸馏水冲至 200 mL，依次审评可可粉的香气、滋味和汤色。

4. 可可脂含量的测定方法

用折光指数法测定可可脂的含量。取可可粉 2 g、溴代萘 3 mL 置于洁净干燥的研钵中，研磨、过滤后在 40 ℃时测定折光指数。

5. 可可制品细度的测定方法

取可可粉 10 g，置于已知质量的标准筛中，依次放入 4 只盛有 250 mL 石油醚的烧杯中，搅拌洗净样品，挥发溶剂后，移入（103±0.2）℃的电热恒温干燥箱内干燥 1 h 后取出。

6. 糖电导灰分的测定方法

称取绵白糖样品（31.7±0.1）g 于烧杯中，加蒸馏水溶解并转移入 100 mL 的容量瓶中，定容摇匀。用电导率仪测定样液的电导率，记录读数及样液的温度。

7. 食糖不溶于水杂质的测定方法

称取白砂糖 500.0 g 于 1 000 mL 的烧杯中,加入不超过 40 ℃的蒸馏水,搅拌溶解,倾入恒重的滤片孔径 40 μm 的玻璃砂芯坩埚中减压过滤,充分洗涤,将坩埚连同滤渣置于 125～130 ℃的干燥箱干燥 30 min,取出冷至室温称量,至恒重。

8. 饼干碱度的测定方法

将饼干样品制成试液,吸取样液 50 mL,置于 250 mL 的三角瓶中,加入甲基橙指示液 2 滴,用 0.05 mol/L 的盐酸标准溶液滴定至微红色。

9. 面包酸度的测定方法

称取面包心 25 g,加入无二氧化碳的蒸馏水 60 mL,用玻璃棒捣碎,移入 250 mL 的容量瓶中定容。摇匀静置 10 min 后再摇 2 min,静置 10 min,用纱布或滤纸过滤后测定。取制备好的面包试样滤液 25 mL 置于 200 mL 的三角瓶中后,加酚酞指示液 2～8 滴,用 0.1 mol/L 的氢氧化钠标准溶液滴定至微红色保持 30 s 不褪色。

10. 方便面复水时间测定方法

取方便面一块置于带盖的保温容器中,加入约 5 倍于面块质量的沸水,立即加盖,同时用秒表计时。

11. 蜂蜜产品水分、灰分的检验方法

(1)水分测定:样品有结晶析出的,将样品瓶盖塞紧后,置于不超过 60 ℃的水浴中温热,待样品全部融化后搅匀迅速冷却,测定试样在 40 ℃时的折光指数,然后换算水分含量。

将未结晶的样品用力搅拌均匀,测定试样在 40 ℃时的折光指数,然后换算水分含量。

(2)灰分测定:用力搅拌均匀未结晶的蜂蜜样品,置于坩埚中在电炉上炭化,然后放于马弗炉中于 550 ℃灰化。有结晶析出的样品,可将样品瓶盖塞紧后,置于不超过 60 ℃的水浴中温热,使样品全部融化,置于坩埚在电炉上炭化,然后放于马弗炉中于 550 ℃灰化。

12. 蜂王浆产品水分、灰分和酸度的检验方法

(1)水分测定:用恒重过的称量皿称取蜂王浆样品约 0.5 g,置于真空干燥箱内(75 ℃),压力为 0.095～0.10 MPa,干燥 4 h,取出置于干燥器内冷却至室温后称量至恒重。

(2)灰分测定:盛装蜂王浆试样的瓷坩埚需在(550±25)℃温度条件下灼烧、恒重,称取试样 1.5 g,炭化至无烟后加浓硫酸 0.5～1 mL,低温加热除尽硫酸蒸气,移入马弗炉中于 700～800 ℃灼烧灰化。

(3)酸度测定:称取蜂王浆样品 1.00 g(天平的感量为 0.001 g),将试样溶于 75 mL 煮沸后冷却的蒸馏水中,用 0.1 mol/L 的氢氧化钠标准溶液滴定,酸度计(精度为 0.1)指示 pH 为 8.3 至滴定终点。

13. 蜂花粉杂质的检验方法

蜂花粉杂质的检验方法有定性观察法和称量测定法。

(1)定性观察法:目测无明显杂质,将手插入蜂花粉包装袋内,弯回手指慢慢从包内抽出。手上无砂粒、细土。

(2)称量测定法:用感量为 0.01 g 的托盘式扭力天平称取蜂花粉试样约 100 g,放入白瓷盘内拣出杂质并精确称量,计算杂质。

$$杂质（\%）=\frac{杂质的质量}{试样的质量}\times 100$$

14.焙炒咖啡水分的检验方法

焙炒咖啡产品水分的测定用直接干燥法,试样中水分含量等于烘干前瓶加样质量减去烘干后瓶加样质量再除以样品质量。

→ **仿真训练**

一、单项选择题(请将正确选项的代号填入题内的括号中)

1. 处理糖果理化检验的试样时,取10粒糖果,硬糖内层用(   ),外层用塑料袋包好,然后用锤子捶碎。
   A. 塑料袋   B. 滤纸   C. 脱脂棉   D. 纱布

2. 制备糕点样品时,样品应粉碎并(   )后放置在广口瓶内置于冰箱中。
   A. 筛分   B. 混合均匀   C. 缩分   D. 消解

3. 制备(   )冷冻食品的样品时,应取有代表性的样品至少200 g,在室温下融化;清型样品充分搅拌均匀,混合型样品用组织捣碎机捣碎均匀,将制备的试样立即倒入广口瓶内盖上瓶盖备用。
   A. 混合型   B. 组合型   C. 普通型   D. 清型

4. 检测蜜饯的微生物指标时,取不同部位样品25 g,加入(   )225 mL,制成混悬液。
   A. 生理盐水   B. 灭菌生理盐水   C. 灭菌蒸馏水   D. 蒸馏水

5. 测定南瓜子、吊瓜子的酸价、过氧化值时,关于样品的制备以下叙述正确的是(   )。
   A. 剥去外壳及瓜子仁表面的白色内膜   B. 剥去外壳及红色薄膜
   C. 剥去外壳及黄色薄膜   D. 剥去外壳及瓜子仁表面的绿色内膜

6. 要检测蜂王浆产品,取样时采用不锈钢棒、管或勺作为取样器,将样品装入样品瓶内,充分搅拌混合均匀后待测,每件样品应不少于20 g。取样后若不能立即检测,需在(   )的冰箱中保存。
   A. 0～4 ℃   B. −10 ℃   C. −18 ℃   D. −5 ℃

7. 马弗炉是实验室常用的设备,使用马弗炉灰化样品时,下面操作不正确的是(   )。
   A. 用已恒重的坩埚盛装样品
   B. 液体样品先在水浴上蒸干水分再在电炉上炭化
   C. 液体样品蒸干水分可直接在马弗炉中灰化
   D. 坩埚与坩埚盖同时放入马弗炉中灰化至成灰白色

8. 马弗炉是实验室常用的设备,使用马弗炉灰化样品时,下面操作不正确的是(   )。
   A. 用坩埚盛装样品   B. 液体样品直接在电炉上炭化
   C. 坩埚与坩埚盖同时放入灰化   D. 降温至200 ℃以下取出

9. 使用阿贝折射仪时,试验前应首先用(   )或已知标准折射率的油来校正其读数。
   A. 蒸馏水   B. 自来水   C. 标准块   D. 酒精

10. 阿贝折射仪每次用完后,棱镜表面必须用蒸馏水冲洗干净,用(   )轻轻将水分吸干、擦净。
    A. 滤纸   B. 擦镜纸   C. 鹿皮   D. 棉花

11. 真空干燥箱的使用环境有一定的要求,相对湿度要(   ),周围无腐蚀性气体,无强烈振动源及强电磁场存在。

A. 不大于 95% RH　　　　　　　　　　B. 不小于 55% RH

C. 不小于 35% RH　　　　　　　　　　D. 不大于 85% RH

12. 面包体积仪是面包检测常用的仪器之一,用面包体积仪测定样品时,应取出(　　)放入待测面包,拉开插板使填充物自然落下。

A. 面包模块　　　B. 待测面包　　　C. 填充物　　　D. 插板

13. 糖果的感官检验主要是对糖果的(　　)、组织状态、气味和滋味 4 个指标的检验。

A. 色泽　　　B. 完整性　　　C. 软硬度　　　D. 形状

14. 蜜饯的感官检验主要是对蜜饯的色泽、(　　)、杂质等指标的检验,检验时将试样放在白瓷盘中,在自然光下用肉眼直接观察。

A. 硬度　　　B. 形状　　　C. 形态　　　D. 糖霜

15. 糕点感官检验时,将样品置于清洁、干燥的白瓷盘中,目测检查其形态、色泽,然后用餐刀按(　　)切开,观察组织、杂质,品尝滋味与口感并做出评价。

A. 随机法　　　B. 均分法　　　C. 二分法　　　D. 四分法

16. 雪糕样品的感官检验是通过目测、嗅闻和品尝,来鉴别产品的(　　)和香味、任何不良气味、滋味及肉眼可见杂质。

A. 色泽　　　B. 形状　　　C. 结构　　　D. 成分

17. 用感官检验炒货及坚果制品时,应在(　　)下,将样品置于清洁、干燥的白瓷盘中,目测检查其色泽、颗粒形态和杂质及除外壳后果仁的色泽。

A. 自然光　　　B. 紫外光　　　C. 单色光　　　D. 散射光

18. 检验蜂蜜的色泽时,将不含气泡的样品倒入卜方特比色槽内,以(　　)进行比色读取色值,再查表确定色值。

A. 721 比色计　　　B. 卜方特比色计　　　C. 581 比色计　　　D. 光电比色计

19. 对蜂花粉进行感官检验时,下面操作不规范的是(　　)。

A. 用放大镜或目测观察蜂花粉的形态、色泽

B. 用嗅闻检查蜂花粉的气味

C. 靠品尝检查蜂花粉的滋味

D. 在荧光下观察蜂花粉的色泽

20. 对蜂胶产品进行感官检验时,下面操作不规范的是(　　)。

A. 将蜂胶块冷冻后,用锤子砸开,在自然光环境中观察外表及断面的光泽度

B. 将蜂胶块(沫)加热至 35～60 ℃以上,揉搓成条,再慢慢向两端拉伸检查其黏性

C. 取 2 g 试样置于一块洁净的玻璃板上,口尝蜂胶的滋味

D. 取 2 g 试样置于一块洁净的玻璃板上,直接嗅其气味是否异常

21. 焙炒咖啡的气味主要用嗅闻方法来鉴别,但无法嗅闻到咖啡液中的(　　)。

A. 腐烂味　　　B. 咸味　　　C. 烟草味　　　D. 焦味

22. 糖果按不同的分类方式可分为不同的类型,下列不属于硬质糖果的是(　　)。

A. 砂糖型硬质糖果　　　　　　　　　B. 淀粉糖浆型硬质糖果

C. 夹心型硬质糖果　　　　　　　　　D. 巧克力型糖果

23. 用减压干燥法测定糖果中干燥失重时,压力应控制在(　　)。

A. 40～53 kPa　　　B. 50～63 kPa　　　C. 60～83 kPa　　　D. 70～100 kPa

24. 关于代可可脂巧克力及其制品的分类,以下说法错误的是(　　)。

A. 以干物质计非可可脂固形物不小于 12% 的是代可可脂黑巧克力

B. 以干物质计非可可脂固形物不小于 4.5% 的是代可可脂牛奶巧克力

C. 代可可脂白巧克力中非可可脂固形物不小于 10%

D. 代可可脂白巧克力中非可可脂固形物没有具体要求

25. 用千分尺法测定巧克力的细度,要求数显式千分尺的测量范围为 0～25 mm,精度是( )。

A. 0.002 mm　　　B. 0.001 mm　　　C. 0.005 mm　　　D. 0.01 mm

26. 测定可可制品的水分时,称取( )试样,精确至 0.000 1 g,放入称量瓶中,置于 101～105 ℃的干燥箱中干燥、冷却、称量直至恒重。

A. 1 g　　　B. 2～10 g　　　C. 50 g　　　D. 100 g

27. 测定可可粉中的灰分时,用剪刀拆开碱性可可粉样包的缝线、烫口,用不锈钢匙逐包扦取样于塑料袋中,经充分混合,称取样品于坩埚内,坩埚与样品在( )后移入马弗炉中灰化。

A. 干燥箱内干燥　　B. 电炉上炭化　　C. 马弗炉中灰化　　D. 烘干箱内烘干

28. 测定可可制品的 pH 时,称取 10 g 试样,置于 150 mL 的烧杯中,加( ),搅拌至悬浮液无结块,用滤纸过滤,待滤液冷却至室温,用 pH 计测定其 pH。

A. 煮沸蒸馏水 200 mL　　　　B. 煮沸蒸馏水 90 mL

C. 自来水 150 mL　　　　D. 纯净水 50 mL

29. 测定可可制品的色价时,称取试样 2 g 均匀放于( )中央处,盖一块有机玻璃,进行色泽观察,并作出色泽判断记录。

A. 玻璃板　　　B. 有机玻璃　　　C. 不锈钢板　　　D. 木板

30. 测定可可制品的汤色时,取试样 8 g,( ),置于高型刻度烧杯中冲泡,依次审评可可粉的香气、滋味和汤色。

A. 食糖 15 g　　　B. 食盐 15 g　　　C. 味精 15 g　　　D. 淀粉 15 g

31. 用折光指数法测定可可脂含量时,取可可粉 2 g、( )置于洁净干燥的研钵中,研磨、过滤,测定折光指数。

A. 蒸馏水 3 mL　　B. 溴代萘 3 mL　　C. 乙醚 3 mL　　D. 石油醚 3 mL

32. 测定可可制品的细度时,取可可粉 10 g,置于已知质量的标准筛中,用 250 mL( )搅拌洗净样品,挥发溶剂后,移入干燥箱内烘干。

A. 乙醇　　　B. 乙醚　　　C. 石油醚　　　D. 丙酮

33. 测定可可制品的水分及挥发物时,称取可可脂样约 20 g,首先置于有温度计且已知质量的盘中,在电热板上加热,温度控制确保不超过( )。

A. 90 ℃　　　B. 105 ℃　　　C. 120 ℃　　　D. 150 ℃

34. 果冻有不同的类型,根据组织形态一般可分为凝胶果冻、( )、异形凝胶果冻。

A. 流质果冻　　B. 可吸果冻　　C. 有色果冻　　D. 无色果冻

35. 进行白砂糖干燥失重测定时,称取白砂糖样品 20～30 g,放入预热至( )的干燥箱中,准确干燥 3 h,取出冷却至室温称量。

A. 120 ℃　　　B. 105 ℃　　　C. 150 ℃　　　D. 100 ℃以下

36. 测定糖的电导灰分时,称取绵白糖样品(31.7±0.1)g 于烧杯中,加蒸馏水溶解并转移入( ),用电导率仪测定样液的电导率,记录读数及样液的温度。

A. 200 mL 的烧杯中混合均匀　　　　B. 100 mL 的容量瓶中定容摇匀

C. 500 mL 的量筒中混合均匀　　　　D. 250 mL 的锥形瓶中混合均匀

37. 测定食糖不溶于水的杂质时,称取 500.0 g 白砂糖于 1 000 mL 的烧杯中,加入不超过 40 ℃ 的蒸馏水,搅拌溶解,倾入恒重的滤片孔径 40 μm 的玻璃砂芯坩埚中减压过滤,充分洗涤,坩埚连同滤渣置于(　　)的干燥箱干燥(　　),取出冷至室温称量,至恒重。

A. 100～115 ℃　30 min　　　　B. 125～130 ℃　60 min

C. 100～115 ℃　60 min　　　　D. 125～130 ℃　30 min

38. 检验绿马铃薯片、杂色马铃薯片时,将整包样品拆除包装后,用感量 0.1 g 的天平称内容物的质量,挑选出(　　)马铃薯片,称其质量。

A. 杂色　　　　B. 绿色　　　　C. 白色　　　　D. 黄色

39. 按加工工艺不同,饼干分为(　　)、韧性饼干、发酵饼干、压缩饼干、曲奇饼干、夹心饼干、威化饼干等。

A. 酥性饼干　　　　B. 钙奶饼干　　　　C. 粗粮饼干　　　　D. 苏打饼干

40. 测定饼干碱度时,要将饼干样品制成试液,吸取样液 50 mL,置于 250 mL 的三角瓶中,加入(　　)2 滴,用 0.05 mol/L 的盐酸标准溶液滴定至微红色。

A. 甲基红指示液　　B. 甲基橙指示液　　C. 石蕊指示液　　D. 酚酞指示液

41. 糕点按加工工艺不同可分为不同类型,以下关于糕点类型的叙述错误的是(　　)。

A. 糕点有热加工型的　　　　B. 糕点有冷加工型的

C. 不存在冷加工的糕点　　　　D. 热加工糕点有油炸的也有蒸煮的

42. 烘烤类糕点有多种形式,下列不属于烘烤类糕点的是(　　)。

A. 糖浆皮类　　　　B. 发酵类　　　　C. 烘糕类　　　　D. 切片糕类

43. 油炸类糕点有多种形式,以下不属于油炸类糕点的是(　　)。

A. 糯核类　　　　B. 水调类　　　　C. 松酥类　　　　D. 切片糕类

44. 熟粉类糕点有热调软糕类、(　　)、切片糕类等。

A. 水油皮类　　　　B. 发酵类　　　　C. 松酥类　　　　D. 印模糕类

45. 水煮类糕点分为蒸蛋糕类、印模糕类、韧性糕类、(　　)和松糕类。

A. 硬酥皮类　　　　B. 切片糕类　　　　C. 发糕类　　　　D. 熟粉类

46. 糕点干燥失重的测定可用直接干燥法,该方法试样中水分含量可用烘干前瓶加样质量(　　)烘干后瓶加样质量除以样品质量表示。

A. 加上　　　　B. 减去　　　　C. 乘以　　　　D. 除以

47. 月饼有多种分类方式,以下不属于按地方风味特色分类的是(　　)。

A. 广式月饼　　　　B. 粤式月饼　　　　C. 京式月饼　　　　D. 苏式月饼

48. 测定面包的酸度时,称取面包心 25 g,加入(　　)60 mL,用玻璃棒捣碎,移入 250 mL 的容量瓶中定容。摇匀静置 10 min 后再摇 2 min,静置 10 min,用纱布或滤纸过滤后制成试样滤液。

A. 一般蒸馏水　　　　B. 无二氧化碳的蒸馏水

C. 去离子水　　　　D. 纯净水

49. 测定面包的酸度时,取制备好的面包试样滤液 25 mL 置于(　　)的三角瓶中后,加酚酞指示液 2～8 滴,用 0.1 mol/L 的氢氧化钠标准溶液滴定至微红色保持 30 s 不褪色。

A. 250 mL　　　　B. 200 mL　　　　C. 150 mL　　　　D. 100 mL

50. 测定方便面产品复水时间时,取方便面一块置于( )中,加入约 5 倍于面块质量的沸水,立即将容器加盖,同时用秒表计时。
    A. 带盖的保温容器　　B. 带盖的烧杯　　　　C. 专用饭盒　　　　D. 恒温水浴锅

51. 蜜饯的种类很多,主要包括( )、糖霜类、果脯类、果糕类等。
    A. 糖渍类　　　　　　B. 糖青梅　　　　　　C. 糖玫瑰　　　　　D. 果丹(饼)类

52. 糖渍类蜜饯的品种很多,主要有糖青梅、蜜樱桃、( )、红绿瓜、糖桂花、糖玫瑰、炒红果等。
    A. 话化类　　　　　　B. 其他类　　　　　　C. 蜜金橘　　　　　D. 果糕类

53. 糖霜类蜜饯的品种有( )、糖橘饼、红绿丝、金橘饼、姜片等。
    A. 糖冬瓜条　　　　　B. 红绿瓜　　　　　　C. 炒红果　　　　　D. 蜜金橘

54. 关于果脯类蜜饯的品种,下列选项错误的是( )。
    A. 山楂饼、金橘饼　　B. 梨枣脯、海棠脯　　C. 胡萝卜脯、桃脯　　D. 地瓜脯、番茄脯

55. 凉果类蜜饯不包括( )。
    A. 西梅、加应子、黄梅　　　　　　　　　　B. 平果脯、地瓜脯
    C. 八珍梅、丁香榄　　　　　　　　　　　　D. 福果、丁香李

56. 关于话化类蜜饯的品种,下列选项错误的是( )。
    A. 话梅、杏脯、福果、山楂饼　　　　　　　B. 甘草榄、甘草金橘、陈皮梅
    C. 话杏、相思梅、杨梅干　　　　　　　　　D. 佛手果、杧果干、盐津葡萄

57. 炒货食品及坚果制品按制作方法一般可分为烘炒类、( )、其他类。
    A. 蒸煮类　　　　　　B. 油炸类　　　　　　C. 糖炒类　　　　　D. 原味类

58. 检验蜂蜜产品的水分时,将未结晶的样品用力搅拌均匀,测定试样在 40 ℃时的( ),然后换算水分含量。
    A. 折光指数　　　　　B. 吸光指数　　　　　C. 反光指数　　　　D. 透光指数

59. 检验蜂蜜产品的灰分时,用力搅拌均匀未结晶的蜂蜜样品,置于坩埚中在电炉上炭化,然后放于马弗炉中于( )灰化。
    A. 800 ℃　　　　　　B. 750 ℃　　　　　　C. 550 ℃　　　　　D. 450 ℃

60. 关于蜂蜜产品酸度检验的操作,下面叙述错误的是( )。
    A. 测定蜂蜜样品的酸度时,需按标准 SN/T 0852 规定制备试样
    B. 蜂蜜产品的酸度指中和每 100 g 试样所需 1 mol/L 氢氧化钠溶液的毫升数
    C. 检测时所用试剂均为分析纯,所用水为纯净水
    D. 检测结果换算成以(1 mol/L 氢氧化钠)mL/kg 为单位

61. 检验蜂王浆产品的灰分时,盛装蜂王浆试样的瓷坩埚需在( )条件下灼烧、恒重,称取试样 1.5 g,炭化至无烟后加浓硫酸 0.5~1 mL,低温加热除尽硫酸蒸气,移入马弗炉中于 700~800 ℃灼烧灰化。
    A. 750 ℃±25 ℃　　B. 850 ℃±25 ℃　　C. 550 ℃±25 ℃　　D. 650 ℃±25 ℃

62. 关于蜂王浆产品酸度的检验,下面叙述错误的是( )。
    A. 要称取蜂王浆样品 1.00 g
    B. 将试样溶于 75 mL 煮沸后冷却的蒸馏水中
    C. 使用 0.1 mol/L 氢氧化钠标准溶液滴定
    D. 酸度计指示 pH 为 9.0 至滴定终点

63. 测定蜂王浆产品的水分时,用(　　)称取蜂王浆样品,置于真空干燥箱内于75 ℃烘干至恒重。

    A. 恒重过的称量皿　　B. 普通称量皿　　　　C. 坩埚　　　　　　　D. 恒重过的盘子

64. 关于蜂花粉产品灰分的检验过程,下面叙述错误的是(　　)。

    A. 蜂花粉产品灰分含量大于10 g/100 g时,应称取2~3 g试样

    B. 蜂花粉产品灰分含量小于10 g/100 g时,应称取3~10 g试样

    C. 试样称取精确至0.000 1 g

    D. 试样称取精确至0.001 g

65. 检测蜂花粉杂质时,用感量为0.01 g的托盘式扭力天平称取蜂花粉试样约100 g,放入(　　)内拣出杂质并精确称量,计算杂质。

    A. 黑瓷盘　　　　　　B. 白瓷盘　　　　　　C. 玻璃盘　　　　　　D. 不锈钢盘

66. 焙炒咖啡产品水分的测定用直接干燥法,试样中水分含量等于(　　)减去烘干后瓶加样质量除以样品质量。

    A. 烘干前瓶加样质量　　　　　　　　B. 烘干后样质量

    C. 烘干前样质量　　　　　　　　　　D. 烘干前瓶质量

二、判断题(对的画"√",错的画"×")

(　　)1. 处理糖果理化检验的试样时,取10 g糖果,软糖用剪刀剪碎,各自混合。取10 g试样置于凯氏烧瓶中,按硝酸硫酸法进行有机破坏后定容至100 mL。

(　　)2. 糕点样品粉碎混合均匀后放入广口瓶内置于冰箱中。对于包馅、夹心产品,馅、皮、夹心应同时取样。

(　　)3. 清型雪糕和组合型雪糕样品的制备方法不同。

(　　)4. 返砂样品必须连同样品附着的糖霜一起称取可食部分约200 g,剪碎或切碎,充分混匀后装入干燥的磨口样品瓶内。

(　　)5. 测定南瓜子、吊瓜子的酸价、过氧化值时,须剥去瓜子的外壳,取适量可食部分,并去除瓜子仁表面的绿色内膜,因其经浸提后的产物会影响滴定终点。

(　　)6. 制备蜂王浆样品时,采用塑料勺作为取样器,将样品装入样品瓶内充分搅拌混合均匀。

(　　)7. 用马弗炉灰化一般食品样品时,用坩埚盛装样品,坩埚与样品在电炉上炭化后,坩埚与坩埚盖同时放入马弗炉中,灰化温度为(550±25)℃。

(　　)8. 马弗炉使用半年至一年或更换新炉丝后,应校准温度。

(　　)9. 阿贝折射仪每次用完后,棱镜表面必须用蒸馏水冲洗干净,用擦镜纸轻轻将水分吸干、擦净。

(　　)10. 阿贝折射仪使用完毕,直接拧紧两棱镜的闭合螺丝通风存放。

(　　)11. 真空箱应在相对湿度不大于85% RH,周围腐蚀性气体、强烈振动源、强电磁场存在的环境中使用。

(　　)12. 用面包体积仪测定样品时,面包比容等于面包体积除以面包质量。

(　　)13. 糖果的感官检验主要是对糖果的色泽、组织状态、气味和软硬度4个指标的检验。

(　　)14. 用感官检验蜜饯的组织指标时,用不锈钢刀将样品切开,用目测、手感、口尝等方式检验其内部组织结构。

（　　）15. 糕点感官检验时,将样品置于清洁、干燥的白瓷盘中,目测检查其形态、色泽。

（　　）16. 实验室内可以通过感官检验鉴别雪糕样品的组织结构和品质。

（　　）17. 用感官检验炒货及坚果制品时,带壳产品应去除外壳后目测检查果仁的色泽,嗅其气味,尝其滋味与口感,并做出评价。

（　　）18. 检验蜂蜜的气味和味道时,用清洁的玻璃棒搅拌试样,嗅其气味,再用玻璃棒挑起蜂蜜品尝其味道。

（　　）19. 对蜂花粉进行感官检验时,用放大镜或目测观察其形态、色泽,靠嗅闻检查其气味。

（　　）20. 检验蜂胶的气味时,取 2 g 试样置于一块洁净的玻璃板上,点燃嗅其气味是否异常。

（　　）21. 可以用口品尝咖啡的酸味、苦味、甜味、果味和杏仁味等。

（　　）22. 糖果的类型很多,凝胶糖果包括包衣型、包衣抛光型、夹心型等。

（　　）23. 糖果中含有一定的水分,测定糖果的水分一般采用减压干燥法。

（　　）24. 代可可脂巧克力干燥失重要求小于等于 1.5%,代可可脂巧克力制品则没有此要求。

（　　）25. 常用的巧克力细度测定方法有千分尺法和刮板细度计法。

（　　）26. 测定可可制品的水分时,称取 2～10 g 试样,精确至 0.000 1 g,放入称量瓶中,置于 150 ℃的电热干燥箱中干燥、冷却、称量直至恒重。

（　　）27. 测定可可粉中的灰分时,用剪刀拆开碱性可可粉样包的缝线、烫口,用不锈钢匙逐包扦取样品于塑料袋中,经充分混合,称取样品于坩埚内,坩埚与样品在电炉上炭化后移入马弗炉中 600 ℃以上灰化。

（　　）28. 测定可可制品的 pH 时,称取 10 g 试样,置于 150 mL 的烧杯中,加煮沸蒸馏水 90 mL,搅拌至悬浮液无结块,用滤纸过滤,待滤液冷却至室温,用 pH 计测定其 pH。

（　　）29. 测定可可制品的色价时,凭肉眼检视可可粉的色泽,并做出判断记录。

（　　）30. 测定可可制品的汤色时,取试样 8 g,食糖 15 g,置于高型刻度烧杯中,缓缓加入少量 70 ℃的蒸馏水于杯中,用玻璃棒搅至糊状,再用热蒸馏水冲至 200 mL,依次审评可可粉的香气、滋味和汤色。

（　　）31. 用折光指数法测定可可脂含量时,取可可粉 2 g、溴代萘 3 mL 置于洁净干燥的研钵中,研磨、过滤,在 20 ℃时测定折光指数。

（　　）32. 测定可可制品的细度时,取可可粉 10 g,置于已知质量的标准筛中,依次放入 4 只盛有 250 mL 石油醚的烧杯中,搅拌洗净样品,挥发溶剂后,移入(103±0.2) ℃的电热恒温干燥箱内干燥 1 h 取出。

（　　）33. 测定可可制品的水分及挥发物时,将样品在电热板上加热,升温速率控制在 30 ℃/min 左右,控制温度上升至(120±2) ℃,确保不超过 122 ℃。

（　　）34. 根据原料分类,果冻可分为果味型、果汁型、果肉型、含乳型和其他型。

（　　）35. 进行白砂糖干燥失重测定时,称取白砂糖样品 9.5～10.5 g,放入预热至 130 ℃的干燥箱中,准确干燥 18 min,取出冷却至室温称量。

（　　）36. 测定糖的电导灰分时,称取绵白糖样品(31.7±0.1) g 于烧杯中,加蒸馏水溶解并转移入 100 mL 的容量瓶中,定容摇匀,用电阻计测定样液的电导率,记录读数及样液的温度。

（　　）37. 测定食糖不溶于水的杂质时,按规定将样品溶解后,倾入恒重的滤片孔径 40 μm

的玻璃砂芯坩埚中减压过滤,充分洗涤,坩埚连同滤渣置于 125～130 ℃的干燥箱干燥 30 min。

(　　) 38. 检验绿马铃薯片、杂色马铃薯片时,将整包样品拆除包装后,用感量 0.1 g 的天平称内容物的质量,挑选出绿马铃薯片,称其质量。

(　　) 39. 饼干按加工工艺分为酥性饼干、发酵饼干、韧性饼干、压缩饼干、曲奇饼干、夹心饼干、威化饼干、蛋圆饼干、蛋卷、煎饼、装饰饼干、水泡饼干和其他饼干。

(　　) 40. 测定饼干的碱度时,要将饼干样品制成试液,吸取样液 50 mL,置于 250 mL 的三角瓶中,加入甲基橙指示液 2 滴,用 0.05 mol/L 的盐酸标准溶液滴定至微红色。

(　　) 41. 糕点按加工工艺不同可分为热加工糕点和冷加工糕点。

(　　) 42. 烘烤类糕点包括酥层类、酥皮类、水油皮类、糖浆皮类、松酥皮类、发酵类、烤蛋糕类等。

(　　) 43. 油炸糕点包括蛋糕类、印模糕类、发糕类、烤蛋糕类等。

(　　) 44. 熟粉类糕点包括热调软糕类、印模糕类、切片糕类等。

(　　) 45. 水煮类糕点分为蒸蛋糕类、印模糕类、韧糕类、发糕类和松糕类。

(　　) 46. 可用直接干燥法测定糕点的干燥失重,试样中水分含量可用烘干前瓶加样质量减去烘干后瓶加样质量除以样品质量表示。

(　　) 47. 蓉沙类月饼包括莲蓉类、豆蓉(沙)类、栗蓉类和杂蓉类。

(　　) 48. 测定面包的酸度时,称取面包心 25 g,加入无二氧化碳的蒸馏水 60 mL,用玻璃棒捣碎,移入 250 mL 的容量瓶中定容。摇匀静置 10 min 后再摇 2 min,静置 10 min,用纱布或滤纸过滤后测定。

(　　) 49. 测定面包的酸度时,称取面包心试样 25 g,加水提取后,取滤液 25 mL 置于 200 mL 的三角瓶中,加酚酞指示液 2～8 滴,用 0.1 mol/L 的氢氧化钠标准溶液滴定至微红色保持 30 s 不褪色。

(　　) 50. 测定方便面产品复水时间时,取方便面一块置于带盖保温容器中,加入约 5 倍于面块质量的沸水,立即加盖,同时用秒表计时。

(　　) 51. 蜜饯的种类很多,主要有糖渍类、糖霜类、果脯类、果糕类等。

(　　) 52. 糖渍类蜜饯包括糖青梅、蜜樱桃、蜜金橘、红绿瓜、糖桂花、果脯类、糖霜类、糖橘饼等。

(　　) 53. 糖霜类蜜饯的品种有糖冬瓜条、糖橘饼、金橘饼、红绿丝、姜片等。

(　　) 54. 果脯类蜜饯包括杏脯、苹果脯、番茄脯、炒红果、山楂片、红薯干、胡萝卜干等。

(　　) 55. 凉果类蜜饯品种有西梅、加应子、黄梅、陈皮梅、福果、八珍梅、丁香李、丁香榄等。

(　　) 56. 话化类蜜饯的品种有话梅、话李、九制陈皮、甘草金橘、杨梅干、佛手果等。

(　　) 57. 炒货食品及坚果制品包括以果蔬籽、果仁、坚果等为原料,经炒制、烘烤、油炸、蒸煮、高温灭菌或其他加工工艺制成的包装食品。

(　　) 58. 检验蜂蜜产品的水分时,将未结晶的样品用力搅拌均匀,测定试样在 40 ℃时的折光指数,然后换算水分含量。

(　　) 59. 检验蜂蜜产品的灰分时,将未结晶的蜂蜜样品用力搅拌均匀。有结晶析出的样品,可将样品瓶盖塞紧后,置于不超过 60 ℃的水浴中温热,使样品全部融化后再作检验处理。

(　　) 60. 检测蜂蜜的酸度时,如蜂蜜颜色过深,可称取试样 5 g,或者用百里酚蓝指示剂代替酚酞指示剂。

( ) 61. 检验蜂王浆产品的灰分时,盛装蜂王浆试样的瓷坩埚需在(550±25)℃灼烧、恒重,称取试样 1.5 g,炭化至无烟后加浓硫酸 0.5～1 mL,低温加热除尽硫酸蒸气,移入马弗炉中 700～800 ℃灼烧灰化。

( ) 62. 用酸度计测定蜂王浆的酸度时,蜂王浆试样酸度等于滴定所消耗的氢氧化钠标准溶液的毫升数与浓度值相乘,再乘以 100。

( ) 63. 用恒重过的称量皿称取蜂王浆样品约 0.5 g,置于真空干燥箱内 75 ℃,压力为 0.095～0.10 MPa,干燥 30 min,取出置于干燥器内冷却至室温后称量,至恒重。

( ) 64. 检验蜂花粉产品的灰分,首次称量前发现灼烧残渣有炭粒时,应向试样中滴入少许水湿润,使结块松散,蒸干水分再次灼烧至灰化完全方可称量。

( ) 65. 检测蜂花粉的杂质时,用感量为 0.01 g 的托盘式扭力天平称取蜂花粉试样约 100 g,放入白瓷盘内拣出杂质并精确称量,计算杂质。

( ) 66. 用直接干燥法测定焙炒咖啡产品的水分,试样中水分含量等于烘干前瓶加样质量减去烘干后瓶加样质量再除以样品质量。

参考答案

一、单项选择题

1. B	2. B	3. B	4. B	5. D	6. C	7. C	8. B	9. A	10. B
11. D	12. A	13. A	14. C	15. D	16. A	17. A	18. B	19. D	20. D
21. B	22. D	23. A	24. C	25. D	26. B	27. B	28. B	29. B	30. A
31. B	32. C	33. B	34. B	35. B	36. B	37. D	38. B	39. A	40. B
41. C	42. B	43. D	44. C	45. C	46. B	47. B	48. B	49. B	50. A
51. A	52. C	53. B	54. A	55. B	56. B	57. B	58. A	59. C	60. C
61. C	62. D	63. B	64. B	65. B	66. A				

二、判断题

1. ×	2. √	3. √	4. √	5. √	6. ×	7. √	8. √	9. √	10. ×
11. ×	12. √	13. ×	14. √	15. √	16. ×	17. √	18. √	19. √	20. √
21. √	22. √	23. √	24. √	25. √	26. √	27. √	28. √	29. √	30. √
31. ×	32. √	33. √	34. √	35. √	36. √	37. √	38. √	39. √	40. √
41. √	42. √	43. √	44. √	45. √	46. √	47. √	48. √	49. √	50. √
51. √	52. √	53. √	54. √	55. √	56. √	57. √	58. √	59. √	60. √
61. √	62. √	63. ×	64. √	65. √	66. √				

第十一单元 乳及乳制品检验

学习目标

(1)熟练掌握乳及乳制品中灰分、酸度、水分、杂质度、不溶解度指数、微生物测定的样品制备。

（2）熟练掌握 pH 计、马弗炉、抽滤装置、真空泵的使用。

（3）熟练掌握乳及乳制品的感官判定、指标要求及评鉴实验室要求。

（4）熟练掌握乳及乳制品的理化指标及水分、灰分、溶解度、不溶解度指数、酸度、相对密度、杂质度的测定。

→ **考核要点**

考核类别	考核范围	考 核 点	重要程度
检验前的准备	专业样品制备	乳及乳制品中灰分测定的样品制备	★★★
		乳及乳制品中酸度测定的样品制备	★★★
		乳及乳制品中水分测定的样品制备	★★★
		乳及乳制品中杂质度测定的样品制备	★★★
		乳及乳制品中不溶解度指数测定的样品制备	★★★
		乳及乳制品中微生物检验的样品制备	★★★
	专业检验仪器	pH 计的构造原理	★★★
		pH 计的使用方法	★★★
		pH 计的使用常识	★★★
		马弗炉的使用与操作	★★★
		抽滤装置的使用	★★★
		真空泵使用时的注意事项	★★★
检验	感官检验	乳及乳制品的感官判别要点	★★★
		生乳的感官评价指标要求	★★★
		灭菌乳的感官评价指标要求	★★★
		炼乳的感官评价指标要求	★★★
		乳粉的感官评价指标要求	★★★
		发酵乳的感官评价指标要求	★★★
		奶油的感官评价指标要求	★★★
		干酪的感官评价指标要求	★★★
		乳及乳制品感官指标检验方法	★★★
		乳及乳制品感官检验时应注意的事项	★★★
		乳制品感官评鉴实验室的要求	★★★
	理化检验	生乳的理化指标要求	★★★
		巴氏杀菌、灭菌纯乳的理化指标要求	★★★
		调制乳的理化指标要求	★★★
		发酵乳的理化指标要求	★★★
		炼乳的理化指标要求	★★★
		乳粉的理化指标要求	★★★
		乳清粉和乳清蛋白粉的理化指标要求	★★★

考核类别	考核范围	考核点	重要程度
检验	理化检验	稀奶油、奶油和无水奶油的理化指标要求	★★★
		婴儿配方食品基本成分指标要求	★★★
		婴儿配方食品污染物限量指标要求	★★★
	理化检验	直接干燥法测定乳制品中水分含量的测定原理	★★★
		乳制品中水分测定的注意事项	★★★
		乳制品中水分测定的操作方法	★★★
		乳制品溶解度的测定方法	★★★
		乳制品中不溶解度指数的测定原理	★★★
		乳制品中不溶解度指数的测定方法	★★★
		乳制品中不溶解度指数测定时的注意事项	★★★
		乳制品中不溶解度指数测定分析结果的判定要求	★★★
		乳制品中灰分的测定方法	★★★
		基准法进行乳粉中酸度测定的注意事项	★★★
		常规法测定乳粉中的酸度方法	★★★
		常规法测定乳粉中酸度的注意事项	★★★
		国标第二法测定乳和乳制品酸度的方法	★★★
		乳和乳制品中酸度测定时试剂溶液的配制	★★★
		生乳相对密度的测定方法	★★★
		乳和乳制品杂质度的测定方法	★★★

考点导航

一、专业样品制备

1. 灰分测定时的样品制备

坩埚需灼烧，重复灼烧至前后两次称量相差不超过 0.5 mg 为恒重。含磷量较高的乳制品在称取试样后应加入乙酸镁溶液，使试样完全湿润。液体乳先在沸水浴上蒸干后，在电热板上炭化，马弗炉中灰化。称量前如发现灼烧残渣有炭粒，应向试样中滴入少许水润湿，使结块松散，蒸干水分再次灼烧至无炭粒即表示灰化完全，方可称量。

2. 乳粉酸度测定的样品制备

将样品全部移至约 2 倍于样品体积的洁净干燥容器中（带密封盖），立即盖紧容器，反复旋转振荡，使样品彻底混合。应尽量避免样品暴露在空气中。称取 4 g 样品（精确到 0.01 g）于锥形瓶中。用量筒量取 96 mL 约 20 ℃的水，使样品复原，搅拌，然后静置 20 min。

3. 水分测定的样品制备

乳及乳制品水分测定采用直接干燥法。温度应设定为 101～105 ℃，不适用于水分含量小于 0.5 g/100 g 的样品。

固体试样：取洁净铝制或玻璃制的扁形称量瓶，置于 101～105 ℃的干燥箱中，瓶盖斜支于瓶边,加热 1.0 h,取出盖好,置于干燥器内冷却 0.5 h,称量,并重复干燥至前后 2 次质量差不超过 2 mg,即为恒重。将混合均匀的试样迅速磨细至颗粒小于 2 mm,不易研磨的样品应尽可能切碎,称取 2～10 g 试样(精确至 0.000 1 g),放入此称量瓶中,试样厚度不超过 5 mm,如为疏松试样,厚度不超过 10 mm,加盖,精密称量后,置于 101～105 ℃ 的干燥箱中,瓶盖斜支于瓶边,干燥 2～4 h 后,盖好取出,放入干燥器内冷却 0.5 h 后称量。

海砂的处理:取用水洗去泥土的海砂或河砂,先用盐酸煮沸 0.5 h,用水洗至中性,再用氢氧化钠溶液煮沸 0.5 h,用水洗至中性,经 105 ℃ 干燥备用。

4. 杂质度测定的样品制备

量取液体乳样 500 mL;称取乳粉样 62.5 g(精确至 0.1 g),用 8 倍的水充分调和溶解,加热至 60 ℃;称取炼乳样 125 g(精确至 0.1 g),用 4 倍的水溶解,加热至 60 ℃,于过滤板上过滤。

5. 不溶解度指数测定的样品制备

用勺或称样纸称取,精确至 0.01 g,全脂乳粉、部分脱脂乳粉、全脂加糖乳粉、乳基婴儿食品及其他以全脂乳粉和部分脱脂乳粉为原料生产的乳粉类产品称样量为 13.00 g;脱脂乳粉和酪乳粉称样量为 10.00 g;乳清粉称样量为 7.00 g。测定前,应保证实验室样品至少在室温 20～25 ℃ 下保持 48 h,以便使影响不溶解度指数的因素在各个样品中趋于一致。

喷雾干燥产品复原时使用温度为 24 ℃ 的水,部分滚筒干燥产品复原时使用温度为 50 ℃ 的水。

6. 微生物检验的样品制备

生乳的采样量以满足微生物指标检验的要求为宜;半固态乳制品的采样量应不小于 5 倍或以上检验单位的样品。大肠菌群计数中,从制备样品匀液至样品接种完毕,全过程不得超过 15 min。

二、专业检验仪器

1. pH 计(又称酸度计)

(1)原理。

pH 计的原理是基于参比电极和指示电极组成的化学原电池的电动势与溶液的氢离子浓度有关,甘汞电极的电极电位不随溶液 pH 变化,指示电极的电极电位随 pH 变化而变化。

pH 计的主体是一个精密电位计,同时还有参比电极和指示电极。常用指示电极为玻璃电极,pH 玻璃电极膜电位的产生是由于溶液中 H^+ 和玻璃膜水合层中 H^+ 的交换作用。

(2)使用及注意事项。

① 在使用 pH 计测定食品溶液的 pH 时,使用前一般需要开机预热 30 min。

② pH 玻璃电极使用前应在蒸馏水中浸泡 24 h 以上,目的在于活化电极。

③ 测定溶液的 pH 时,要求饱和甘汞电极端部略低于 pH 玻璃电极端部。

④ 用 pH 计测定溶液的 pH 时,"定位"操作的作用是消除电极常数不一致造成的影响。

⑤ 用 pH 计测定溶液的 pH 时,选用温度补偿应设定为被测溶液的温度。

2. 马弗炉的使用与操作

马弗炉工作环境:环境温度 0～50 ℃;相对湿度不超过 90%;无爆炸气体和腐蚀性气体。

使用注意事项:开机前,应检查电气系统的接线是否正确牢靠;第一次使用或长期停用马弗炉后再次使用时,必须进行烘炉,烘炉时间共为 8 h,应分别设定 100 ℃、200 ℃、300 ℃、400 ℃ 各烘 2 h;设定马弗炉炉温最高不得超过最高工作温度,以免烧毁电热元件。

3. 抽滤装置的使用

（1）抽滤装置设备包括真空泵、过滤漏斗（布氏漏斗）和过滤收集瓶。

（2）使用时先检查布氏漏斗与抽滤瓶之间连接是否紧密，抽气泵连接口是否漏气；过滤前滴加蒸馏水使滤纸与漏斗紧密贴合，大小要比漏斗底部略小；尽量使要过滤的物质处在布氏漏斗中央。

（3）真空泵：真空泵的工作压强应该满足真空设备的极限真空及工作压强要求；了解被抽气体成分，气体中是否含可凝蒸气，有无颗粒灰尘，有无腐蚀性等，真空泵排出来的油蒸气对环境的影响如何。

循环水真空泵不出水的故障原因：① 热水泵进出口阀门未打开，进出管路堵塞；② 电机运行方向不对，电机缺相转速很慢；③ 循环水真空泵吸入管漏气。

循环水真空泵流量不足的故障原因：① 管道、循环水真空泵流道叶轮部分堵塞，水垢沉积、阀门开度不足；② 泵轴承磨损；③ 离心泵吸程过高。

循环水真空泵电机发热的故障原因：① 循环水真空泵流量过大，超载运行；② 循环水真空泵电机轴承损坏；③ 电压不足。

三、感官检验

1. 生乳的感官评价指标要求（表 1-3-12）

表 1-3-12　生乳的感官评价指标要求

项　目	要　求	检验方法
色　泽	呈乳白色或微黄色	取适量试样置于 50 mL 的烧杯中，在自然光下观察色泽和组织状态。闻其气味，用温开水漱口，品尝滋味
滋味、气味	具有乳固有的香味，无异味	
组织状态	呈均匀一致的液体，无凝块、无沉淀、无正常视力可见异物	

2. 灭菌乳的感官评价指标要求（表 1-3-13）

表 1-3-13　灭菌乳的感官评价指标要求

项　目	要　求	检验方法
色　泽	呈乳白色或微黄色	取适量试样置于 50 mL 的烧杯中，在自然光下观察色泽和组织状态。闻其气味，用温开水漱口，品尝滋味
滋味、气味	具有乳固有的香味，无异味	
组织状态	呈均匀一致的液体，无凝块、无沉淀、无正常视力可见异物	

3. 炼乳的感官评价指标要求（表 1-3-14）

表 1-3-14　炼乳的感官评价指标要求

项　目	要　求			检验方法
	淡炼乳	加糖炼乳	调制炼乳	取适量试样置于 50 mL 的烧杯中，在自然光下观察色泽和组织状态。闻其气味，用温开水漱口，品尝滋味
色　泽	呈均匀一致的乳白色或乳黄色，有光泽		具有辅料应有的色泽	
滋味、气味	具有乳的滋味和气味	具有乳的香味，甜味纯正	具有乳和辅料应有的滋味和气味	
组织状态	组织细腻，质地均匀，黏度适中			

4.乳粉的感官评价指标要求(表1-3-15)

表1-3-15 乳粉的感官评价指标要求

项 目	要 求		检验方法
	乳 粉	调制乳粉	取适量试样置于50 mL的烧杯中,在自然光下观察色泽和组织状态。闻其气味,用温开水漱口,品尝滋味
色 泽	呈均匀一致的乳黄色	具有应有的色泽	
滋味、气味	具有纯正的乳香味	具有应有的滋味、气味	
组织状态	干燥均匀的粉末		

5.发酵乳的感官评价指标要求(表1-3-16)

表1-3-16 发酵乳的感官评价指标要求

项 目	要 求		检验方法
	发酵乳	风味发酵乳	取适量试样置于50 mL的烧杯中,在自然光下观察色泽和组织状态。闻其气味,用温开水漱口,品尝滋味
色 泽	色泽均匀一致,呈乳白色或微黄色	具有与添加成分相符的色泽	
滋味、气味	具有发酵乳特有的滋味、气味	具有与添加成分相符的滋味和气味	
组织状态	组织细腻、均匀,允许有少量乳清析出;风味发酵乳具有添加成分特有的组织状态		

6.奶油的感官评价指标要求(表1-3-17)

表1-3-17 奶油的感官评价指标要求

项 目	要 求	检验方法
色 泽	呈均匀一致的乳白色、乳黄色或相应辅料应有的色泽	取适量试样置于50 mL的烧杯中,在自然光下观察色泽和组织状态。闻其气味,用温开水漱口,品尝滋味
滋味、气味	具有稀奶油、奶油、无水奶油或相应辅料应有的滋味和气味,无异味	
组织状态	均匀一致,允许有相应辅料的沉淀物,无正常视力可见异物	

7.干酪的感官评价指标要求(表1-3-18)

表1-3-18 干酪的感官评价指标要求

项 目	要 求	检验方法
色 泽	具有该类产品正常的色泽	取适量试样置于50 mL的烧杯中,在自然光下观察色泽和组织状态。闻其气味,用温开水漱口,品尝滋味
滋味、气味	具有该类产品特有的滋味和气味	
组织状态	组织细腻,质地均匀,具有该类产品应有的硬度	

8.乳及乳制品感官指标检验方法及注意事项

(1)将样品置于自然光下观察外形和色泽;在通风良好的室内,取样品先闻其气味,后品尝其滋味,多次品尝应用温开水漱口;用小刀切取部分试样,置于白色盘中,在自然光下观察其组织状态。

(2)感官评鉴人员具有良好的感官分析能力;具有良好的健康状况,不应患有色盲、鼻炎、龋齿、口腔炎等疾病;工作前不使用香水、化妆品,不用香皂洗手;不在饮食后1 h内进行评鉴工作;不在评鉴开始前30 min内吸烟。

9.乳制品感官评鉴实验室的要求

感官评鉴实验室应设置于无气味、无噪音的区域中;评鉴区是感官评鉴实验室的核心部分,气温应控制在20～22 ℃范围内,相对湿度应保持在50%～55%,通风情况良好,保持其中无气味、无噪音。评鉴工作间应装有白色昼型照明光源,评鉴工作间设置的照明光源通常垂直在样品之上,当评鉴员落座时,他们的观察视线大约与样品成45°角。

四、理化检验

1.乳制品中水分含量的测定原理、注意事项及操作方法

(1)原理:采用直接干燥法测定乳制品中的水分含量,利用乳制品中水分的物理性质,在101.3 kPa、101～105 ℃温度条件下采用挥发方法测定样品中干燥减失的质量,再通过干燥前后的称量数值计算出水分的含量。该方法不适用于水分含量小于0.5 g/100 g的样品。

(2)注意事项:称量瓶置于101～105 ℃的干燥箱中加热1.0 h,取出盖好,置于干燥器内冷却0.5 h,称量,并重复干燥至前后两次质量差不超过2 mg,即为恒重;称取2～10 g试样(精确至0.000 1 g);在重复性条件下获得的两次独立测定结果的绝对差值不得超过算术平均值的5%。

(3)操作方法。

测定乳粉的水分:清洗称量皿烘至恒重→称取样品放入调好温度的烘箱烘2～4 h→于干燥器中冷却→称重→再烘1 h→称至恒重(两次质量差不超过0.002 g即为恒重)。

测定生乳的水分:清洗称量皿内加海砂及一根小玻璃棒烘至恒重→称取样品放入沸水浴上蒸干→置于调好温度的烘箱烘4 h→于干燥器中冷却→称重→再烘1 h→称至恒重(两次质量差不超过0.002 g即为恒重)。

2.乳制品溶解度的测定方法

溶解度是指每百克样品经规定溶解的过程后,全部溶解的质量。

称取样品5 g置于50 mL的烧杯中,用38 mL 25～30 ℃的水分数次将乳粉溶解于50 mL的离心管中,加塞。保温、离心分离,再加水,再离心分离。用少量水将沉淀冲洗入已知质量的称量皿中,先在沸水浴上将皿中水分蒸干,再移入100 ℃的烘箱中干燥至恒重(最后两次质量差不超过0.002 g即为恒重)。

3.乳制品中不溶解度指数的测定

不溶解度指数是指在国标规定的条件下,将乳粉或乳粉制品复原,并进行离心所得到沉淀物体积的毫升数。

注意事项:

(1)喷雾干燥产品复原时使用温度为24 ℃的水,部分滚筒干燥产品复原时使用温度为50 ℃的水。

(2)从搅拌器上取下搅拌杯(停留几秒,使叶片上的液体流入杯中),将杯在室温下静置5 min以上,但不超过15 min。

(3)取出离心管,用平勺去除和倾倒掉管内上层脂肪类物质。竖直握住离心管,用虹吸管或吸管去除上层液体,若为滚筒干燥产品,则吸到顶部液体与15 mL刻度处重合,若为喷雾干燥乳粉,则与10 mL刻度处重合,注意不要搅动不溶物。如果沉淀物体积明显超过15 mL或10 mL,则不再进行下部操作,记录不溶解度指数为"15 mL"或">10 mL"。

(4)试验中使用温度计误差不超过±0.2 ℃;称样容器为表面光滑的勺或干净且光滑的

取样纸;塑料量筒(与玻璃量筒相比,塑料量筒热容较低,所以在量筒中加入水后,温度变化最小)。

(5)试验一旦开始,就应连续进行。

(6)如果沉淀物体积小于 0.5 mL,则精确至 0.05 mL。如果沉淀物体积大于 0.5 mL,则精确至 0.1 mL。

(7)由同一分析人员,用相同仪器,在短时间间隔内,对同一样品所做的两次单独试验的结果之差不得超过 0.138M;由不同实验室的两个分析人员,对同一样品所做的两次单独试验结果之差不得超过 0.328M(M 为两次测定结果的平均值)。

4. 乳制品中灰分的测定方法

称取乳制品试样后加入乙酸镁溶液,使试样完全润湿。放置 10 min 后,在水浴上将水分蒸干,先在电热板上以小火加热使试样充分炭化至无烟,然后置于马弗炉中在(550±25)℃条件下灼烧 4 h,冷却至 200 ℃左右,取出,放入干燥器中冷却 30 min,称量。

做 3 次试剂空白试验,当 3 次试验结果的标准偏差小于 0.003 g 时,取算术平均值作为空白值。若标准偏差超过 0.003 g 时,应重新做空白试验。

5. 国标第一法测定乳及乳制品酸度的方法

基准法:根据中和 100 mL 干物质为 12 %的复原乳至 pH 为 8.3 所消耗的 0.1 mol/L 氢氧化钠标准溶液的体积,经计算确定其酸度。用滴定管向锥形瓶中滴加氢氧化钠标准溶液,直到 pH 达到 8.3。滴定过程中,始终用磁力搅拌器进行搅拌,同时向锥形瓶中吹氮气,防止溶液吸收空气中的二氧化碳。整个滴定过程应在 1 min 内完成。

常规法:以酚酞做指示剂,硫酸钴做参比颜色,根据用 0.1 mol/L 的氢氧化钠标准溶液滴定 100 mL 干物质为 12 %的复原乳至粉红色所消耗的体积,经计算确定其酸度。

注意事项:用氢氧化钠标准溶液滴定直到颜色与标准溶液的颜色相似,且 5 s 内不消退,整个滴定过程应在 45 s 内完成;如果要测定多个相似的产品,则此标准溶液可用于整个测定过程,但时间不得超过 2 h。

6. 国标第二法测定乳和乳制品酸度的方法

利用中和反应,以酚酞为指示液,用 0.100 0 mol/L 的氢氧化钠标准溶液滴定至微红色(或电位滴定至 pH 为 8.3)为终点,依据所消耗的氢氧化钠标准溶液的体积,经计算确定试样的酸度。注:在奶油混匀的试样中加入中性乙醇乙醚混合液。

7. 生乳相对密度的测定方法

仪器:密度计(20 ℃/4 ℃)、玻璃圆筒(或 200～250 mL 的量筒,圆筒高度应大于密度计的长度,其直径大小应使在沉入密度计时其周边和圆筒内壁的距离不小于 5 mm)。

测定:取混匀并调节温度为 10～25 ℃的试样,小心倒入玻璃圆筒内,勿使其产生泡沫并测量试样温度。小心将密度计放入试样中到相当刻度 30°处,然后让其自然浮动,但不能与筒内壁接触。静置 2～3 min,眼睛平视生乳液面的高度,读取数值。

8. 乳和乳制品杂质度的测定方法

原理:试样经过滤板过滤、冲洗,根据残留于过滤板上的可见带色杂质的数量确定杂质量。

步骤:量取液体乳样 500 mL;称取乳粉样 62.5 g(精确至 0.1 g),用 8 倍的水充分调和溶解,加热至 60 ℃;称取炼乳样 125 g(精确至 0.1 g),用 4 倍的水溶解,加热至 60 ℃,于过滤板上过滤。为使过滤迅速,可用真空泵抽滤,用水冲洗过滤板,取下过滤板,置于烘箱中烘干,将其上杂质与标准杂质板比较即得杂质度。

当过滤板上杂质的含量介于两个级别之间时,判定为杂质含量较多的级别。

仿真训练

一、单项选择题(请将正确选项的代号填入题内的括号中)

1. 测定乳制品的灰分时,称量前如发现灼烧残渣有炭粒,应向试样中滴入少许(　　)湿润,使结块松散,蒸干水分再次灼烧至无炭粒即表示灰化完全,方可称量。

　A. 硝酸　　　　　　B. 高氯酸　　　　　C. 硫酸　　　　　D. 水

2. 用基准法测定乳粉中的酸度时,将样品全部移至约(　　)于样品体积的洁净干燥容器中,立即盖紧容器,反复旋转振荡,使样品彻底混合。

　A. 2 倍　　　　　　B. 5 倍　　　　　　C. 6 倍　　　　　D. 8 倍

3. 用直接干燥法测定乳制品中的水分含量,样品称量时干燥箱的温度应设定为(　　)。

　A. 101～105 ℃　　B. 121～128 ℃　　C. 140～157 ℃　　D. 170～180 ℃

4. 乳制品杂质度的检验中,下列取样量不正确的是(　　)。

　A. 乳粉 62.5 g　　B. 消毒牛奶 500 mL　C. 甜炼乳 125.0 g　D. 淡炼乳 200.0 g

5. 在乳粉溶解度的测定中,样品称取要求精确至(　　)。

　A. 0.1 g　　　　　B. 0.01 g　　　　　C. 0.001 g　　　　D. 0.002 g

6. 乳及乳制品中大肠菌群计数中,从制备样品匀液至样品接种完毕,全过程不得超过(　　)。

　A. 10 min　　　　B. 15 min　　　　　C. 30 min　　　　　D. 60 min

7. 用 pH 计测定溶液的 pH 时,甘汞电极(　　)。

　A. 电极电位不随溶液 pH 变化　　　　　B. 通过的电极电流始终相同

　C. 电极电位随溶液 pH 变化　　　　　　D. 电极电位始终在变

8. pH 玻璃电极使用前应在(　　)中浸泡 24 h 以上。

　A. 蒸馏水　　　　B. 酒精　　　　　　C. 浓 NaOH 溶液　D. 浓 HCl 溶液

9. 用电位法测定溶液的 pH 时,"定位"操作的作用是(　　)。

　A. 消除温度的影响　　　　　　　　　　B. 消除电极常数不一致造成的影响

　C. 消除离子强度的影响　　　　　　　　D. 消除参比电极的影响

10. 马弗炉按加热元件分类不包括(　　)。

　A. 电炉丝马弗炉　　B. 硅碳棒马弗炉　　C. 硅钼棒马弗炉　　D. 硅酸棒马弗炉

11. 抽滤装置设备不包括(　　)。

　A. 真空泵　　　　　B. 过滤漏斗　　　　C. 过滤收集瓶　　　D. 旋转蒸发仪

12. 对循环水真空泵不出水的故障原因分析错误的是(　　)。

　A. 热水泵进、出口阀门未打开,进、出管路堵塞

　B. 电机运行方向不对,电机缺相转速很慢

　C. 循环水真空泵吸入管漏气

　D. 泵没灌满液体,泵腔内有空气

13. 下列不属于乳及乳制品的感官鉴别范畴的是(　　)。

　A. 酸乳有无乳清分离　　　　　　　　　B. 乳粉有无结块

　C. 奶酪切面有无水珠　　　　　　　　　D. 发酵乳的纯度

14. 生乳的滋味判定中,优质生乳应具有(　　　)。
    A. 咸味　　　　　　B. 酸味　　　　　　C. 乳特有的乳香味　D. 涩味

15. 感官判定中,优质灭菌乳的色泽应为(　　　)。
    A. 纯黄色　　　　　B. 深灰色　　　　　C. 橘黄色　　　　　D. 乳白色

16. 国标中规定,调制炼乳应具有(　　　)的色泽。
    A. 乳　　　　　　　B. 乳和辅料　　　　C. 辅料　　　　　　D. 无色

17. 感官判定中,脱脂乳粉应呈现为(　　　),有光泽。
    A. 灰色　　　　　　B. 暗灰色　　　　　C. 白色　　　　　　D. 米色

18. 在发酵乳的滋味判定中,良质发酵乳(　　　)。
    A. 酸甜适口　　　　B. 具有酒味　　　　C. 具有杏仁味　　　D. 具有轻微涩味

19. 在奶油滋味的感官判定中,良质奶油具有(　　　)。
    A. 固有的纯正香味　B. 轻微涩味　　　　C. 轻微苦味　　　　D. 鱼腥味

20. 在干酪的色泽感官判定中,良质干酪呈现(　　　)。
    A. 白色　　　　　　B. 暗灰色　　　　　C. 米黄色　　　　　D. 褐色

21. 进行乳粉感官检测时,应将样品放在(　　　)的容器进行测定。
    A. 瓷制　　　　　　B. 无色透明　　　　C. 棕色　　　　　　D. 密闭

22. 进行乳制品滋味判定时,检验员可以喝少量的(　　　)漱口。
    A. 茶水　　　　　　B. 柠檬水　　　　　C. 橙汁　　　　　　D. 纯净水

23. 对感官评鉴实验室评鉴区的要求是(　　　)。
    A. 严禁通风　　　　B. 通风情况良好　　C. 气温在 16 ℃以下　D. 相对湿度高于80%

24. 国标中规定,生乳的杂质度含量不得高于(　　　)。
    A. 2.5 mg/kg　　　B. 3.0 mg/kg　　　C. 4.0 mg/kg　　　D. 8.7 mg/kg

25. 国标中规定,以牛乳为原料获得的巴氏杀菌乳蛋白质含量指标应不低于(　　　)。
    A. 1.0 g/100 g　　B. 2.3 g/100 g　　C. 2.9 g/100 g　　D. 4.1 g/100 g

26. 国标中规定,调制乳的脂肪含量指标应不低于(　　　)。
    A. 1.0 g/100 g　　B. 1.5 g/100 g　　C. 2.5 g/100 g　　D. 3.1 g/100 g

27. 国标中规定,发酵乳的酸度指标应不低于(　　　)。
    A. 10 ℃T　　　　　B. 37 ℃T　　　　　C. 50 ℃T　　　　　D. 70 ℃T

28. 国标中规定,调制加糖炼乳的蔗糖含量指标应低于(　　　)。
    A. 48 g/100 g　　B. 50 g/100 g　　C. 55 g/100 g　　D. 60 g/100 g

29. 国标中规定,乳粉中的蛋白质含量应不低于所含非脂乳固体的(　　　)。
    A. 30%　　　　　　B. 34%　　　　　　C. 40%　　　　　　D. 48%

30. 国标中规定,非脱盐乳清粉的乳糖含量不低于(　　　)。
    A. 48%　　　　　　B. 55%　　　　　　C. 61%　　　　　　D. 80%

31. 国标中规定,无水奶油的脂肪含量不能低于(　　　)。
    A. 60.0%　　　　　B. 77.9%　　　　　C. 80.0%　　　　　D. 99.8%

32. 国标中规定,婴儿配方食品所使用的原料不应含有(　　　)。
    A. 肌醇　　　　　　B. 谷蛋白　　　　　C. 胆碱　　　　　　D. 生物素

33. 国标中规定,乳基婴儿配方食品中黄曲霉毒素 M_1 的限量值为(　　　)。
    A. 0.1 μg/kg　　　B. 0.2 μg/kg　　　C. 0.5 μg/kg　　　D. 1.0 μg/kg

34. 下列选项中不是直接干燥法测定乳制品中的水分含量必须符合的条件的是（　　　）。
    A. 水分是唯一挥发成分
    B. 水分挥发要完全
    C. 乳制品中其他成分由于受热而引起的化学变化可以忽略不计
    D. 水分含量小于 0.5 g/100 g 的样品

35. 用直接干燥法测定乳制品中的水分含量前后最少需要将液体试样置于干燥箱中干燥（　　　）左右。
    A. 1 h　　　　　　　B. 2 h　　　　　　　C. 5 h　　　　　　　D. 10 h

36. 用直接干燥法测定乳粉中的水分含量,其操作方法正确的是（　　　）。
    A. 清洗称量皿烘至恒重→称取样品放入调好温度的烘箱烘 2～4 h→于干燥器中冷却→称重即可
    B. 清洗称量皿烘至恒重→称取样品放入调好温度的烘箱烘 2～4 h→于干燥器中冷却→称重→再烘 1 h→称至恒重（两次质量差不超过 0.002 g 即为恒重）
    C. 称取样品放入调好温度的烘箱烘 2～4 h→于干燥器中冷却→称重→再烘 1 h→称至恒重（两次质量差不超过 0.002 g 即为恒重）
    D. 称取样品放入调好温度的烘箱烘 2～4 h→于干燥器中冷却→称重→再烘 1 h→称至恒重（两次质量差不超过 0.001 g 即为恒重）

37. 乳制品溶解度的测定中,用少量水将沉淀冲洗入已知质量的称量皿中,先在沸水浴上将皿中水分蒸干,再移入（　　　）的烘箱中干燥至恒重。
    A. 80 ℃　　　　　B. 100 ℃　　　　　C. 120 ℃　　　　　D. 170 ℃

38. 乳制品不溶解度指数的测定中,将喷雾干燥样品加入（　　　）的水中,然后用特殊的搅拌器使之复原,静置一段时间后,使一定体积的复原乳在刻度离心管中离心,去除上层液体,加入与复原温度相同的水,使沉淀物重新悬浮,再次离心后,记录所得沉淀物的体积。
    A. 20 ℃　　　　　B. 24 ℃　　　　　C. 30 ℃　　　　　D. 50 ℃

39. 乳制品中不溶解度指数的测定中,从搅拌器上取下搅拌杯应将杯在室温下静置（　　　）以上。
    A. 1 min　　　　　B. 2 min　　　　　C. 4 min　　　　　D. 5 min

40. 乳制品中不溶解度指数检验中允许有（　　　）的放置时间。
    A. 5～10 min　　　B. 15～20 min　　　C. 25～30 min　　　D. 60 min

41. 在进行乳制品中不溶解度指数测定时,如果沉淀物体积小于 0.5 mL,则读数结果精确至（　　　）。
    A. 0.01 mL　　　　B. 0.05 mL　　　　C. 0.1 mL　　　　D. 0.5 mL

42. 在乳制品的灰分测定中,乳制品试样加入乙酸镁溶液完全润湿,放置 10 min 后,在（　　　）上将水分蒸干。
    A. 水浴　　　　　B. 马弗炉　　　　　C. 烘箱　　　　　D. 电热板

43. 用基准法测定乳粉中的酸度时,用滴定管向锥形瓶中滴加氢氧化钠溶液的过程中,要向锥形瓶中吹入氮气,防止溶液吸收空气中的（　　　）。
    A. 二氧化碳　　　B. 水分　　　　　C. 氧气　　　　　D. 二氧化硫

44. 用常规法测定乳粉的酸度时,根据用（　　　）标准溶液滴定至粉红色所消耗的体积经计算确定其酸度。

A. 氢氧化钠　　　　B. 氯化钠　　　　C. 氢氧化钾　　　　D. 氯化钾

45. 采用常规法测定乳粉中的酸度,终点判定正确的是(　　)。

A. 用氢氧化钠标准溶液滴定至微红色,且 5 s 内不消退

B. 用氢氧化钠标准溶液滴定至微红色,且 30 s 内不消退

C. 用氢氧化钠标准溶液滴定直到颜色与标准溶液的颜色相似,且 5 s 内不消退

D. 用氢氧化钠标准溶液滴定直到颜色与标准溶液的颜色相似,且 30 s 内不消退

46. 乳和乳制品酸度的测定中,用氢氧化钠标准溶液滴定至 pH=(　　)为终点。

A. 7.0　　　　　　B. 8.3　　　　　　C. 10.3　　　　　　D. 11.3

47. 采用常规法测定乳及乳制品的酸度时,参比溶液的制备是将(　　)溶解于水中,并定容至 100 mL。

A. 碳酸钙　　　　B. 氯化钙　　　　C. 无水硫酸钙　　　　D. 七水硫酸钴

48. 在生乳相对密度的测定中,混匀试样的温度应调节为(　　)。

A. 0～4 ℃　　　B. 10～25 ℃　　　C. 26～28 ℃　　　D. 30～36 ℃

49. 乳和乳制品杂质度的测定中,称取乳粉样加水充分调和溶解,加热至(　　),于过滤板上过滤。

A. 40 ℃　　　　B. 60 ℃　　　　C. 80 ℃　　　　D. 100 ℃

二、判断题(对的画"√",错的画"×")

(　　) 1. 乳制品灰分含量的测定中,试样重复灼烧至前后两次称量相差不超过 0.1 mg 为恒重。

(　　) 2. 采用基准法测定乳粉中的酸度时,在样品移入洁净干燥的容器中后,应尽量避免样品暴露在空气中。

(　　) 3. 采用直接干燥法测定乳制品中的水分含量,放入称量瓶中的疏松试样厚度不超过 5 mm。

(　　) 4. 在炼乳杂质度的检验中,称取试样后,用 8 倍的水溶解,加热至 60 ℃于过滤板上过滤。

(　　) 5. 进行乳制品不溶解度指数的测定时,全脂乳粉的取样量为 13.00 g 左右。

(　　) 6. 生乳的采样量以满足微生物指标检验的要求为宜。

(　　) 7. 测定 pH 的指示电极为甘汞电极。

(　　) 8. 用银离子选择电极做指示电极,采用电位滴定测定牛奶中氯离子含量时,如以饱和甘汞电极作为参比电极,双盐桥应选用的溶液为 KNO_3 溶液。

(　　) 9. 离子选择性电极的选择性主要取决于离子浓度。

(　　) 10. 设定马弗炉炉温最高不得超过最高工作温度,以免烧毁电热元件。

(　　) 11. 用抽滤装置过滤完样品之后,先关抽气泵,后抽掉抽滤瓶接管。

(　　) 12. 真空泵密封面不平整可引起循环水真空泵故障漏水。

(　　) 13. 感官鉴别乳及乳制品,就是指用眼观其色泽和组织状态即可下感官判定结论。

(　　) 14. 产犊后 7 天的初乳为优质生乳。

(　　) 15. 优质灭菌乳具有乳固有的香味,无其他任何异味。

(　　) 16. 调制炼乳应有乳和辅料的气味。

(　　) 17. 冲调乳粉的气味与滋味感官鉴别等同于固体乳粉的鉴别方法。

(　　) 18. 风味发酵乳应呈现添加成分相符的色泽。

( ) 19. 在奶油的感官判定中,良质奶油允许内包装纸有油渗出。

( ) 20. 干酪呈淡黄色时便可判定为劣质干酪。

( ) 21. 生乳中的沉淀物是靠检验员用嘴品尝出来的。

( ) 22. 判定乳制品的滋味时,可以用少量的茶水漱口。

( ) 23. 评鉴工作间应装有白色昼型照明光源。

( ) 24. 国标中规定产犊后 7 天的初乳不可作为生乳。

( ) 25. 国标中规定的巴氏杀菌乳和灭菌纯乳的非脂乳固体指标要求是一样的。

( ) 26. 国标中规定,采用灭菌工艺生产的调制乳应符合无致病菌的要求。

( ) 27. 保加利亚乳杆菌不可作为风味发酵乳的发酵菌种。

( ) 28. 国标中规定,淡炼乳、调制淡炼乳应符合商业无菌的要求。

( ) 29. 国标中规定,乳粉中的蛋白质含量应不低于 34%。

( ) 30. 国标中规定,脱盐乳清粉的灰分含量最高不能超过 9.0%。

( ) 31. 国标中规定,无水奶油的水分含量不能超过 0.1%。

( ) 32. 国标中规定,婴儿配方食品可以使用氢化油脂。

( ) 33. 国标中规定,乳基婴儿配方食品中黄曲霉毒素 M_1 不得检出。

( ) 34. 采用直接干燥法测定乳制品中的水分含量是在一个大气压下进行的。

( ) 35. 直接干燥法标准规定,水分检测要求在重复性条件下获得的两次独立测定结果的绝对差值不得超过算术平均值的 5%。

( ) 36. 采用直接干燥法测定乳粉中的水分含时,对于液体与半固体样品要在称量皿中加入海砂,先放到沸水浴中烘,烘得差不多再放到烘箱中烘,不加海砂样品则容易使表面形成一层膜,造成水分不易出来。

( ) 37. 乳制品溶解度的测定中,最后两次质量差不应超过 2 mg。

( ) 38. 乳制品不溶解度指数的测定中,喷雾干燥产品复原时使用温度为 50 ℃ 的水。

( ) 39. 乳制品不溶解度指数的测定中,应迅速从搅拌器上取下搅拌杯。

( ) 40. 乳制品不溶解度指数的测定中,对在混合过程中不大可能起泡的产品不用加入 3 滴硅酮消泡剂。

( ) 41. 在进行乳制品不溶解度指数测定时的重复性试验中,由同一分析人员,用相同仪器,在短时间间隔内,对同一样品所做的两次单独的试验结果之差不得超过 5%。

( ) 42. 在乳制品的灰分测定中,当 3 次试剂空白试验结果的标准偏差超过 0.001 g 时,应重新做空白试验。

( ) 43. 用基准法测定乳粉中的酸度时,用滴定管向锥形瓶中滴加氢氧化钠溶液的整个滴定过程应在 1 min 内完成。

( ) 44. 用常规法测定乳粉的酸度时,以酚酞做指示剂及参比颜色。

( ) 45. 采用常规法测定乳粉中的酸度,酸度计算公式中的 12 表示 12 g 乳粉相当于 100 mL 复原乳。

( ) 46. 在重复性条件下测定乳及其他乳制品中酸度获得的两次独立测定结果的绝对差值不得超过 1.0 ℃T。

( ) 47. 采用常规法测定乳及乳制品的酸度,参比溶液的制备是将无水硫酸钙溶解于水中,并定容至 100 mL。

( ) 48. 当温度不在 20 ℃ 时使用 20 ℃ /4 ℃ 的密度计,要查表换算成 20 ℃ 时的度数,然后再代入相对密度与密度计刻度关系式进行计算。

（　　）49. 乳和乳制品杂质度的测定原理是：试样经过滤板过滤、冲洗,根据残留于过滤板上的可见带色杂质的数量确定杂质量。

参考答案

一、单项选择题

1. D	2. A	3. A	4. D	5. B	6. B	7. A	8. A	9. B	10. D
11. D	12. D	13. D	14. C	15. D	16. C	17. C	18. A	19. A	20. A
21. B	22. D	23. B	24. C	25. C	26. C	27. D	28. A	29. B	30. C
31. D	32. A	33. C	34. A	35. D	36. B	37. B	38. B	39. D	40. A
41. B	42. A	43. A	44. A	45. C	46. B	47. D	48. B	49. B	

二、判断题

1. ×	2. √	3. ×	4. ×	5. √	6. √	7. ×	8. √	9. ×	10. √
11. √	12. √	13. ×	14. √	15. √	16. √	17. √	18. √	19. √	20. √
21. ×	22. √	23. √	24. √	25. √	26. √	27. √	28. √	29. ×	30. ×
31. √	32. √	33. √	34. √	35. √	36. √	37. √	38. ×	39. √	40. √
41. ×	42. √	43. √	44. √	45. √	46. √	47. √	48. √	49. √	

第十二单元　白酒、果酒和黄酒检验

学习目标

（1）熟练掌握酒中酒精度、干浸出物、甲醇测定时样液的制备、抽样及组批。

（2）熟练掌握 pH 计、分光光度计的基础知识及使用。

（3）熟练掌握白酒、葡萄酒、饮料酒的感官、标签、净含量检验。

（4）熟练掌握白酒、果酒、黄酒中酒精度、甲醇、总酸、pH、固形物、浸出物、非糖固形物的测定。

考核要点

考核类别	考核范围	考 核 点	重要程度
检验前的准备	专业样品制备	测定酒中酒精度试样液的制备	★★★
		制备测酒精度试样的注意事项	★★★
		测酒中干浸出物试样的制备	★★★
		比色法测定酒中甲醇试样的制备	★★★
		白酒的组批	★★★
		白酒的抽样	★★★

考核类别	考核范围	考 核 点	重要程度
检验前的准备	专业检验仪器	pH 计的基本知识	★★★
		pH 计的使用注意事项	★★★
		pH 计电极的选用	★★★
		分光光度计的基本知识	★★★
		分光光度计的使用及注意事项	★★★
检验	感官、标签、净含量检验	白酒品酒环境	★★★
		白酒的感官评定	★★★
		饮料酒的净含量	★★★
		饮料酒的配料清单	★★★
		饮料酒的日期标示	★★★
		饮料酒的强制标识内容	★★★
		饮料酒的非强制标识内容	★★★
		葡萄酒的感官评定	★★★
		黄酒的感官要求	★★★
		白酒产品判定规则	★★★
		白酒的产品标示	★★★
		白酒的储存运输	★★★
		品评白酒时样品的准备	★★★
		白酒出厂检验项目	★★★
		白酒出厂检验要求	★★★
	理化检验	密度瓶法测定酒精度的原理	★★★
		密度瓶法测白酒酒精度使用的仪器	★★★
		比色法测定葡萄酒、果酒中甲醇的分析步骤	★★★
		密度瓶法测定白酒酒精度的分析步骤	★★★
		密度瓶法测定白酒酒精度的结果计算	★★★
		密度瓶法测定白酒酒精度的注意事项	★★★
		酒精计法测定白酒酒精度的原理	★★★
		酒精计法测定白酒酒精度的分析步骤	★★★
		酒精计法测定白酒酒精度的注意事项	★★★
		测葡萄酒、果酒酒精度的注意事项	★★★
		测黄酒酒精度的注意事项	★★★
		试剂法测定白酒中总酸的原理	★★★
		白酒中总酸的分析步骤	★★★
		测定白酒中总酸的结果处理	★★★
		测定白酒中总酸的注意事项	★★★

考核类别	考核范围	考 核 点	重要程度
检验	理化检验	葡萄酒、果酒中总酸的测定原理	★★★
		葡萄酒、果酒中总酸的测定方法	★★★
		测定葡萄酒、果酒中总酸的结果处理	★★★
		测定葡萄酒、果酒中总酸的注意事项	★★★
		黄酒中总酸的分析步骤	★★★
		测定黄酒中总酸的注意事项	★★★
		黄酒 pH 的测定原理	★★★
		测定黄酒 pH 时 pH 计的校正	★★★
		黄酒 pH 的测定步骤	★★★
		黄酒 pH 测定的注意事项	★★★
		白酒中固形物的测定原理	★★★
		酒中固形物的测定使用仪器	★★★
		酒中固形物的分析步骤	★★★
		酒中固形物的测定注意事项	★★★
		葡萄酒、果酒中干浸出物的测定原理	★★★
		葡萄酒、果酒中干浸出物的测定使用仪器	★★★
		测葡萄酒、果酒中干浸出物时试样的制备	★★★
		葡萄酒、果酒中干浸出物的测定步骤	★★★
		葡萄酒、果酒中干浸出物的测定注意事项	★★★
		黄酒中非糖固形物的测定原理	★★★
		黄酒中非糖固形物的测定使用仪器	★★★
		黄酒中非糖固形物的测定步骤	★★★
		黄酒中非糖固形物的测定注意事项	★★★
		比色法测葡萄酒、果酒中甲醇的原理	★★★
		比色法测葡萄酒、果酒中甲醇时所用仪器	★★★

➡ 考点导航

一、专业样品制备

1. 测定酒中酒精度及甲醇试样液的制备

用一只洁净、干燥的 100 mL 容量瓶,准确量取样品(液温 20 ℃) 100 mL 于 500 mL 的蒸馏瓶中,用 50 mL 的水分 3 次冲洗容量瓶,洗液并入蒸馏瓶中,加几颗沸石(或玻璃珠),连接蛇形冷凝管,以取样用的原容量瓶做接收器(外加冰浴),开启冷却水(冷却水温宜低于 15 ℃),缓慢加热蒸馏(沸腾后蒸馏时间应控制在 30~40 min 内),收集馏出液,当接近刻度时,取下容量瓶,盖塞,于 20 ℃的水浴中保温 30 min,再补加水至刻度,混匀,备用。

2.测酒中干浸出物时试样的制备

用 100 mL 的容量瓶量取 100 mL 样品（液温 20 ℃），倒入 200 mL 的瓷蒸发皿中，于水浴上蒸发至约为原体积的 1/3 取下，冷却后，将残液小心地移入原容量瓶中，用水多次荡洗蒸发皿，洗液并入容量瓶中，于 20 ℃定容至刻度。

3.白酒的组批、抽样

每次经过勾兑、灌装、包装后的质量、品种、规格相同的产品为一批。

采样后应立即贴上标签，注明样品名称、品种规格、数量、制造者名称、采样时间与地点、采样人。采样后，将样品分为两份：一份样品封存，保留 1 个月备查；另一份立即送化验室，进行感官、理化和卫生检验。

二、专业仪器

1. pH 计（又称酸度计）

（1）原理。

pH 计的原理是基于参比电极和指示电极组成的化学原电池的电动势与溶液的氢离子浓度有关，甘汞电极的电极电位不随溶液 pH 变化，指示电极的电极电位随 pH 变化而变化。

pH 计的主体是一个精密电位计，同时还有参比电极和指示电极。常用指示电极为玻璃电极，pH 玻璃电极膜电位的产生是由于溶液中 H^+ 和玻璃膜水合层中 H^+ 的交换作用。

（2）使用及注意事项。

① 在使用 pH 计测定食品溶液的 pH 时，使用前一般需要开机预热 30 min。

② pH 玻璃电极使用前应在蒸馏水中浸泡 24 h 以上，目的在于活化电极。

③ 测定溶液的 pH 时，要求饱和甘汞电极端部略低于 pH 玻璃电极端部。

④ 用 pH 计测定溶液的 pH 时，"定位"操作的作用是消除电极常数不一致造成的影响。

⑤ 用 pH 计测定溶液的 pH 时，选用温度补偿应设定为被测溶液的温度。

2.分光光度计

分光光度计的基本部件为光源、单色器、吸收池和检测系统。控制波长纯度的元件是棱镜 + 狭缝。

朗伯－比尔定律：当一束平行单色光通过含有吸光物质的稀溶液时，溶液的吸光度与吸光物质的浓度及液层厚度的乘积成正比，即

$$A = Ecl$$

式中　A——吸光度，与透光度的关系为 $A = \log T$；

　　　c——浓度；

　　　l——液层厚度，cm；

　　　E——摩尔吸光系数，与溶质的性质有关，E 越大说明该物质对某波长光的吸收能力越
　　　　　　强，灵敏度越高。

吸收池由透明、厚度均匀、能耐腐蚀的光学玻璃或石英制成，使用前后应彻底清洗，使用前用擦镜纸擦干净比色皿的透光面，用手指捏住比色皿的毛面。

三、感官、标签、净含量检验

1.白酒的感官评定及品酒环境

白酒的感官评定是指评酒者通过眼、耳、口等感觉器官，对白酒样品的色泽、香气、口味及

风格特征的分析评价。

白酒品酒室要求光线充足、柔和、适宜,温度为 20～25 ℃,湿度约为 60%。恒温恒湿,空气新鲜,无香气及邪杂气味。

2. 饮料酒净含量、配料清单、日期标示强制标识内容及非强制标识内容

预包装饮料酒标签中净含量的标示应由净含量、数字和法定计量单位组成。饮料酒预包装标签中净含量应与酒名称排在包装物或容器的同一展示版面。饮料酒的同一预包装内如果含有独立的几件相同的小包装,在标示小包装净含量的同时,还应标示大包装的数量或件数。

饮料酒标签中配料清单的标示内容包括原料、辅料和添加剂。酒精度低于 10% 的饮料酒应清晰地标示包装(灌装)日期和保质期,也可以附加标示保存期,日期的标示应按年、月、日顺序。

强制标识内容:酒名称;配料清单;酒精度;原麦汁、原果汁含量;制造者、经销者的名称和地址、联系方式;日期标示、储存条件;净含量;产品标准号;质量等级;食品产地;警示语;生产许可证编号及标志;产品类型。

3. 葡萄酒的感官评定

葡萄酒的感官评定是指对葡萄酒的色泽、香气、滋味及典型性等感官特性进行检查与分析评定。

4. 黄酒的感官要求

一级和优级黄酒外观要求:橙黄色至深褐色,清亮透明,有光泽,允许瓶底有微量聚集物。

5. 白酒产品判定规则

白酒检验时若检验结果有不超过两项不符合相应的产品标准要求,应重新自同批样品中抽取两倍量样品进行复检,以复检结果为准;若产品标签上标注为"优级"品,复检结果仍有一项理化指标不符合"优级",但符合"一级"指标要求,可按"一级"判定为合格;若复检结果卫生指标不符合要求,则判该批产品为不合格;当供需双方对检验结果有异议时,以仲裁检验结果为准或由有关各方协商解决。

成品白酒应储存在干燥、通风、阴凉和清洁的库房中,库内温度宜保持在 10～25 ℃。

6. 白酒的品评

白酒品评前先将样品放置于(20±2)℃环境下平衡 24 h [或在(20±2)℃水浴中保温 1 h],秘密标记后进行感官评定。

7. 白酒的出厂检验要求、产品标示及检验项目

白酒产品出厂前,应由生产厂家的质检部门按标准规定逐批进行检验,检验合格并附质量合格证方可出厂。

白酒外包装纸箱上除标明产品名称、制造者名称和地址外,还应标明单位包装的净含量和总数量。白酒出厂检验项目有感官要求、酒精度、甲醇、杂醇油、总酸、总酯、固形物、香型特征指标、净含量及标签。

四、理化检验

1. 密度瓶法测定白酒的酒精度

密度瓶法测酒精度的原理:以蒸馏法去除样品中的不挥发性物质,用密度瓶法测定馏出液的密度。根据馏出液的密度,查相应附录得 20 ℃时乙醇的体积分数,即酒精度,用%(vol)表示。

仪器:分析天平、全玻璃蒸馏器、恒温水浴、附温度计密度瓶、干燥箱、容量瓶等。

分析步骤：将密度瓶洗净，反复烘干、称重，直至恒重（m）。

取下带温度计的瓶塞，用煮沸冷却至 15 ℃ 的水将已恒重的密度瓶注满，插上带温度计的瓶塞（瓶中不得有气泡），立即浸入（20 ± 0.1）℃ 的恒温水浴中，待内容物温度达 20 ℃ 并保持 20 min 不变后，用滤纸快速吸去溢出侧管的液体，立即盖好侧支上的小罩，取出密度瓶，用滤纸擦干瓶外壁上的水液，立即称量（m_1）。将水倒出，先用无水乙醇，再用乙醚冲洗密度瓶，吹干（或于烘箱中烘干），用试样液反复冲洗密度瓶 3～5 次，然后装满。重复上述操作，称重（m_2）。

试样液（20 ℃）的相对密度按下式计算：

$$d_{20}^{20}=\frac{m_2-m}{m_1-m}$$

2. 酒精计法测定白酒的酒精度

测定原理：用精密酒精计读取酒精体积分数示值，按相应附录表进行温度校正，求得在 20 ℃ 时乙醇含量的体积分数，即为酒精度。

仪器：精密酒精计［分度值为 0.1%（vol）］、温度计、量筒。

分析步骤：将试样液注入洁净、干燥的 100 mL 的量筒中，静置数分钟，待酒中气泡消失后，放入洁净、擦干的酒精计，再轻轻按一下，不应接触量筒壁，同时插入温度计，平衡约 5 min，水平观测，读取与弯月面相切处的刻度示值，同时记录温度。根据测得的酒精计示值和温度，换算成 20 ℃ 时样品的酒精度。

在重复条件下获得的两次独立测定结果的绝对差值，不应超过平均值的 0.5%。

3. 比色法测定葡萄酒、果酒中的甲醇

原理：甲醇经氧化成甲醛后，与品红-亚硫酸作用生成蓝紫色化合物，于波长 590 nm 处测吸光度，绘制标准曲线与标准系列比较定量。

试样的制备：用一只洁净、干燥的 100 mL 的容量瓶准确量取 100 mL 样品（液温 20 ℃）于 500 mL 的蒸馏瓶中，用 50 mL 水分 3 次冲洗容量瓶，洗液并入蒸馏瓶中，再加几颗玻璃珠，连接冷凝器，以取样用的原容量瓶做接收器（外加冰浴）。开启冷却水，缓慢加热蒸馏。收集馏出液接近刻度，取下容量瓶，盖塞。于 20 ℃ 水浴中保温 30 min，补加水至刻度，混匀，备用。

用比色法测葡萄酒、果酒中甲醇时于样品管及试管中加试剂的顺序依次是：高锰酸钾-磷酸溶液、草酸-硫酸溶液、品红-亚硫酸溶液。

4. 试剂法测定白酒中的总酸

原理：以酚酞为指示剂，采用氢氧化钠溶液进行中和滴定。

分析步骤：吸取样品 50 mL 于 250 mL 的锥形瓶中，加入酚酞指示剂 2 滴，以氢氧化钠标准溶液滴至微红色，即为其终点。

计算公式：

$$X=\frac{60cV}{50.0}$$

式中　X——总酸含量；

　　　c——氢氧化钠标准溶液的浓度；

　　　V——氢氧化钠标准溶液的体积。

5. 电位滴定法测葡萄酒、果酒中的总酸

测定原理：利用酸碱中和原理，用氢氧化钠标准溶液直接滴定样品中的有机酸，以 pH=8.2 为电位滴定终点，根据消耗氢氧化钠标准溶液的体积，计算试样的总酸含量。

仪器：自动电位滴定仪（或酸度计，精度 0.01，附电磁搅拌器）、恒温水浴、烧杯。

计算公式:

$$X = \frac{75c(V_1 - V_0)}{V_2}$$

式中　X——总酸含量;

　　　c——氢氧化钠标准溶液的浓度;

　　　V_0——空白试验消耗氢氧化钠标准溶液的体积;

　　　V_1——样品滴定消耗氢氧化钠标准溶液的体积;

　　　V_2——吸取样品的体积。

注意:开始时滴定速度可稍快,当样液 pH=8.0 后,放慢滴定速度,每次滴加半滴溶液直至 pH=8.2 为其终点;所得结果表示至一位小数;在重复条件下获得的两次独立测定结果的绝对差值不得超过算术平均值的 3%。

6. 黄酒 pH 的测定

原理:玻璃电极和甘汞电极浸入试样溶液中,构成一个原电池。两极间的电动势与溶液的 pH 有关,通过测量原电池的电动势,即可得到试样溶液的 pH。

这种方法属于仪器分析方法,所使用的仪器是酸度计(精度为 0.01)。

注意事项:用 pH 计测 pH 时,最后需要将试液的 pH 稳定 1 min;对电极的洗涤要求为先用水冲洗,再用试液洗涤两次。

7. 白酒中固形物的测定

原理:白酒经蒸发、烘干后,不挥发性物质残留于皿中,用称量法测定。

仪器:电热恒温干燥箱(控温精度 ±2 ℃)、分析天平(感量 0.1 mg)、瓷蒸发皿(100 mL)、干燥器(用变色硅胶做干燥剂)。

分析步骤:吸取样品 50.0 mL,注入已烘干至恒重的 100 mL 瓷蒸发皿内,置于沸水浴上,蒸发至干,然后将蒸发皿放入(103±2)℃的电热干燥箱内烘 2 h,取出,置于干燥器内 30 min,称量,再放入(103±2)℃的电热恒温干燥箱内烘 1 h,取出,置于干燥器内 30 min,称量。重复上述操作,直至恒重。

8. 葡萄酒、果酒中干浸出物的测定

原理:用密度瓶法测定样品或蒸出酒精后的样品的密度,然后用其密度值查表,求得总浸出物的含量。再从中减去总糖的含量,即得干浸出物的含量。

仪器:瓷蒸发皿(200 mL)、恒温水浴(精度为 ±0.1 ℃)、附温度计的密度瓶(25 mL 或 50 mL)、容量瓶(100 mL)。

试样的制备:用 100 mL 的容量瓶量取 100 mL 样品(液温 20 ℃),倒入 200 mL 的瓷蒸发皿中,于水浴上蒸发至约为原体积的 1/3(目的是去除醇类物质),取下,冷却后,将残液小心地移入原容量瓶中,用水多次荡洗蒸发皿,洗液并入容量瓶中,于 20 ℃定容至刻度。

测定步骤:① 确定洁净、干燥的密度瓶的恒重;② 测量 20 ℃时密度瓶与蒸馏水的质量;③ 测量 20 ℃时密度瓶与试样的质量。

9. 黄酒中非糖固形物的测定

原理:试样经 100～105 ℃加热,其中的水分、乙醇等可挥发性物质被蒸发,剩余的残留物即为固形物。固形物减去总糖即为非糖固形物。

仪器:分析天平(感量 0.000 1 g)、电热恒温干燥箱(温控 ±1 ℃)、干燥器(内装有效干燥剂)。

步骤:吸取试样 5 mL 于已知干燥至恒重的蒸发皿(或称量瓶)中,放入(103±2)℃的电热恒温干燥箱中烘干 4 h,取出称量,至恒重。

注意事项:干、半干黄酒直接取样;半甜黄酒稀释 1～2 倍后取样;甜黄酒稀释 2～6 倍后取样。非糖固形物的单位为 g/L。

仿真训练

一、单项选择题(请将正确选项的代号填入题内的括号中)

1. 制备测酒精度的试样时,量取样品的温度是( )。
   A. 15 ℃   B. 20 ℃   C. 25 ℃   D. 30 ℃

2. 制备测酒精度的试样时,收集馏出液的容器为( )。
   A. 量筒   B. 容量瓶   C. 烧杯   D. 锥形瓶

3. 测葡萄酒、果酒中干浸出物的含量所用试样液的制备过程中,用以量取样品的容器是( )。
   A. 量筒   B. 容量瓶   C. 烧杯   D. 三角瓶

4. 比色法测果酒中甲醇含量所用试样的制备过程中,量取样品的温度是( )。
   A. 15 ℃   B. 20 ℃   C. 25 ℃   D. 30 ℃

5. 在 GB/T 10346—2006 中,白酒的合理组批原则为:每次经过勾兑、灌装、包装后的,( )相同的产品为一批。
   A. 质量、数量、风格   B. 质量、品种、数量   C. 规格、品种、品质   D. 质量、品种、规格

6. 在 GB/T 10346—2006 中,( )不是采样标签上应标注的内容。
   A. 采样人   B. 采样时间与地点   C. 数量   D. 保管方式

7. 用 pH 计测定溶液的 pH 时,甘汞电极( )。
   A. 电极电位不随溶液的 pH 变化   B. 通过的电极电流始终相同
   C. 电极电位随溶液的 pH 变化   D. 电极电位始终在变

8. pH 玻璃电极使用前应在( )中浸泡 24 h 以上。
   A. 蒸馏水   B. 酒精   C. 浓 NaOH 溶液   D. 浓 HCl 溶液

9. pH 计组成中不可缺少的是( )。
   A. 精密电流计、电极   B. 精密 pH 计、电极   C. 精密电阻计、电极   D. 精密电位计、电极

10. 分光光度计控制波长纯度的元件是( )。
    A. 棱镜 + 狭缝   B. 光栅   C. 狭缝   D. 棱镜

11. 在分光光度测定中,下述操作中正确的是( )。
    A. 比色皿外壁有水珠   B. 手捏比色皿的磨光面
    C. 手捏比色皿的毛面   D. 用报纸去擦比色皿外壁的水

12. 白酒品酒室要求光线充足、柔和、适宜,温度为( ),湿度约为 60%。
    A. 10～15 ℃   B. 15～20 ℃   C. 20～25 ℃   D. 25～30 ℃

13. 白酒的感官评定是指评酒者通过眼、耳、口等感觉器官,对白酒样品的( )的分析评价。
    A. 酒度、等级、口味及风格特征   B. 香型、香气、口味及风格特征
    C. 色泽、香气、口味及风格特征   D. 香型、等级、口味及风格特征

14. 饮料酒标签中净含量一般用体积表示,单位是( )。
    A. 毫升(mL)   B. 升(L)   C. 立方分米   D. 毫升(mL)或升(L)

15. 饮料酒标签中配料清单的标示内容包括(　　　)。
    A. 原料　　　　　　　　　　　　B. 原料和辅料
    C. 原料、辅料和添加剂　　　　　D. 原料、辅料、添加剂和加工助剂

16. 饮料酒标签日期的标示应按(　　　)顺序。
    A. 月、日、年　　B. 年、日、月　　C. 日、月、年　　D. 年、月、日

17. 下列各项中(　　　)不属于饮料酒标签的强制标示内容。
    A. 酒的名称　　B. 净含量　　C. 配料清单　　D. 产品类型

18. 饮料酒的非强制标示的内容包括(　　　)。
    A. 产品类型　　B. 配料清单　　C. 酒精含量　　D. 净含量

19. 葡萄酒、果酒感官测定包括色泽、香气、滋味及(　　　)等感官特性的检查评定。
    A. 风格　　B. 口感　　C. 等级　　D. 典型性

20. 一级和优级黄酒外观要求:橙黄色至深褐色,清亮透明,有光泽,(　　　)。
    A. 不允许瓶底有微量聚集物　　　　B. 不允许瓶底有沉淀物
    C. 允许瓶底有微量聚集物　　　　　D. 允许瓶底有大量聚集物

21. 白酒检验时,若产品标签上标注为"优级"品,复检结果仍有一项理化指标不符合"优级",但符合"一级"指标要求,可按(　　　)。
    A. "优级"判定为不合格　　　　　B. "一级"判定为合格
    C. "一级"判定为不合格　　　　　D. "二级"判定为合格

22. 白酒外包装纸箱上除标明(　　　)外,还应标明单位包装的净含量和总数量。
    A. 产品名称、制造者名称　　　　　B. 产品名称、制造者名称和地址
    C. 制造者名称和地址　　　　　　　D. 产品名称和地址

23. 成品白酒应储存在干燥、通风、阴凉和清洁的库房中,库内温度宜保持在(　　　)。
    A. 5～25 ℃　　B. 10～25 ℃　　C. 0～25 ℃　　D. 20～25 ℃

24. 白酒品评前应先将样品放置于(20±2) ℃的环境下平衡(　　　),采取密码标记后进行感官评定。
    A. 12 h　　B. 14 h　　C. 22 h　　D. 24 h

25. 下列各项中(　　　)不是白酒出厂检验项目。
    A. 香型特征指标　　B. 感官要求　　C. 净含量　　D. 卫生指标

26. 白酒产品出厂前,应由生产厂家的质检部门按标准规定(　　　),方可出厂。
    A. 逐批进行检验,检验合格,并附质量合格证
    B. 定期进行检验,检验合格,并附等级证书
    C. 不定期进行检验,检验合格,并附质量合格证
    D. 逐箱进行检验,检验合格,并附等级证书

27. 采用密度瓶法测酒精度时用(　　　)除去样品中的不挥发性物质。
    A. 蒸馏法　　B. 蒸发法　　C. 精馏法　　D. 萃取法

28. 采用密度瓶法测酒精度时恒温水浴的作用是(　　　)。
    A. 蒸馏时冷却馏出液　　　　　　B. 蒸馏时冷凝酒精蒸气
    C. 使要称量的试样液和水保持一定的温度　　D. 使样品保持恒定温度

29. 采用比色法测葡萄酒中甲醇时所用主要仪器是(　　　)。
    A. 分光光度计　　B. 气相色谱仪　　C. 液相色谱仪　　D. 电磁振荡器

30. 测样品的酒精度时,装入密度瓶的试样液要求( )。
    A. 冷却至 15 ℃左右　　　　　　　　B. 冷却至 20 ℃左右
    C. 煮沸并冷却至 15 ℃左右　　　　　D. 煮沸并冷却至 20 ℃左右

31. 测白酒的相对密度公式 $d_{20}^{20} = (m_2-m)/(m_1-m)$ 中 m 表示( )。
    A. 试样液的质量　　B. 密度瓶的质量　　C. 水的质量　　　　D. 酒样的质量

32. 测酒精度时装入密度瓶的水应该是( )的水。
    A. 煮沸并冷却到 15 ℃　　　　　　　B. 煮沸并冷却到 20 ℃
    C. 冷却到 15 ℃　　　　　　　　　　D. 冷却到 20 ℃

33. 酒精计法测酒精度的原理为:用精密酒精计读取酒精( )示值,按附录表进行温度校正,求得在 20 ℃时乙醇含量的体积分数,即为酒精度。
    A. 体积分数　　　　　　　　　　　　B. 质量分数
    C. 体积分数或质量分数　　　　　　　D. 体积分数或摩尔分数

34. 酒精计法测白酒酒精度过程中,盛取试样液的容器是( )。
    A. 用蒸馏水洗净的量筒　　　　　　　B. 用蒸馏水洗净的烧杯
    C. 洁净、干燥的烧杯　　　　　　　　D. 洁净、干燥的量筒

35. 用酒精计法测酒精度的最终结果是由( )通过附录查得的。
    A. 测得的酒精计示值　　　　　　　　B. 测得的酒精计示值和体积
    C. 测得的酒精计示值和温度　　　　　D. 测得的酒精体积和温度

36. 葡萄酒、果酒酒精度的测定中,所用酒精计的分度值为( )。
    A. 0.01　　　　　　B. 0.02　　　　　　C. 0.1　　　　　　D. 0.2

37. 下列各项中( )不是酒精计测定黄酒中的酒精所用仪器。
    A. 温度计　　　　　B. 酒精计　　　　　C. 密度瓶　　　　　D. 量筒

38. 用试剂法测定白酒中的总酸是以酚酞为指示剂,采用( )溶液进行中和滴定。
    A. 氢氧化钠　　　　B. 盐酸　　　　　　C. 碳酸钠　　　　　D. 氢氧化钾

39. 白酒中总酸的测定步骤是:吸取样品 50 mL 于 250 mL 的锥形瓶中,加入酚酞指示剂 2 滴,以氢氧化钠标准溶液滴至( ),即为其终点。
    A. 无色　　　　　　B. 红色　　　　　　C. 黄色　　　　　　D. 微红色

40. 白酒中总酸含量计算公式 $X = 60cV/50.0$ 中 50.0 表示( ),单位为 mL。
    A. 氢氧化钠标准溶液的体积　　　　　B. 吸取样品的体积
    C. 加入烧杯中水的体积　　　　　　　D. 消耗的氢氧化钠标准溶液的体积

41. 白酒中的有机酸通常采用氢氧化钠标准溶液进行定量分析,该方法属于( )。
    A. 酸碱滴定法　　　B. 络合滴定法　　　C. 氧化还原滴定法　　D. 沉淀滴定法

42. 电位滴定法测定葡萄酒、果酒中的总酸是利用( )原理,用氢氧化钠标准溶液直接滴定样品中的有机酸,以 pH = 8.2 为电位滴定终点。
    A. 酸碱中和　　　　B. 电位变化　　　　C. 络合滴定　　　　D. 氧化还原反应

43. 电位滴定法测果酒中总酸所用仪器不包括( )。
    A. 电磁搅拌器　　　B. 自动电位滴定仪　　C. 电热恒温干燥箱　　D. 烧杯

44. 果酒样品中总酸的含量计算公式 $X = 75c(V_1 - V_0)/V_2$ 中 X 表示样品中总酸(以酒石酸计)的含量,单位为( )。
    A. g/L　　　　　　B. mg/L　　　　　　C. mol/L　　　　　　D. mmol/L

45. 采用电位滴定法测果酒中的总酸时,开始时滴定速度可稍快,当样液(　　)后放慢滴定速度,每次加半滴直至终点。

    A. pH = 8.0　　　　　B. pH = 8.5　　　　　C. pH = 10.0　　　　　D. pH = 3.0

46. 采用电位滴定法测黄酒中的(　　)时,pH = 8.2 为其滴定终点。

    A. 还原糖　　　　　B. 总糖　　　　　C. 总酸　　　　　D. 总酯

47. 测黄酒总酸所用的设备不包括(　　)。

    A. 自动电位滴定仪　　B. 磁力搅拌器　　C. 分析天平　　D. 蒸馏设备

48. 测黄酒中 pH 的原理:将玻璃电极和甘汞电极浸入(　　)中,构成一个原电池。

    A. 水　　　　　B. 试样溶液　　　　　C. 标准溶液　　　　　D. 蒸馏水

49. pH 计的玻璃电极在使用前一定要在蒸馏水中浸泡 24 h,目的在于(　　)。

    A. 活化电极　　　　B. 清洗电极　　　　C. 校正电极　　　　D. 检查电极好坏

50. 用 pH 计测试液 pH 时需先用水冲洗电极,再用(　　)洗涤,然后擦干。

    A. 样品　　　　　B. 试液　　　　　C. 标准溶液　　　　　D. 蒸馏水

51. 黄酒中 pH 的测定是将玻璃电极和甘汞电极同时浸入试样溶液中进行的,这种方法属于(　　)方法。

    A. 仪器分析　　　　B. 化学分析　　　　C. 感官分析　　　　D. 滴定分析

52. 白酒中固形物含量的测定原理:白酒经(　　)、烘干后,不挥发性物质残留于器皿中,用称量法测定。

    A. 蒸发　　　　　B. 加热　　　　　C. 蒸馏　　　　　D. 干燥

53. 测白酒中固形物含量时,将烘干后的蒸发皿放在干燥器中的主要作用是(　　)。

    A. 干燥　　　　　B. 蒸发　　　　　C. 冷却　　　　　D. 加热

54. 测白酒中的固形物时,需将装有样品的(　　)置于沸水浴中蒸干。

    A. 容量瓶　　　　　B. 瓷蒸发皿　　　　C. 烧杯　　　　　D. 称量瓶

55. 测白酒中的固形物时,将烘干后的蒸发皿置于(　　)内,冷却,再称量。

    A. 冷却器　　　　　B. 干燥器　　　　　C. 干燥箱　　　　　D. 冰水浴

56. 葡萄酒、果酒中干浸出物的含量是指(　　)的含量减去总糖的含量。

    A. 总浸出物　　　　B. 湿浸出物　　　　C. 可溶性物质　　　　D. 不溶性物质

57. 测葡萄酒中干浸出物时,恒温水浴的作用是(　　)。

    A. 蒸发掉部分挥发性物质　　　　　　B. 将样品蒸干

    C. 将样品保持一定温度　　　　　　　D. 加热

58. 测葡萄酒中干浸出物的含量所用试样的制备过程中,将装有样品的蒸发皿置于(　　)上蒸发至约为原体积的 1/3。

    A. 水浴　　　　　B. 恒温干燥箱　　　　C. 电炉　　　　　D. 真空干燥箱

59. 测葡萄酒、果酒中干浸出物的含量时,装入密度瓶的水是煮沸并冷却至(　　)的蒸馏水。

    A. 10 ℃　　　　　B. 15 ℃　　　　　C. 20 ℃　　　　　D. 25 ℃

60. 测葡萄酒中的干浸出物时,将样品蒸至 1/3 的主要作用是除去(　　)物质。

    A. 醇类　　　　　B. 大分子　　　　　C. 可溶性　　　　　D. 小分子

61. 测定黄酒中非糖固形物时,将试样加热的目的是蒸发其中的(　　)物质。

    A. 水分、乙醇等可挥发性　　　　　　B. 可溶性

    C. 糖类　　　　　　　　　　　　　　D. 不溶性

62. 下面所列仪器中（　　）是测黄酒中非糖固形物时所用仪器。

　　A. 密度瓶　　　　　B. 恒温水浴　　　　C. 马弗炉　　　　D. 蒸发皿

63. 测定黄酒中非糖固形物时，吸取试样于蒸发皿中，置于（　　）中烘干至恒重。

　　A. 水浴锅　　　　　B. 电炉　　　　　　C. 马弗炉　　　　D. 电热恒温干燥箱

64. 测定黄酒中的非糖固形物时，（　　）。

　　A. 直接取样　　　　　　　　　　　　B. 稀释 1～2 倍后，取样

　　C. 稀释 1～3 倍后，取样　　　　　　D. 稀释 2～6 倍后，取样

65. 用比色法测定葡萄酒中的甲醇原理为：甲醇经氧化成甲醛后，与（　　）作用生成蓝紫色化合物，与标准系列比较定量。

　　A. 高锰酸钾　　　　B. 品红 - 亚硫酸　　C. 磷酸　　　　　D. 硫酸

66. 用比色法测葡萄酒、果酒中的甲醇时，制备试样所用主要仪器是（　　）。

　　A. 三角瓶　　　　　B. 烧杯　　　　　　C. 蒸馏瓶　　　　D. 量筒

二、判断题（对的画"√"，错的画"×"）

（　　）1. 制备测酒精度的试样时，收集馏出液接近刻度，取下容量瓶，盖塞，于（20.0±0.1）℃水浴中保温 30 min，补加水分至刻度，混匀备用。

（　　）2. 制备测酒精度的试样时，用来接收馏出液的容器是洁净、干燥的 100 mL 量筒。

（　　）3. 测葡萄酒中干浸出物的含量所用试样的制备过程中，用于蒸发的设备是水浴锅。

（　　）4. 用比色法测果酒中甲醇含量所用试样的制备过程中，量取试样的温度是 20 ℃。

（　　）5. 在 GB/T 10346—2006 中，白酒的合理组批原则为：每次经过勾兑、包装后的，质量、品种、规格相似的产品为一批。

（　　）6. 在 GB/T 10346—2006 中，采样数量是采样标签上应标注的内容。

（　　）7. 测定 pH 的指示电极为甘汞电极。

（　　）8. 指示电极是指测量过程中其电极通过的电流随溶液浓度变化而变化的电极。

（　　）9. 用 pH 计测定溶液的 pH 时，甘汞电极的电极电位随溶液的 pH 变化。

（　　）10. 使用分光光度计时，为了消除吸收池不配套产生的测量误差，使用前应进行校准。

（　　）11. 比色分析时，需要将待测溶液加注比色皿高度的 1/2 处。

（　　）12. 白酒品酒室要求光线充足、柔和、适宜，温度为 20～25 ℃，湿度约为 60%，恒温恒湿，空气新鲜，无香气及邪杂气味。

（　　）13. 白酒的感官评定是指评酒者通过感觉器官和仪器分析，对白酒样品的色泽、香型、口味的分析评价。

（　　）14. 饮料酒预包装标签中净含量应与酒名称排在包装物或容器的同一展示版面。

（　　）15. 在酿酒或加工过程中加入的水和食用酒精在配料清单中可以不标示。

（　　）16. 酒精度低于 10% 的饮料酒应清晰地标示包装（灌装）日期和保质期，也可以附加标示保存期。

（　　）17. 配料清单、净含量、酒名称、酒精度等都属于饮料酒的强制标示内容。

（　　）18. "过度饮酒，有害健康""孕妇和儿童不宜饮酒"属于强制标示内容。

（　　）19. 葡萄酒的感官评定是指对葡萄酒的色泽、香气、滋味及典型性等感官特性进行检查与分析评定。

（　　）20. 一级和优级黄酒外观要求：橙黄色至深褐色，清亮透明，有光泽，不允许瓶底有聚

集物。

( ) 21. 白酒检验时,若检验结果有不超过两项不符合相应的产品标准要求,应重新自同批样品中抽取两倍量样品进行复检,以复检结果为准。

( ) 22. 白酒外包装纸箱上除标明产品名称、法人代表和地址外,还应标明单位包装的净含量和总数量。

( ) 23. 成品白酒在储存、运输时可与潮湿地面直接接触。

( ) 24. 白酒品评前先将样品放置于(20±2)℃环境下平衡 24 h [或在(20±2)℃水浴中保温 1 h],做秘密标记后进行感官评定。

( ) 25. 感官要求、净含量、香型特征指标、固形物等都属于白酒出厂检验项目。

( ) 26. 产品质量检验合格证可以放在包装箱内,或放在独立的包装盒内。

( ) 27. 用密度瓶法测酒精度的原理是:以蒸馏法去除样品中的不挥发性物质,用密度瓶法测定馏出液的密度。根据馏出液的密度,查相应附录求得 20 ℃时乙醇的体积分数,即酒精度,用%(vol)表示。

( ) 28. 密度瓶法测酒精度时所用仪器主要有分析天平、全玻璃蒸馏器、恒温水浴、附温度计密度瓶等。

( ) 29. 用比色法测葡萄酒、果酒中甲醇时于样品管及试管中加试剂的顺序依次是:高锰酸钾 - 磷酸溶液、草酸 - 硫酸溶液、品红 - 亚硫酸溶液。

( ) 30. 测样品酒精度时,装入密度瓶的试样液要求冷却至 25 ℃左右。

( ) 31. 白酒试样液的相对密度计算公式 $d_{20}^{20} = (m_2 - m) / (m_1 - m)$ 中 m_2 表示密度瓶和试样液的质量,单位为克。

( ) 32. 用蒸馏法制备含酒精的试样液时,冷却水的温度宜低于 15 ℃。

( ) 33. 用酒精计法测酒精度的原理为:用精密酒精计读取酒精体积分数示值,按相应附录表进行温度校正,求得在 20 ℃时乙醇的体积分数,即为酒精度。

( ) 34. 用酒精计法测酒精度时样品不需要蒸馏。

( ) 35. 酒精计法测酒精度时所用仪器主要有酒精计、温度计和量筒。

( ) 36. 温度计是酒精计法测酒精度必用的仪器。

( ) 37. 测定黄酒酒精度时,应将样品先进行蒸馏处理。

( ) 38. 白酒中总酸的测定是以酚酞为指示剂,用碳酸钠溶液进行中和滴定。

( ) 39. 用试剂法测白酒中的总酸时,所用指示剂为酚酞溶液。

( ) 40. 白酒中总酸含量计算公式是 $X = 60 \, cV / 50.0$。

( ) 41. 白酒中有机酸的测定过程中,用于装样品的容器是锥形瓶。

( ) 42. 电位滴定法测果酒中的总酸是利用酸碱中和原理,溶液变为微红色为电位滴定终点。

( ) 43. 电位滴定法测葡萄酒中总酸时,是通过指示剂颜色的变化来判断滴定终点的。

( ) 44. 测果酒中总酸的精密度要求:在重复条件下获得的两次独立测定结果的绝对差值不得超过算术平均值的 3%。

( ) 45. 用电位滴定法测葡萄酒、果酒中的总酸时,需同时做空白试验。

( ) 46. 用电位滴定法测黄酒中总酸时,pH = 8.2 为其滴定终点。

( ) 47. 用电位滴定法测黄酒中总酸时,滴定终点是根据 pH 变化来判断的。

( ) 48. 测黄酒中 pH 的原理:将玻璃电极和甘汞电极浸入试样溶液中,构成一个原电池。

两极间的电动势与溶液的 pH 有关,通过测量原电池的电动势,即可得到试样溶液的 pH。

( ) 49. pH 计定位时,应选用一种与被测水样 pH 接近的标准缓冲溶液重复定位 1～2 次,再用另外两种缓冲溶液进行复定位。

( ) 50. 用 pH 计测 pH 时,需要将试液的温度调整为(15±1) ℃。

( ) 51. 测黄酒的 pH 时,可将试液温度调成(25±1) ℃,直接测定,也可在室温下测定,换算成 25 ℃时的 pH。

( ) 52. 白酒中固形物含量的测定原理:白酒经干燥箱蒸干后,不溶性物质残留于器皿中,用称量法测定。

( ) 53. 在白酒中固形物含量的测定过程中,将烘干的蒸发皿放在干燥器中的主要作用是冷却。

( ) 54. 测白酒中固形物含量时,将蒸干后的蒸发皿置于(103±2) ℃的电热恒温干燥箱内烘干,重复操作,直至恒重。

( ) 55. 白酒中固形物的含量最终计算结果单位是 g/L。

( ) 56. 葡萄酒、果酒中干浸出物的含量是指总浸出物的含量减去总糖的含量。

( ) 57. 瓷蒸发皿是测葡萄酒中干浸出物时所用仪器。

( ) 58. 测葡萄酒中干浸出物的含量所用试样的制备过程中,需将装有样品的蒸发皿置于水浴上蒸至样品约为原体积的 1/3。

( ) 59. 在测定果酒中干浸出物含量的过程中,称量试样的温度是 25 ℃。

( ) 60. 测葡萄酒中干浸出物时,其试样可以使用测酒精度时蒸出酒精后的残液。

( ) 61. 测定黄酒中非糖固形物的方法是:试样经加热蒸发,剩余的残留物即为非糖固形物。

( ) 62. 测黄酒中非糖固形物时,应先将试样置于恒温水浴上蒸干,再在电热恒温干燥箱中烘干至恒重。

( ) 63. 测黄酒中非糖固形物时,可以用称量瓶代替蒸发皿作为蒸发试样的容器。

( ) 64. 测黄酒中非糖固形物含量时,直接将装有试样的蒸发皿放入电热恒温干燥箱中烘干。

( ) 65. 比色法测定葡萄酒中甲醇的原理:甲醇经氧化成甲醛后,与品红-亚硫酸作用生成蓝紫色化合物,与标准系列比较定量。

( ) 66. 比色法测葡萄酒、果酒中甲醇时制备的试样的温度是 20 ℃。

参考答案

一、单项选择题

1. B	2. B	3. B	4. B	5. D	6. D	7. A	8. A	9. D	10. A
11. C	12. C	13. C	14. D	15. C	16. D	17. D	18. A	19. D	20. C
21. B	22. B	23. B	24. D	25. D	26. A	27. A	28. C	29. A	30. A
31. B	32. A	33. A	34. D	35. C	36. A	37. C	38. A	39. D	40. B
41. A	42. A	43. C	44. A	45. A	46. C	47. D	48. B	49. A	50. B
51. A	52. B	53. C	54. B	55. B	56. A	57. A	58. A	59. B	60. A

61. A　62. D　63. D　64. D　65. B　66. B

二、判断题

1. √	2. ×	3. √	4. √	5. ×	6. √	7. ×	8. √	9. √	10. √
11. ×	12. √	13. ×	14. √	15. ×	16. √	17. √	18. ×	19. √	20. ×
21. √	22. ×	23. √	24. √	25. √	26. √	27. √	28. √	29. √	30. ×
31. √	32. √	33. √	34. ×	35. √	36. √	37. √	38. √	39. √	40. √
41. √	42. ×	43. √	44. √	45. √	46. √	47. √	48. √	49. √	50. √
51. √	52. ×	53. √	54. √	55. √	56. √	57. √	58. √	59. ×	60. √
61. ×	62. ×	63. √	64. √	65. √	66. √				

第十三单元　啤酒检验

▷ 学习目标

（1）掌握啤酒检验的样品制备知识。
（2）掌握啤酒检验专业仪器知识。
（3）掌握啤酒的感官检验、理化检验和标签检验知识。

▷ 考核要点

考核类别	考核范围	考　核　点	重要程度
检验前的准备	专业样品制备	啤酒理化分析用样制备方法	★★
		啤酒理化分析用样保存方法	★★
		啤酒微生物分析用样制备方法	★★
		啤酒抽样方法	★★
		啤酒抽样注意事项	★★
	专业检验仪器	pH 计的校正方法	★★
		可见分光光度计的使用方法	★★
		浊度计的校正方法	★★
		二氧化碳测定仪的使用注意事项	★★
		电极的分类选用	★★
检验	感官检验	啤酒感官检验方法	★★
		啤酒感官检验注意事项	★★
		淡色啤酒感官要求	★★
		浓色啤酒感官要求	★
		感官要求检验项目	★
		浊度的测定方法	★★
		浊度测定注意事项	★★

续表

考核类别	考核范围	考 核 点	重要程度
检验	感官检验	啤酒泡持性测定	★★
		啤酒的定义	★★
		生啤酒的定义	★★
		鲜啤酒的定义	★★
		干啤酒的定义	★★
		冰啤酒的定义	★★
		果蔬类啤酒的定义	★★
	理化检验	指示剂法啤酒总酸测定的原理	★★
		电位滴定法啤酒总酸测定的原理	★★
		电位滴定法啤酒总酸测定注意事项	★★
		电位滴定法啤酒总酸测定过程	★★
		指示剂法啤酒总酸测定过程	★★
		啤酒中总酸测定结果	★★
		pH计的使用方法	★★
		pH计的使用注意事项	★★
		可见分光光度计使用注意事项	★★
		可见分光光度计使用影响因素	★★
		比色计法测定啤酒的色度	★★
		分光光度计法测定啤酒的色度	★★
		基准法测啤酒中二氧化碳的原理	★★
		压力法测啤酒中二氧化碳的原理	★★
		啤酒中蔗糖转化酶活性的测定方法	★★
		啤酒净含量的测定方法	★★
		低醇啤酒的定义	★★
		无醇啤酒的定义	★★
		小麦啤酒的定义	★★
		浑浊啤酒的定义	★★
		原麦汁含量的国际单位	★★
		啤酒产品分类	★★

考点导航

一 专业样品制备

1. 理化分析用样制备及保存

在保证样品有代表性,不损失或少损失酒精的前提下,用振摇、超声波、搅拌等方法处理酒样中的二氧化碳。样品需恒温至 15～20 ℃。将除气后的酒样收集于具塞锥形瓶中，温度保持在 15～20 ℃，密封保存，限制在 2 h 内使用。

2. 微生物分析用样制备方法

听装啤酒采样时，先将拉盖器部位浸入 75%（vol）的乙醇中 1 min 后，用火灼烧。

瓶装啤酒采样时，先将瓶盖器部位浸入 75%（vol）的乙醇中 1 min 后，用火灼烧残余乙醇。开盖后，用火灼烧瓶口，再用原盖盖住。

对桶装或大罐样品应预先对取样口进行无菌处理，然后打开取样口，让酒从取样口流出保持 5～10 s，用无菌技术将样品收集于无菌瓶中。

采样过程中，任何开盖器械或采样容器都必须经过灭菌处理。

3. 啤酒抽样方法及注意事项

啤酒抽样数量见表 1-3-19。

表 1-3-19　啤酒抽样表

样本批量范围／箱或桶	样本数／箱或桶	单位样本数／瓶或听
50 以下	3	3
51～1 200	5	2
1 201～35 000	8	1
≥35 001	13	1

采样后应立即贴上标签，注明样品名称、品种规格、数量、制造者名称、采样时间与地点、采样人。将其中 1/3 样品封存，于 5～25 ℃保留 10 天备查。其余样品立即送化验室，进行感官、理化和卫生等要求的检验。

二、专业仪器

1. pH 计（又称酸度计）

（1）原理。

pH 计的原理是基于参比电极和指示电极组成的化学原电池的电动势与溶液的氢离子浓度有关，参比电极的电极电位不随溶液 pH 变化，指示电极的电极电位随 pH 变化而变化。

常用指示电极为玻璃电极，pH 玻璃电极膜电位的产生是由于溶液中 H^+ 和玻璃膜水合层中的 H^+ 的交换作用。溶液中 H^+ 浓度变化时，玻璃电极和参比电极之间的电动势也变化，25 ℃时，每单位 pH 标度相当于 59.1 mV 的电动势变化值。pH 定位时，应选用一种与被测试样 pH 接近的标准缓冲溶液定位，常用的标准缓冲溶液有邻苯二甲酸氢钾标准缓冲溶液（25 ℃时 pH＝4.00）、四硼酸钠标准缓冲溶液（25 ℃时 pH＝9.18）和混合磷酸标准缓冲溶液（25 ℃时 pH＝6.86）。

（2）使用及注意事项。

① 在使用 pH 计测定食品溶液的 pH 时，使用前一般需要开机预热 30 min。

② pH 玻璃电极使用前应在蒸馏水中浸泡 24 h 以上，目的在于活化电极。

③ 测定溶液的 pH 时，安装 pH 玻璃电极和饱和甘汞电极要求饱和甘汞电极端部略低于 pH 玻璃电极端部。

④ 用 pH 计测定溶液的 pH 时，"定位"操作的作用是消除电极常数不一致造成的影响。

⑤ 用 pH 计测定溶液的 pH 时，选用温度补偿应设定为被测溶液的温度。

2. 可见分光光度计使用方法

光具有波粒二象性,可见光的波长范围是 380～780 nm。互补色光有黄色光–蓝色光、绿色光–紫色光、红色光–青色光、橙色光–青蓝色光。

可见分光光度计的原理是基于朗伯–比尔定律,即当一束平行单色光通过含有吸光物质的稀溶液时,溶液的吸光度与吸光物质浓度、液层厚度乘积成正比,即

$$A = Ecl$$

式中　A——吸光度,与透光度的关系为 $A = \log T$;

　　　c——浓度;

　　　l——液层厚度,cm;

　　　E——摩尔吸光系数,与溶质的性质有关,E 越大说明该物质对某波长光的吸收能力越强,灵敏度越高。

吸收池由透明、厚度均匀、耐腐蚀的光学玻璃或石英制成,使用前后应彻底清洗,使用前用擦镜纸擦干净比色皿的透光面,用手指捏住比色皿的毛面。比色皿外壁附着的水或溶液应用擦镜纸或细而软的吸水纸吸干,不要擦拭,以免损伤它的光学表面。

3. 浊度计的校正方法

浊度计使用时用福尔马肼标准混悬液校正。福尔马肼标准混悬液配置时所需试剂为硫酸肼、六亚甲基四胺、纯水。配制好的福尔马肼标准混悬液于室温下放置 24 h 后使用,在 2 个月内可保持稳定。

注意:用福尔马肼标准混悬液散射光的强度和样品溶液散射光的强度进行比较,散射光的强度越大,表示浊度越高;硫酸肼溶液具有致癌毒性,须谨慎使用。

4. 二氧化碳测定仪的使用注意事项

（1）二氧化碳测定仪是以亨利定律为基础而设计的,其组成部分有穿刺装置、水准瓶、压力表。

（2）测定时啤酒应用水浴加热至 25 ℃。

（3）穿刺装置高度调整至放入酒瓶后间隙 1.5 mm 左右,利于穿透。

（4）二氧化碳测定仪较长时间不用时,应将仪器中的氢氧化钠倒出,进行清洗,以防腐蚀仪器。

三、感官检验

1. 啤酒感官检验方法及注意事项

（1）外观:将注入杯的酒样(或瓶装酒样)置于明亮处观察,记录酒的清亮程度、悬浮物及沉淀物情况。

（2）泡沫:用眼睛观察泡沫的颜色、细腻程度及挂杯情况,做好记录。

（3）香气:先将注入酒样的评酒杯置于鼻孔下方,嗅闻其香气,摇动酒杯后,再嗅闻有无酒花香气及异杂气味,做好记录。

（4）口味:饮入适量酒样,根据所评定的酒样应具有的口感特征进行评定,做好记录。

注意事项:色盲者不应参加感官检验;应在自然光下检验,灯光下可能会给样品造成假象,给检测者带来错觉;感官分析时,可以喝少量的纯净水漱口;在进行感官检测前,检测者不应抽烟喝酒,不能吃辛辣的食物。

2. 淡色啤酒感官要求(表 1-3-20)

表 1-3-20 淡色啤酒感官要求

项 目		优 级	一 级
外观[a]	透明度	清亮,允许有肉眼可见的微细悬浮物和沉淀物(非外来异物)	
	浊度(≤)/EBC	0.9	1.2
泡沫	形 态	泡沫洁白细腻,持久挂杯	泡沫较洁白细腻,较持久挂杯
	泡持性[b](≥) /(b·s⁻¹) 瓶装	180	130
	听装	150	110
香气和口味		有明显的酒花香气,口味纯正,爽口,酒体协调,柔和,无异香、异味	有较明显的酒花香气,口味纯正,较爽口,协调,无异香、异味
a 对非瓶装的"鲜啤酒"无要求; b 对桶装(鲜、生、熟)啤酒无要求			

3. 浓色啤酒、黑色啤酒感官要求(表 1-3-21)

表 1-3-21 浓色啤酒、黑色啤酒感官要求

项 目		优 级	一 级
外观[a]		酒体有光泽,允许有肉眼可见的微细悬浮物和沉淀物(非外来异物)	
泡沫	形 态	泡沫细腻挂杯	泡沫较细腻挂杯
	泡持性[b](≥) /(b·s⁻¹) 瓶装	180	130
	听装	150	110
香气和口味		具有明显的麦芽香气,口味纯正,爽口,酒体醇厚,杀口,柔和,无异味	有较明显的麦芽香气,口味纯正,较爽口,杀口,无异味
a 对非瓶装的"鲜啤酒"无要求; b 对桶装(鲜、生、熟)啤酒无要求			

4. 浊度测定方法及注意事项

硫酸肼与六亚甲基四胺在一定的温度下可聚合成一种白色的高分子化合物,它可用作浊度标准,用目视比浊法测定试样的浊度。

注意事项:测定时对啤酒样液的要求为除气不过滤;样液温度的要求为 20 ℃;测定过程中使用成套的比色管可以减小比色皿本身引起的误差;啤酒浊度测定的精密度要求是在重复性条件下获得的两次测定结果的绝对值差不超过算数平均值的 10%;测定所得结果要求保留一位小数。

5. 啤酒泡持性测定

仪器法:采用节流发泡,利用泡沫的导电性,使用长短不同的探针电极,自动跟踪记录泡沫衰减所需的时间。所需仪器为啤酒泡持测定仪、泡持杯、气源(液体二氧化碳)、恒温水浴(精度 ±0.5 ℃)

四、理化检验

1. 啤酒中总酸的测定

（1）指示剂法。

原理：以酚酞为指示剂，用氢氧化钠标准溶液进行酸碱中和滴定，以消耗氢氧化钠标准溶液的量计算总酸的含量。

试剂：酚酞指示液（5 g/L）、氢氧化钠标准溶液（0.1 mol/L）。

步骤：于 250 mL 的锥形瓶中加入 100 mL 水，加热煮沸 2 min，然后加试样 10.0 mL，继续加热 1 min，控制加热温度使其在最后 30 s 内再次沸腾。放置 5 min 后，用自来水迅速冲冷盛样的锥形瓶至室温。加入 0.5 mL 酚酞指示液，用氢氧化钠标准溶液滴定至淡粉红色为终点。记录消耗氢氧化钠标准溶液的体积。

计算公式：

$$X = 10\,cV$$

式中　X——试样总酸含量，mL/100 mL；

　　　c——氢氧化钠标准溶液的浓度，mol/L；

　　　V——消耗氢氧化钠标准溶液的体积，mL。

结果保留至一位小数。

（2）电位滴定法。

原理：利用酸碱中和原理，用氢氧化钠标准溶液直接滴定样品中的有机酸，以 pH=8.2 为电位滴定终点，以消耗氢氧化钠标准溶液的体积计算总酸的含量。

仪器：自动电位滴定仪（精度 ±0.02）、电磁搅拌器、恒温水浴、烧杯。

试剂：同指示剂法。

步骤：取试样约 100 mL 置于 250 mL 的烧杯中，在（40 ± 0.5）℃的振荡水浴中恒温 30 min，取出，冷却至室温。校准仪器，吸取试样 50.0 mL 于烧杯中，插入电极，开启电磁搅拌器，滴定至终点。

2. 啤酒色度的测定

（1）比色计法。

仪器：EBC 比色计（量程 2～27 EBC）。

试剂：哈同基准溶液（称取重铬酸钾 0.1 g，亚硝酰铁氰化钠 3.5 g，用水溶解定容至 1 000 mL，存于棕色瓶中，于暗处放置 24 h 后使用）。

仪器校正：将哈同基准溶液注入 40 mm 的比色皿中，用色度计测定。其标准色度为 15 EBC 单位；若使用 25 mm 的比色皿，其标准色度为 9.4 EBC 单位。

（2）分光光度计法。

仪器：可见分光光度计、玻璃比色皿（10 mm）、离心机。

步骤：将试样注入 10 mm 的玻璃比色皿中，以水为空白调整零点，分别在波长 430 nm 和 700 nm 处测定试样的吸光度。若 $A_{430} \times 0.039 > A_{700}$，表示样品是透明的；若 $A_{430} \times 0.039 < A_{700}$ 表示样品是浑浊的，需要离心或过滤后，重新测定。

3. 啤酒中二氧化碳的测定

（1）基准法。

在 0～5 ℃时用碱液固定啤酒中的二氧化碳，加稀酸释放后，用已知量的氢氧化钡溶液吸收，过量的氢氧化钡再用稀盐酸标准溶液滴定至酚酞刚好无色。根据消耗盐酸标准溶液的体积,计算出试样中二氧化碳的含量。

（2）压力法。

试样的准备:取瓶(或听)装酒样置于 25 ℃的水浴中恒温 30 min。

注意事项:在重复性条件下获得的两次独立测量结果的绝对差值不超过算术平均值的5%。所得结果保留两位小数。

4. 啤酒中蔗糖转化酶活性的测定方法

原理:不经巴氏灭菌或高温灭菌的啤酒,酒体中各种酶系仍保持着活性,其中蔗糖转化酶可以将蔗糖分解为葡萄糖,利用葡萄糖鉴别试纸可以检查酒体中的蔗糖转化酶的活性。

步骤:分别取酒样 10 mL 于 3 支试管中,A 管加 2 mL 水,B 管置于沸水浴加热 2 min,B、C 管加入 2 mL 蔗糖溶液,摇匀。3 支试管置于(30 ± 0.5)℃水浴中保温 30 min,然后置于沸水浴加热 2 min,取出冷至室温。用葡萄糖鉴别试纸浸入各管 30～60 s 取出,观察颜色。

若 C 管试纸变色且颜色深于 A 管和 B 管,则所测啤酒为生啤酒或鲜啤酒;若 C 管试纸不变色或颜色与 A 管和 B 管无差别,则判其为熟啤酒。

5. 啤酒净含量的测定方法

（1）重量法。

仪器:分析天平、台秤、恒温水浴、密度瓶。

注意事项:测定时将瓶装或听装啤酒置于(20±0.5)℃的水浴中保温 30 min;用重量法测定啤酒的净含量,最后表示结果为体积,单位为 mL。

（2）容量法(滴定法)。

仪器:量筒、记号笔。

注意事项:同重量法。

⇒ 仿真训练

一、单项选择题(请将正确选项的代号填入题内的括号中)

1. 除去理化分析用啤酒样品中的二氧化碳不可采用(　　　)方法。
   A. 振摇　　　　　　B. 超声波　　　　　　C. 搅拌　　　　　　D. 加热

2. 除去二氧化碳的理化分析用啤酒样品要(　　　)。
   A. 无菌保存　　　　B. 避光保存　　　　　C. 低温保存　　　　D. 密封保存

3. 对听装啤酒采样时,先将拉盖器部位浸入(　　　)的乙醇 1 min 后,用火灼烧。
   A. 70%　　　　　　B. 75%　　　　　　　C. 95%　　　　　　D. 100%

4. 对一批啤酒抽样检测,若本批产品量为 50 包,则应抽取的样品量为(　　　)。
   A. 3 包　　　　　　B. 5 包　　　　　　　C. 8 包　　　　　　D. 13 包

5. 啤酒采样后将其中 1/3 样品封存备查,保存温度为(　　　)。
   A. 0～4 ℃　　　　B. 0～20 ℃　　　　　C. 4～20 ℃　　　　D. 5～25 ℃

6. 如果在 pH 计校正过程中,3 种缓冲溶液定位值不呈线性,则最可能是(　　　)的问题。
   A. 参比电极　　　　B. 电导池　　　　　　C. 玻璃电极　　　　D. 电位计

7. 下列观点不正确的是(　　　)。
   A. 分光光度计开机不需预热,应随用随开,以延长仪器寿命
   B. 比色皿外壁附着的水或溶液应用擦镜纸或细而软的吸水纸吸干,不要擦拭,以免损伤它

的光学表面

    C. 取拿比色皿时,手指只能捏住比色皿的毛玻璃面,而不能碰比色皿的光学表面

    D. 为了防止光电管疲劳,不测定时必须将试样室盖打开,使光路切断,以延长光电管的使用寿命

8. 下列试剂中( )不是配制福尔马肼标准混悬液用到的。

    A. 硫酸肼溶液   B. 六亚甲基四胺溶液

    C. 纯水   D. 盐酸溶液

9. 二氧化碳测定仪是以( )为基础而设计的,可检测出瓶装啤酒中的瓶颈空气及二氧化碳含量。

    A. 亨利定律   B. 胡克定律   C. 摩尔定律   D. 比耳定律

10. pH 玻璃电极膜电位的产生是由于( )。

    A. H^+ 透过玻璃膜

    B. H^+ 得到电子

    C. Na^+ 得到电子

    D. 溶液中 H^+ 和玻璃膜水合层中的 H^+ 的交换作用

11. 感官检定时,检验员通过品尝啤酒来判定其( )。

    A. 口味   B. 质地   C. 气味   D. 组织形态

12. 会影响到啤酒感官中色泽的测定的因素是( )。

    A. 检验员有感冒症状   B. 检验员佩戴眼镜

    C. 用红色的玻璃杯盛装样品   D. 检验员味觉不够灵敏

13. 优级淡色啤酒浊度要求不大于( )。

    A. 0.5 EBC   B. 0.9 EBC   C. 1.2 EBC   D. 1.5 EBC

14. 优级瓶装浓色啤酒泡持性要求不小于( )。

    A. 180 s   B. 150 s   C. 130 s   D. 110 s

15. 下列属于啤酒感官检验项目的是( )。

    A. 二氧化碳   B. 蔗糖转化酶   C. 浊度   D. 总酸

16. 下面对浊度测定描述的问题中不正确的是( )。

    A. 硫酸肼与环六亚甲基四胺在一定温度下可聚合成一种白色的高分子化合物

    B. 测定过程中应该使用成套的比色管,以减小比色皿本身引起的误差

    C. 不同浊度范围的读数精度要求是一样的

    D. 当样品的浊度太高时,可以用纯水稀释之后测定

17. 啤酒浊度测定对啤酒样液的要求为( )。

    A. 除气、不过滤   B. 除气、过滤   C. 不除气、过滤   D. 不除气、不过滤

18. 用仪器法测定啤酒泡持性,利用泡沫的( )自动跟踪记录泡沫衰减所需时间。

    A. 体积变化   B. 导电性变化   C. 表面张力变化   D. 厚度变化

19. 啤酒是经酵母发酵酿制且含有二氧化碳的( )发酵酒。

    A. 低糖度   B. 低酒精度   C. 低酸度   D. 低发酵度

20. 生啤酒的除菌方法为( )。

    A. 巴氏灭菌   B. 瞬时高温灭菌   C. 过滤除菌   D. 选项 A 或 B

21. 鲜啤酒成品中允许含有一定量的活性微生物,含量较多的微生物是( )。

A. 酵母菌　　　　　　B. 双歧杆菌　　　　　　C. 乳酸菌　　　　　　D. 霉菌

22. 干啤酒与其他啤酒的区别主要是(　　　)不同。

A. 酒精度　　　　　　B. 色度　　　　　　　　C. 发酵度　　　　　　D. 水分含量

23. 冰啤酒的生产工艺具有特殊性,主要体现在经过(　　　)工艺处理。

A. 高温纯化　　　　　B. 冰晶化　　　　　　　C. 常温纯化　　　　　D. 冰盐纯化

24. 果蔬汁型啤酒是通过添加一定量的(　　　),使其具有特征性理化指标和风味,并且保持啤酒的基本口味。

A. 果蔬汁　　　　　　B. 食用香精　　　　　　C. 果蔬粉　　　　　　D. 工业香精

25. 啤酒中总酸测定是以(　　　)为指示剂,采用氢氧化钠溶液进行中和滴定,以消耗氢氧化钠标准溶液的量计算总酸的含量。

A. 石蕊　　　　　　　B. 酚酞　　　　　　　　C. 甲基红　　　　　　D. 甲基橙

26. 用电位滴定法测定啤酒的总酸是利用(　　　)原理,用氢氧化钠标准溶液直接滴定样品中的酸,用酸度计测定电位滴定终点。

A. 酸碱中和　　　　　B. 电位变化　　　　　　C. 络合滴定　　　　　D. 氧化还原反应

27. 用指示剂法测定啤酒的总酸,对试样预处理时,将试样加入盛有沸水的锥形瓶后控制加热温度使其在最后 30 s 内沸腾,放置(　　　)后,用自来水迅速冷却至室温。

A. 30 s　　　　　　　B. 1 min　　　　　　　C. 2 min　　　　　　D. 5 min

28. 测定 pH 用到的仪器是(　　　)。

A. 电导率仪　　　　　B. 浊度计　　　　　　　C. pH 计　　　　　　D. 折光仪

29. pH 测定需要注意的问题不包括(　　　)。

A. 仪器开启 30 min 后才能进行校正

B. 甘汞电极中加入的是 0.1 mol/L 的氯化钾溶液

C. pH > 9 的溶液,需要用高碱玻璃电极

D. 测定饮用水的 pH 用到的玻璃电极使用前需要在纯水中浸泡 24 h 以上

30. 下列比色皿使用方法不正确的是(　　　)。

A. 比色皿不能用碱溶液洗涤,也不能用毛刷清洗

B. 取拿比色皿时,手指只能捏住比色皿的毛玻璃面,而不能碰比色皿的光学表面

C. 比色皿外壁附着的水或溶液应用擦镜纸或细而软的吸水纸吸干,不要擦拭,以免损伤它的光学表面

D. 比色皿可以用浓硝酸浸泡清洗

31. 下面观点不恰当的是(　　　)。

A. 光电器件应避免强光照射或受潮积尘

B. 放分光光度计的实验室温度应保持在 15~28 ℃

C. 电源电压波动较大的实验室最好装配稳压器

D. 从理论上讲,狭缝的宽度愈大,波长愈接近单色光

32. 不会影响到吸光值测定结果的因素是(　　　)。

A. 仪器稳定时间不够　　　　　　　　　　　B. 溶液显色时间不够

C. 比色皿表面未擦拭干净　　　　　　　　　D. 比色皿中液面高度

33. 哈同基准溶液是重铬酸钾与(　　　)的混合水溶液。

A. 亚硝酸钠　　　　　B. 硫代硫酸钠　　　　　C. 亚铁氰化钾　　　　D. 亚硝酰氰化钠

34. 采用分光光度计法测定啤酒色度时,分别测定样品在(　　)和 700 nm 波长处的吸光度。
   A. 340 nm　　　　　　B. 410 nm　　　　　　C. 430 nm　　　　　　D. 470 nm

35. 采用基准法测定啤酒中二氧化碳的原理是在(　　)下用碱液固定啤酒中的二氧化碳,加稀酸释放后,用已知量的氢氧化钡溶液吸收,过量的氢氧化钡再用稀盐酸标准溶液滴定。
   A. 0～5 ℃　　　　　　B. 10～15 ℃　　　　　C. 20～25 ℃　　　　　D. 40～45 ℃

36. 采用压力法测定啤酒中的二氧化碳时,瓶装或听装啤酒需置于(　　)的水浴中恒温 30 min。
   A. 0 ℃　　　　　　　B. 20 ℃　　　　　　C. 25 ℃　　　　　　D. 40 ℃

37. 啤酒蔗糖转化酶活性是通过测定蔗糖分解产生的(　　)而间接测定的。
   A. 水　　　　　　　　B. 二氧化碳　　　　　C. 葡萄糖　　　　　　D. 果糖

38. 采用重量法测定啤酒净含量中,测定样液相对密度使用的主要仪器是(　　)。
   A. 密度计　　　　　　B. 量筒和天平　　　　C. 密度瓶和天平　　　D. 阿贝折射仪

39. 采用滴定法测定啤酒净含量中使用的主要仪器是(　　)。
   A. 容量瓶　　　　　　B. 量筒　　　　　　　C. 密度瓶和天平　　　D. 密度计和天平

40. 低醇啤酒是特种啤酒之一,其特殊性体现在酒精含量较低。按照下列酒精度数据判断属于低醇啤酒的是(　　)。
   A. 小于等于 0.5%（vol）　　　　　　　　　B. 大于等于 2.6%（vol）
   C. 等于 0.9%（vol）　　　　　　　　　　　D. 等于 5.3%（vol）

41. 无醇啤酒也称为脱醇啤酒,根据下列酒精度判断可能属于无醇啤酒的是(　　)。
   A. 0%（vol）　　　　　B. 0.3%（vol）　　　　C. 0.6%（vol）　　　　D. 0.9%（vol）

42. 小麦啤酒的生产从原辅材料到产品都表现出一些特殊点,下列说法正确的是(　　)。
   A. 小麦芽占麦芽的 10% 以上　　　　　　　B. 小麦芽占麦芽的 20% 以上
   C. 小麦芽占麦芽的 30% 以上　　　　　　　D. 小麦芽占麦芽的 40% 以上

43. 浑浊啤酒的成品中含有一定量的酵母菌或显示特殊风味的(　　)物质。
   A. 固体　　　　　　　B. 胶体　　　　　　　C. 半固体　　　　　　D. 油状

44. 原麦汁含量的一种国际通用表示单位是(　　)。
   A. 摄氏度　　　　　　B. 凯氏度　　　　　　C. 柏拉图度　　　　　D. 华氏度

45. 啤酒按色度分类不包括(　　)。
   A. 淡色啤酒　　　　　B. 浓色啤酒　　　　　C. 鲜啤酒　　　　　　D. 黑色啤酒

二、判断题(对的画"√",错的画"×")

(　　)1. 理化分析用啤酒样品前处理的主要目的是除去啤酒样品中的二氧化碳。

(　　)2. 除去二氧化碳的理化分析用啤酒样品不需要密封保存。

(　　)3. 采样过程中,开盖器械不必经灭菌处理,采样容器必须经过灭菌处理。

(　　)4. 对一批啤酒抽样检测应随机抽取以保证所抽样品具有代表性。

(　　)5. 啤酒采样后应立即贴上标签,注明名称、品种规格、数量、制造者名称、采样时间、采样地点、采样人等信息。

(　　)6. pH 定位时,应选用一种与被测水样 pH 接近的标准缓冲溶液重复定位 1～2 次,再用另外两种缓冲溶液进行复定位。

(　　)7. 为得到准确的测量结果,分光光度计的开机预热时间越长越好。

(　　)8. 用福尔马肼标准混悬液散射光的强度和水样散射光的强度进行比较,散射光的强度越大,表示浊度越高。

（　　）9. 二氧化碳测定仪较长时间不用时,应将仪器中的氢氧化钠倒出,进行清洗,以防腐蚀仪器。

（　　）10. 测定溶液的 pH 时,要求 pH 玻璃电极和饱和甘汞电极两端一样高。

（　　）11. 做啤酒的感官测定时,应将样品放在无色透明的容器中进行测定。

（　　）12. 感官分析时,可以喝少量的茶水漱口。

（　　）13. 优级淡色啤酒允许有肉眼可见的微细悬浮物和沉淀物。

（　　）14. 优级浓色啤酒泡沫形态要求为泡沫细腻挂杯。

（　　）15. 优级啤酒香气和口味要求有较明显的酒花香气,口味纯正,较爽口,较协调,无异香、异味。

（　　）16. 采用目视比色法测定浊度,不同浊度范围的读数精度要求是一样的。

（　　）17. 硫酸肼与六亚甲基四胺在一定的温度下可聚合成一种白色的高分子化合物,可用作浊度标准,用目视比浊法测定水样的浊度。

（　　）18. 采用仪器法测定啤酒的泡持性,需将整瓶或整听啤酒置于（25±0.5）℃的水浴中恒温 30 min。

（　　）19. 巴氏灭菌和瞬时高温灭菌都是啤酒生产中可采用的灭菌方式。

（　　）20. 生啤酒是不经过巴氏灭菌和瞬时高温灭菌的啤酒,含有较多的活性酵母菌。

（　　）21. 与其他啤酒产品相比,鲜啤酒最主要的特点是含有一定量的活酵母菌。

（　　）22. 干啤酒的特性主要是由发酵度和口味决定的,其他要求因素可以忽略。

（　　）23. 冰啤酒除经冰晶化工艺处理外,其他要求应符合相应类型啤酒的规定。

（　　）24. 果蔬味型啤酒是通过添加少量果蔬汁使其具有相应的果蔬风味。

（　　）25. 啤酒中总酸的测定是以酚酞为指示剂,采用碳酸钠溶液进行中和滴定,以消耗标准碳酸钠溶液的量计算总酸的含量。

（　　）26. 采用电位滴定法测啤酒的总酸是利用酸碱中和原理,用氢氧化钠标准溶液直接滴定样品中的有机酸,以 pH=8.2 为电位滴定终点。

（　　）27. 采用电位滴定法测啤酒中的总酸时,在做样品滴定的同时还要做空白试验。

（　　）28. 采用指示剂法测定啤酒中的总酸,于锥形瓶中加入 100 mL 水,加热煮沸 2 min,然后加试样。

（　　）29. 啤酒中总酸的测定结果修约要求为保留一位小数。

（　　）30. 溶液中氢离子的浓度变化时,玻璃电极和参比电极之间的电动势也变化,在 20 ℃时,每单位 pH 标度相当于 59.1 mV 的电动势变化值。

（　　）31. pH 计的玻璃电极使用前需要在纯水中浸泡 24 h 以上。

（　　）32. 同一次试验必须选用同一规格的比色皿。

（　　）33. 光的吸收定律 $A = Ecl$ 说明,吸光度与溶液的厚度成正比。

（　　）34. 将哈同基准溶液注入 40 mm 的比色皿中,其标准色度应为 12 EBC。

（　　）35. 若 $A_{430} \times 0.039 > A_{700}$,表示样品是浑浊的,需要离心或过滤后重新测定。

（　　）36. 采用基准法测定啤酒中的二氧化碳,氢氧化钡溶液配制完成后可以直接使用。

（　　）37. 采用压力法测定啤酒中的二氧化碳中,将酒瓶或听穿孔,用手摇动直到压力表达到最大恒定值,记录读数为表压。

（　　）38. 啤酒蔗糖转化酶活性的测定中,若 C 管试纸不变色且颜色与 A 管和 B 管无差别,则判定其为生啤酒或鲜啤酒。

（　　）39. 采用重量法测定啤酒的净含量，最后表示结果为质量。

（　　）40. 低醇啤酒除乙醇含量比较低外，其他要求应符合相应类型啤酒的规定。

（　　）41. 无醇啤酒中含有少量的乙醇。

（　　）42. 小麦啤酒由其特殊的原料和工艺决定了具有特殊的香气。

（　　）43. 在成品中含有一定量的酵母菌或显示特殊风味的胶体物质，且浊度大于等于
2.0 EBC 的啤酒属于浑浊啤酒。

（　　）44. 柏拉图度表示 100 g 麦芽汁中含有浸出物的克数。

（　　）45. 色度为 15～20 EBC 的啤酒属于淡色啤酒。

参考答案

一、单项选择题

1. D	2. D	3. B	4. A	5. D	6. C	7. A	8. D	9. A	10. D
11. A	12. C	13. B	14. A	15. C	16. C	17. A	18. B	19. B	20. C
21. A	22. C	23. B	24. A	25. B	26. A	27. D	28. C	29. B	30. D
31. D	32. D	33. D	34. C	35. A	36. C	37. C	38. C	39. B	40. C
41. B	42. D	43. B	44. C	45. C					

二、判断题

1. √	2. ×	3. ×	4. √	5. √	6. √	7. ×	8. √	9. √	10. ×
11. √	12. ×	13. √	14. √	15. ×	16. √	17. √	18. ×	19. √	20. ×
21. √	22. ×	23. √	24. ×	25. √	26. √	27. √	28. √	29. √	30. ×
31. √	32. √	33. √	34. ×	35. √	36. √	37. √	38. ×	39. ×	40. √
41. √	42. √	43. √	44. √	45. ×					

第十四单元　饮料检验

学习目标

（1）掌握饮料检验基础知识。

（2）掌握饮料检验专业样品制备知识。

（3）掌握饮料检验专业检验仪器知识。

（4）掌握饮料检验的理化检验、感官检验知识。

考核要点

考核类别	考核范围	考 核 点	重要程度
检验前的准备	专业样品制备	饮料检验的样品预处理方法	★★★

续表

考核类别	考核范围	考 核 点	重要程度
检验前的准备	专业样品制备	含有碳酸气的饮料理化分析用样制备方法	★★★
		饮料微生物分析用样制备方法	★★★
		果蔬汁固体饮料理化分析用样制备方法	★★★
		饮料的蛋白质测定样品前处理	★★★
		饮料中二氧化碳测定试液的制备	★★★
	专业检验仪器	浊度仪用标准溶液使用常识及注意事项	★★★
		pH计常用缓冲溶液使用常识及注意事项	★★★
		阿贝折射仪的使用方法	★★★
		pH计的使用方法	★★★
		pH计使用注意事项	★★★
		比色皿的使用方法	★★★
检验	感官检验	饮料的感官检测方法	★★★
		饮料感官检测注意事项	★★★
	理化检验	饮料中可溶性固形物测定试样的准备	★★★
		饮料中可溶性固形物测量仪器和测量数据的要求	★★★
		阿贝折射仪在饮料中的应用	★★★
		饮料中水分及总固形物的测定	★★★
		饮料中水分测定的注意事项	★★★
		总酸测定用指示剂相关知识	★★★
		测定饮料中总酸含量的分析步骤	★★★
		测定饮料中总酸含量的注意事项	★★★
		含乳饮料蛋白质含量测定的注意事项	★★★
		含乳饮料蛋白质含量测定用试剂	★★★
		饮料中灰分的测定	★★★
		饮料中灰分的测定注意事项	★★★
		含乳饮料脂肪含量测定时的注意事项	★★★
		含乳饮料非脂乳固体含量测定时的注意事项	★★★
		甲醛法测定果蔬汁饮料中氨基酸态氮含量的试样液的准备	★★★
		甲醛法测定果蔬汁饮料中氨基酸态氮含量试剂的准备	★★★
		甲醛法测定果蔬汁饮料中氨基酸态氮含量仪器的条件	★★★
		甲醛法测定果蔬汁饮料中氨基酸态氮含量的分析步骤	★★★
		测定饮料中二氧化碳含量的方法	★★★

考核类别	考核范围	考核点	重要程度
检验	理化检验	蒸馏滴定法测定饮料中二氧化碳含量所用的氢氧化钠标准溶液的准备	★★★
		蒸馏滴定法测定饮料中二氧化碳含量所用的盐酸标准溶液的准备	★★★
		蒸馏滴定法测定饮料中二氧化碳的含量	★★★
		饮用水中 pH 的测定（pH 计法）	★★★
		饮用水中 pH 测定的注意事项（pH 计法）	★★★
		饮用水中 pH 测定时 pH 计的校正	★★★
		饮用水中总硬度的测定方法（乙二胺四乙酸二钠滴定法）基本知识	★★★
		饮用水中总硬度的测定方法（乙二胺四乙酸二钠滴定法）试剂准备	★★★
		饮用水中总硬度的测定方法（乙二胺四乙酸二钠滴定法）分析注意事项	★★★
		称量法测定饮用水中溶解性总固体含量的仪器指标确定	★★★
		称量法测定饮用水中溶解性总固体含量的注意事项	★★★
		生活饮用水色度的测定	★★★
		生活饮用水中臭和味的检验	★★★
		饮用水浊度测定方法	★★★
		饮用水电导率测定方法	★★★
	检验基础	饮料的分类	★★★
		乳酸菌饮料的分类	★★★
		含乳饮料的定义	★★★
		果蔬汁饮料的定义	★★★
		浓缩果蔬汁的概念	★★★
		碳酸饮料的概念	★★★
		固体饮料的分类及概念	★★★
		含乳饮料的出厂检验注意事项	★★★
		乳酸菌饮料卫生标准基础知识	★★★
		含乳饮料卫生标准基础知识	★★★
		饮料执行标准的理解	★★★
		不同类型饮用水的执行标准	★★★
		矿泉水的分类	★★★
		饮料产品的判定规则	★★★
		饮用水中溴酸盐指标的影响因素	★★★

考核类别	考核范围	考　核　点	重要程度
检验	检验基础	饮用纯净水的相关定义	★★★
		企业标准制定的要求	★★★

考点导航

一、专业样品制备

1. 含碳酸气的饮料

称取 500 g 试样,在沸水浴上加热 15 min,不断搅拌使二氧化碳气体尽可能排除,冷却后,用水补充至原质量,充分混匀,供测试用。

2. 微生物检验

(1)听装:先将拉盖器部位浸入 75% 的乙醇 1 min 后,用火灼烧。

(2)桶装或大罐装:预先对取样口进行无菌处理,然后打开取样口,让饮料从取样口流出 5～10 s,用无菌技术采样。

3. 果蔬汁固体饮料

称取约 125 g(精确至 0.001 g)试样,溶解于蒸馏水中,将其全部转移至 250 mL 的容量瓶中,用蒸馏水稀释至刻度,充分混匀,供测试用。

二、检验仪器

1. pH 计(又称酸度计)

(1)原理:基于参比电极和指示电极组成的化学原电池的电动势与溶液的氢离子浓度关系。

选用甘汞电极做参比电极,以电位突变方法确定滴定终点,安装时要求饱和甘汞电极端部略低于 pH 玻璃电极端部。

(2)标准液:20 ℃时,苯二甲酸氢钾标准缓冲溶液的 pH 是 4.00,四硼酸钠标准缓冲溶液的 pH 是 9.22。

2. 阿贝折射仪的使用注意事项

(1)使用时要注意保护棱镜,清洗时只能用擦镜纸而不能用滤纸等擦。

(2)要注意保持仪器清洁,保护刻度盘。每次试验完毕,要在镜面上加几滴丙酮,并用擦镜纸擦干。

(3)对易挥发性液体,一般从侧孔加样。

(4)读数时,棱镜间未充满液体导致的结果是目镜中观察不到清晰的明暗分界线,若出现弧形光环,则是由于光线未对好。

3. 比色皿

(1)比色皿不能用碱溶液洗涤,也不能用毛刷清洗。

(2)取拿比色皿时,手指只能捏住比色皿的毛玻璃面,而不能碰比色皿的光学表面。

(3)比色皿外壁附着的水或溶液应用擦镜纸或细而软的吸水纸吸干,不要擦拭,以免损伤它的光学表面。

（4）同一次试验必须选用同一规格的比色皿。

三、感官检验

（1）品评饮料的环境要求：光线充足，柔和适宜，温度为20～25℃，空气新鲜，无香气及邪杂气味，安静无噪音。

（2）检测项目：色泽、香气与口味、风格。

四、理化检验

1. 可溶性固形物检测

（1）试样制备：透明液体应充分混匀后再测定；果酱饮料在充分混匀后，用四层纱布挤出滤液弃出最初几滴，收集滤液测试；含果粒的果汁类饮料混匀后，应在组织捣碎机中捣碎；菜酱饮料混匀后，用四层纱布挤出滤液弃出最初几滴，收集滤液测试。

（2）仪器：阿贝折射仪，精确度为 ±0.1%，测量范围为 0～80%。

（3）结果：测定饮料中可溶性固形物的含量时同一样品两次测定值之差不应大于0.5%；若待测液温度高于20℃时应加上校准值。

2. 固形物的检测

样品制备：在测定饮料中的固形物含量时，取样量为50.000 mL，将装有样品的蒸发皿放入烘箱内，控制烘干温度为100～105℃，烘干时间为2 h。

3. 灰分的测定

灰分测定参照GB/T 5505规定的方法，有550℃灼烧法和乙酸镁法。

550℃灼烧法的原理：试样经（550±10）℃高温灰化至有机物完全灼烧挥发后，称量其残留物。

乙酸镁法的原理：试样中加入助灰化试剂乙酸镁后，经（850±25）℃高温灰化至有机物完全灼烧挥发后，称量残留物质量，并计算灰分含量。

注意：样品灼烧前，先把坩埚恒重；坩埚放在马弗炉之前，先放在炉口片刻，再移入炉膛内，错开坩埚盖，关闭炉门；在灼烧过程中，应将坩埚位置调换1～2次，样品灼烧至黑色炭粒全部消失变成灰白色为止；相同条件下两次测定值的绝对差值不应超过0.03%。

4. 总酸的测定

（1）总酸的测定方法有两种。用pH电位法测定饮料中总酸含量时，分析用水为二级水且使用前应煮沸、冷却，达到滴定终点时pH接近8.2，结果以柠檬酸计的换算系数为0.064。

（2）注意事项：总酸含量小于或等于4 g/kg的试样可以不用稀释，用快速滤纸过滤，收集滤液进行测定；在对含有二氧化碳的试样处理之后，应置于密闭玻璃容器中。

5. 凯氏定氮法

（1）原理：蛋白质是含氮的有机化合物。将蛋白质与硫酸和催化剂一同加热消化，使其分解，分解的氨与硫酸结合生成硫酸铵，然后碱化蒸馏使氨游离，用硼酸吸收后再以硫酸或盐酸标准溶液滴定，根据酸的消耗量乘以换算系数计算蛋白质含量（含氮量 ×6.25＝ 蛋白质含量）。

（2）终点判断：滴定至终点时指示剂甲基红－溴甲酚绿由绿色变为酒红色。

6. 脂肪的测定

酸水解法：试样经酸水解后用乙醚提取，除去溶剂即得总脂肪含量。用酸水解法测得的为游离及结合脂肪的总量。

7. 含乳饮料非脂乳固体含量

在不添加蔗糖等非乳成分含量时,应使用铺有海砂的称量盒,需测定总固体和脂肪两个指标:非脂乳固体 = 总固体 − 脂肪。

8. 甲醛法测定氨基酸态氮

(1)原理:利用氨基酸的两性作用,加入甲醛固定氨基的碱性使其羧基显示出酸性,利用氢氧化钠标准溶液滴定后定量,以酸度计测定终点。

(2)样品制备:测定含有碳酸气的果蔬汁饮料中氨基酸态氮的含量时,需要将称取好的试样在沸水浴上加热 15 min,以除去试样中的二氧化碳气体;将果蔬汁固体饮料样品配成 50% 的溶液于 250 mL 的容量瓶中混匀。

(3)需要的试剂:30% 的过氧化氢溶液,氯化钠溶液,0.1 mol/L 的氢氧化钠标准溶液,pH 为 8.1 的中性甲醛溶液。

(4)方法:先用氢氧化钠溶液调至 pH=8.1,保持 1 min,然后加入 10～15 mL 中性甲醛溶液,1 min 后用氢氧化钠标准溶液滴定至 pH=8.1。

9. 二氧化碳的测定

(1)减压器法(常规法):将碳酸饮料样品瓶(或罐)用减压器上的针头刺穿瓶盖(或罐盖),旋开放气阀,到压力表指针回零后,立即关闭放气阀,将样品瓶(或罐)往复剧烈振摇 40 s,待压力稳定后,记下兆帕数(取小数点后两位)。旋开放气阀,随即打开瓶盖(或罐盖),用温度计测量容器内液体的温度。根据测得的压力和温度,查 GB/T 10792—2008 中附录 A 碳酸气吸收系数表,即得二氧化碳容量的容积倍数。

(2)蒸馏滴定法(仲裁法):试样经强碱、强酸处理后加热蒸馏。逸出的二氧化碳用氢氧化钠吸收生成碳酸盐。用氯化钡沉淀碳酸盐,再用盐酸滴定剩余的氢氧化钠。根据盐酸的消耗量计算样品中二氧化碳的含量。此法适用于碳酸饮料中二氧化碳的测定。

10. 溶液的配制

(1)配制 0.1 mol/L 的氢氧化钠标准溶液:用邻苯二甲酸氢钾作为基准试剂,以酚酞做指示剂,滴定终点溶液的颜色呈现粉红色,配好后于聚乙烯瓶中保存。

(2)标定 0.1 mol/L 的盐酸标准溶液:用无水碳酸钠做基准剂,用溴甲酚绿－甲基红做指示剂,滴定终点颜色为暗红色。

11. pH 测定

(1)pH 计:以玻璃电极为指示电极,以甘汞电极为参比电极,加入的是氯化钠溶液。

(2)注意事项:在 25 ℃时,每单位 pH 标度相当于 59.1 mV 的电动势变化值;溶液中氢离子的浓度变化时,玻璃电极和参比电极之间的电动势也变化;水的色度、浊度不会干扰 pH 测定;pH 测定需要进行温度补偿。

12. 硬度

在 pH=10 时,乙二胺四乙酸二钠(简称 EDTA)和水中的钙、镁离子生成稳定络合物,指示剂铬黑 T 也能与钙、镁离子生成葡萄酒红色络合物,其稳定性不如 EDTA 与钙、镁离子所生成的络合物,当用 EDTA 滴定接近终点时,EDTA 自铬黑 T 的葡萄酒红色络合物夺取钙、镁离子而使铬黑 T 指示剂游离,溶液由酒红色变为蓝色,即为终点。硬度是以每升水中碳酸钙的质量表示的。为了使滴定终点更明显,一般在缓冲溶液中加入少量 MgEDTA。

13. 溶解性总固体

溶解性总固体一般指的是其中溶解的无机矿物成分的总量,需要先用中速定量滤纸或

0.45 μm 孔径的滤膜进行过滤，在（180±3）℃烘干温度下可得到较准确的结果。GB/T 8538 规定溶解性总固体方法的测定范围是 20～2 000 mg/L。

14. 色度测定注意事项

（1）水样不经稀释时，铂-钴标准比色法检测范围是 5～50 度。

（2）测定前应先除去悬浮物。

（3）水样色度过高时可以用纯水稀释后测定。

（4）浑浊水样测定前应该离心处理使之澄清。

15. 臭和味

（1）级别：水的臭味分为 6 级，分别是无、微弱、弱、明显、强、很强。

（2）注意事项：国标要求生活饮用水不得有异臭、异味，如果水中含有一些有机物、微生物、藻类等，或者添加混凝剂、氧化剂、杀菌剂也会引起化学污染，造成水有异味和臭味。饮用水如有异臭和异味，会使人产生厌恶感，同时还提示水体已受到污染，水体中可能存在对人体有害的化学物质和致病菌。

16. 浊度的测定

（1）散射法：所用溶液有硫酸肼溶液、环六亚甲基四胺溶液、福尔马肼标准混悬液。

（2）目视比浊法：在相同条件下用福尔马肼标准混悬液散射光的强度和水样散射光的强度进行比较。散射光的强度越大，表示浊度越高。水样浊度超过 40 NTU，则需要用纯水稀释之后测定。

17. 电导率

（1）水的电导率与水样中溶解的电解质的特性、浓度及水样的温度有关。

（2）测定电导率注意事项：恒温水浴锅温度应该调至 25 ℃；电极不可以用强酸清洗；在测定过程中如果温度变化小于 0.2 ℃，电导池常数可以不用重新标定；电极应定期进行常数标定，测量电极是精密部件，不可分解，不可改变电极形状和尺寸。

➡ 仿真训练

一、单项选择题（请将正确选项的代号填入题内的括号中）

1. 在测定含悬浮物的饮料样品中的可溶性固形物时，样液制备方法是（　　）。

　　A. 混匀，直接测定　　　B. 混匀，过滤，测定　　C. 过滤，混匀，测定　　D. 捣碎，过滤，测定

2. 依据 GB/T 12143，含碳酸气的饮料样品制备方法为：称取 500 g 试样，在沸水浴上加热（　　），不断搅拌使二氧化碳气体尽可能排除，冷却后，用水补充至原质量，充分混匀，供测试用。

　　A. 2 min　　　　　　　B. 5 min　　　　　　　C. 10 min　　　　　　D. 15 min

3. 进行听装饮料微生物分析采样时，先将拉盖器部位浸入（　　）的乙醇 1 min 后，用火灼烧。

　　A. 70%　　　　　　　B. 75%　　　　　　　C. 95%　　　　　　　D. 100%

4. 依据 GB/T 12143，果蔬汁固体饮料理化分析用样品制备方法为：称取约 125 g（　　）的试样，溶解于蒸馏水中，将其全部转移至 250 mL 的容量瓶中，用蒸馏水稀释至刻度，充分混匀，供测试用。

　　A. 精确至 1 g　　　　B. 精确至 0.1 g　　　C. 精确至 0.01 g　　　D. 精确至 0.001 g

5. 依据相关标准，关于测定饮料中蛋白质的样品制备说法正确的是（　　）

A. 制备固体饮料样品需称取 10～25 g 试样,充分混匀

B. 制备半固体饮料样品需称取 2～5 g 试样,充分混匀

C. 制备液体饮料样品需称取 0.2～2 g 试样,充分混匀

D. 不论是制备固体、半固体还是液体饮料样品称取的试样量相同

6. 依据 GB/T 12143,测定饮料中二氧化碳试液的制备方法为:将未开盖的汽水放入(　　　)的冰－盐水浴中,浸泡 1～2 h,待瓶内汽水接近冰冻时打开瓶盖,迅速加入 50% 的氢氧化钠溶液的上层清液,每 100 mL 汽水加 2.0～2.5 mL 氢氧化钠溶液,立即用橡皮塞塞住,放置至室温,待测定。

 A. 0 ℃以下   B. 20 ℃   C. 40 ℃   D. 60 ℃

7. 根据 GB/T 8538 中浊度的测定方法,配制福尔马肼标准混悬液用不到的试剂是(　　　)。

 A. 六亚甲基四胺溶液 B. 硫酸肼溶液 C. 纯水   D. 盐酸溶液

8. 四硼酸钠标准缓冲溶液在 20 ℃时的 pH 是(　　　)。

 A. 4.00   B. 6.88   C. 9.22   D. 12.00

9. 在阿贝折射计的使用中,不规范的操作是(　　　)。

A. 使用时要注意保护棱镜,清洗时只能用擦镜纸而不能用滤纸等擦拭

B. 每次测定时,试样不可加得太少,一般只需加 2～3 mL

C. 要注意保持仪器清洁,保护刻度盘。每次试验完毕,要在镜面上加几滴丙酮,并用擦镜纸擦干

D. 对易挥发性液体,一般从侧孔加样

10. 用 pH 计测定 pH＝10～13 的碱性溶液时,应使用(　　　)电极作为指示电极。

 A. 221 型玻璃 B. 普通型玻璃 C. 231 型玻璃 D. 甘汞

11. 用电位法测定溶液的 pH 时,"定位"操作的作用是(　　　)。

 A. 消除温度的影响   B. 消除电极常数不一致造成的影响

 C. 消除离子强度的影响   D. 消除参比电极的影响

12. 关于比色皿的使用方法不正确的是(　　　)。

A. 比色皿不能用碱溶液洗涤,也不能用毛刷清洗

B. 取拿比色皿时,手指只能捏住其毛玻璃面,而不能碰比色皿的光学表面

C. 比色皿外壁附着的水或溶液应用擦镜纸或细而软的吸水纸吸干,不要擦拭,以免损伤它的光学表面

D. 比色皿可以用浓硝酸浸泡清洗

13. 对品评饮料的环境要求,下列说法正确的是(　　　)。

A. 光线充足,柔和适宜

B. 温度为 20～25 ℃

C. 空气新鲜,无香气及邪杂气味,安静无噪音

D. 选项 A、B 和 C

14. 可能会影响到饮料感官中滋味的测定的因素是(　　　)。

 A. 检验员是色弱患者   B. 检验员佩戴眼镜

 C. 用红色的玻璃杯盛装样品 D. 检验员味觉不够灵敏

15. 阿贝折射仪测定的是(　　　)时饮料的可溶性固形物的含量。

 A. 20 ℃   B. 25 ℃   C. 4 ℃   D. 0 ℃

16. 不是用来测定含果粒的果汁类饮料中的可溶性固形物的仪器是（   ）。
     A. 组织捣碎器   B. 阿贝折射仪   C. 糖度仪   D. 旋光仪

17. 阿贝折射仪在饮料检测中用来测定（   ）。
     A. 二氧化碳   B. 总酸   C. 可溶性固形物   D. 水分

18. 在测定饮料中的固形物含量时，将装有样品的蒸发皿放入烘箱内，控制的烘干温度为（   ），烘干时间为 2 h。
     A. 80～95 ℃   B. 100～105 ℃   C. 110～120 ℃   D. 120～130 ℃

19. 将称量瓶置于干燥器内冷却时，应将瓶盖（   ）。
     A. 横放在瓶口上   B. 盖在瓶口上   C. 取下   D. 任意放置

20. 配制酚酞指示剂选用的溶剂是（   ）。
     A. 水 – 甲醇   B. 水 – 乙醇   C. 水   D. 水 – 丙酮

21. 用 pH 电位法测定饮料中总酸含量时，分析用水应用符合 GB/T 6682 规定的（   ），且使用前应煮沸、冷却。
     A. 一级水   B. 二级水   C. 三级水   D. 自来水

22. 按照 GB/T 12456，测定饮料中总酸用到的指示剂 1% 的酚酞溶液配制方法正确的是（   ）。
     A. 称取 1 g 酚酞，溶于适量水中，定容至 100 mL
     B. 称取 1 g 酚酞，溶于 95% 的乙醇中，定容至 100 mL
     C. 称取 1 g 酚酞，溶于无水乙醇中，定容至 100 mL
     D. 称取 1 g 酚酞，溶于 60 mL 95% 的乙醇中，用水稀释至 100 mL

23. 采用凯氏定氮分析的主要操作步骤为（   ）→滴定→结果计算。
     A. 消化→蒸馏   B. 消化→萃取
     C. 磺化→蒸馏   D. 氨化→萃取

24. 采用凯氏定氮法测定蛋白质含量滴定至终点时指示剂甲基红 – 溴甲酚绿的颜色（   ）。
     A. 由绿色变为酒红色   B. 由灰色变为酒红色
     C. 由酒红色变为绿色   D. 由酒红色变为灰色

25. 饮料检验中灰分含量测定的结果修约应取小数点后（   ）。
     A. 第一位   B. 第二位   C. 第三位   D. 第四位

26. 新买来的测定灰分用的瓷坩埚一般用（   ）编号。
     A. 铅笔   B. 红色墨水   C. 三氯化铁溶液   D. 以上都不是

27. 测量饮料中的脂肪时，将装有试样的锥形瓶在水浴上蒸干，再放置在（   ）的烘箱内干燥 2 h。
     A. 90～95 ℃   B. 95～105 ℃   C. 105～110 ℃   D. 110～115 ℃

28. 含乳饮料非脂乳固体含量测定中，在不添加蔗糖等非乳成分时，需测定（   ）数值。
     A. 1 个   B. 2 个   C. 3 个   D. 4 个

29. 将果蔬汁固体饮料样品配成（   ）的溶液于 250 mL 的容量瓶中，混匀后再测定其氨基酸态氮的含量。
     A. 30%   B. 40%   C. 50%   D. 60%

30. 采用甲醛法测定果蔬汁饮料中氨基酸态氮含量时，需要的甲醛溶液的 pH 为（   ）。
     A. 7.0   B. 7.5   C. 8.1   D. 8.5

31. 采用甲醛法测定果蔬汁饮料中氨基酸态氮含量时,pH 计的电极组合错误的是(　　)。

    A. 玻璃电极和甘汞电极　　　　　　　　B. 玻璃电极和银电极

    C. 银电极和甘汞电极　　　　　　　　　D. 铂电极和甘汞电极

32. 采用甲醛法测定果蔬汁饮料中氨基酸态氮含量时,在试验中可以加入(　　)中性甲醛溶液。

    A. 5 mL　　　　　　B. 8 mL　　　　　　C. 10 mL　　　　　　D. 20 mL

33. 采用蒸馏滴定法测定碳酸饮料中二氧化碳的含量属于(　　)检验。

    A. 仲裁　　　　　　B. 常规　　　　　　C. 定性　　　　　　D. 物理法

34. 配制 0.1 mol/L 氢氧化钠标准溶液所用的基准试剂是(　　)。

    A. 基准无水碳酸钠　　　　　　　　　　B. 基准三氧化二砷

    C. 基准草酸钠　　　　　　　　　　　　D. 基准邻苯二甲酸氢钾

35. GB/T 601 中规定标定 0.1 mol/L 盐酸标准溶液所用的指示剂为(　　)。

    A. 铬黑 T　　　　　B. 酚酞　　　　　　C. 淀粉溶液　　　　　D. 溴甲酚绿－甲基红

36. 采用蒸馏滴定法测定饮料中二氧化碳含量所用的沉淀剂为(　　)溶液。

    A. 氯化钾　　　　　B. 硝酸银　　　　　C. 碳酸钠　　　　　　D. 氯化钡

37. pH 计的组成部分不包括(　　)。

    A. 参比电极　　　　B. 电导池　　　　　C. 玻璃电极　　　　　D. 电位计

38. 下列关于 pH 测定的描述正确的是(　　)。

    A. 甘汞电极中加入的是氯化钠溶液

    B. 当室温升高时,饱和氯化钾溶液可能变成不饱和状态,所以应该保持一定量的氯化钾晶体

    C. 测定 pH > 9 的溶液,需要用普通玻璃电极

    D. 测定饮用水的 pH 用到的玻璃电极使用前需要在纯水中浸泡 12 h 以上

39. 测定 pH 时,开启仪器(　　)后才能校正。

    A. 10 min　　　　　B. 20 min　　　　　C. 30 min　　　　　　D. 60 min

40. 在用乙二胺四乙酸二钠滴定法测定水的总硬度时,pH＝(　　)情况下,乙二胺四乙酸二钠先与钙离子,再与镁离子形成螯合物,滴定至终点时,溶液显示铬黑 T 指示剂的纯蓝色。

    A. 8　　　　　　　　B. 10　　　　　　　C. 11　　　　　　　　D. 12

41. 用乙二胺四乙酸二钠滴定法测定水的硬度时,为了使滴定终点更明显,一般在缓冲溶液中加入少量(　　)。

    A. ZnEDTA　　　　B. CaEDTA　　　　C. MgEDTA　　　　　D. FeEDTA

42. 用乙二胺四乙酸二钠滴定法测定水的总硬度时,下面溶液可以掩蔽其中铁和锰等高价金属干扰的是(　　)溶液。

    A. 盐酸羟胺　　　　B. 硫化钠　　　　　C. 氯化镁　　　　　　D. 硫酸钾

43. 测定水的溶解性总固体时,烘干温度为(　　)可得到较准确的结果。

    A. 100 ℃±3 ℃　　B. 105 ℃±3 ℃　　C. 120 ℃±3 ℃　　　D. 180 ℃±3 ℃

44. 当水样的溶解性总固体中含有多量的氯化钙、氯化镁等吸湿性强的物质时,会导致称量不能恒定质量,可加入适量(　　)溶液而得到改进。

    A. 硝酸钙　　　　　B. 碳酸钠　　　　　C. 氢氧化钠　　　　　D. 硝酸镁

45. 水样不经稀释时,采用铂-钴标准比色法测定的最高检测色度是(　　)。

A. 10 度　　　　　　B. 30 度　　　　　　C. 50 度　　　　　　D. 80 度

46. 下列说法正确的是(　　)。

A. 一般的饮用者察觉不到有异味,即可判定臭和味项目合格

B. 臭和味的强度等级分为 6 级

C. 检测者需要喝下水样品尝味道

D. 检测嗅味时,只要在盛有水样的容器口闻一下就可以了

47. 采用散射法测定浊度需要的试剂不包括(　　)。

A. 硫酸肼溶液　　　　　　　　　　　B. 环六亚甲基四胺溶液

C. 福尔马肼标准混悬液　　　　　　　D. 铂－钴标准溶液

48. 下面叙述中不正确的是(　　)。

A. 电导率是用数字来表示水溶液传导电流的能力

B. 电导率与其中的电解质浓度成正比,二者有线性关系

C. 空气中的氨和二氧化碳会影响电导率的测定

D. 温度不会影响电导率的测定

49. 按照 GB 10789《饮料通则》中饮料的分类叙述不正确的是(　　)。

A. 运动饮料属于特殊用途饮料　　　　B. 茶味饮料不是茶饮料

C. 奶茶饮料属于含乳饮料　　　　　　D. 食用菌饮料属于植物饮料

50. 下面说法不正确的是(　　)。

A. 经乳酸菌发酵产生的饮料都是乳酸菌饮料

B. 乳酸菌饮料是含乳饮料

C. 乳酸菌饮料根据其是否经过杀菌处理而分为活菌型和非活菌型

D. 乳酸菌饮料在生产过程中可以与果汁、甜味剂和其他植物提取液调配而成

51. 下面饮料中,(　　)不是含乳饮料。

A. 乳酸菌饮料　　　B. 乳味饮料　　　C. 配制型含乳饮料　　　D. 原味乳饮料

52. 下面不符合复合果蔬汁类饮料要求的是(　　)。

A. 复合果汁饮料中果汁总含量(质量分数)不小于 10%

B. 复合蔬菜汁饮料中蔬菜汁总含量(质量分数)不小于 10%

C. 复合果蔬汁饮料中果汁和蔬菜汁总含量(质量分数)不小于 10%

D. 复合蔬菜汁饮料中蔬菜汁总含量(质量分数)不小于 5%

53. 浓缩蔬菜汁的可溶性固形物含量和原汁的可溶性固形物含量之比应不小于(　　)。

A. 1　　　　　　B. 2　　　　　　C. 3　　　　　　D. 4

54. 按照 GB 10789《饮料通则》中饮料的分类,(　　)碳酸饮料不属于碳酸饮料的分类。

A. 果汁型　　　　B. 咖啡型　　　　C. 可乐型　　　　D. 果味型

55. 下列说法不正确的是(　　)。

A. 固体饮料是用食品原料、食品添加剂等加工制成粉末状、颗粒状或块状等固态料的供冲
调引用的制品

B. 咖啡粉也是固体饮料

C. 固态汽水是碳酸饮料

D. 有些固体饮料根据适当的比例冲调可以得到果味饮料

56. 下列说法不正确的是(　　)。

A. 含乳饮料中的蛋白质是乳蛋白

B. 含乳饮料的蛋白质含量应该不小于 1.0 g/100 g

C. 含乳饮料出厂检验时不得有正常视力可见的外来杂质

D. 发酵型含乳饮料卫生指标应符合 GB/16321 的规定

57. 关于乳酸菌饮料卫生标准的说法不正确的是(　　)。

　　A. 本标准适用于鲜奶、奶粉或辅以植物蛋白粉等为原料经乳酸菌发酵加工制成的具有产品相应风味的未杀菌或杀菌饮料

　　B. 乳酸菌饮料脲酶试验应为阴性

　　C. 乳酸菌饮料中蛋白质含量应不小于 1.0 g/100 g

　　D. 乳酸菌饮料酵母数应不大于 50 CFU/mL

58. 按照 GB 11673《含乳饮料卫生标准》,含乳饮料中菌落总数不大于(　　)。

　　A. 100 000 CFU/mL　　　　　　　　B. 10 000 CFU/mL

　　C. 1 000 CFU/mL　　　　　　　　　D. 100 CFU/mL

59. 下面对标准的描述不正确的是(　　)。

　　A. GB 7101《固体饮料卫生标准》中将固体饮料分为普通型固体饮料和蛋白型固体饮料

　　B. GB 19296《茶饮料卫生标准》不适用于以茶多酚、咖啡因为原料配制而成的饮料

　　C. GB/T 21733《茶饮料》对奶茶饮料中蛋白质含量没有要求

　　D. GB 10789《饮料通则》规定果汁饮料标签中需要标示果汁含量

60. GB 19298《瓶(桶)装饮用水卫生标准》中耗氧量要求不大于(　　)。

　　A. 1.0 mg/L　　　　B. 2.0 mg/L　　　　C. 3.0 mg/L　　　　D. 4.0 mg/L

61. 按照矿泉水的加工工艺要求,包装后,在正常温度和压力下有可见同源二氧化碳自然释放起泡的天然矿泉水,称为(　　)天然矿泉水。

　　A. 含气　　　　B. 充气　　　　C. 无气　　　　D. 脱气

62. GB/T 21732《含乳饮料》判定规则中(　　)检验不合格,不得复检。

　　A. 大肠菌群　　　B. 蛋白质　　　C. 乳酸菌　　　D. 苯甲酸

63. 在 GB 8537《饮用天然矿泉水》中溴酸盐指标要求(　　)。

　　A. 不大于 0.01 mg/L　　　　　　　B. 小于 0.01 mg/L

　　C. 不大于 5 μg/L　　　　　　　　D. 小于 5 μg/L

64. 采用(　　)生产的纯净水需要检测挥发酚类指标。

　　A. 电渗析法　　　B. 离子交换法　　　C. 反渗透法　　　D. 蒸馏法

65. 企业标准需要定期复审,复审周期不得超过(　　)。

　　A. 1 年　　　　B. 2 年　　　　C. 3 年　　　　D. 4 年

二、判断题(对的画"√",错的画"×")

(　　)1. 样品采集后要按标准规定的要求进行预处理。

(　　)2. 理化分析用含碳酸气的饮料样品可直接用于分析,不需要前处理。

(　　)3. 饮料进行微生物分析的采样过程中,任何开盖器械或采样容器必须经过灭菌处理。

(　　)4. 依据 GB/T 12143,果蔬汁固体饮料样品制备需用 95% 的乙醇稀释至刻度,充分混匀。

(　　)5. 依据相关标准,固体饮料测定蛋白质的样品制备中,需称取的质量是 10~25 g。

（　　）6. 依据 GB/ T12143,制备测定饮料中二氧化碳的试液时,需加入 40 g/L 的氢氧化钠溶液。

（　　）7. 测定浊度是用福尔马肼标准混悬液散射光的强度和水样散射光的强度进行比较,散射光的强度越大,表示浊度越高。

（　　）8. pH 定位时,应选用一种与被测水样 pH 接近的标准缓冲溶液重复定位 1～2 次,再用另外两种缓冲溶液进行复定位。

（　　）9. 阿贝折射仪读数时,若待测试样折射率不在 1.3～1.7 范围内,则阿贝折射仪不能用于测定。

（　　）10. 普通酸度计通电后可立即开始测量。

（　　）11. 测定溶液的 pH 时,要求 pH 玻璃电极和饱和甘汞电极两端一样高。

（　　）12. 同一次试验必须选用同一规格的比色皿。

（　　）13. 饮料的感官检验中,甜度是检查和评定的项目之一。

（　　）14. 感官分析时,可以喝少量的茶水漱口。

（　　）15. 测量可溶性固形物的同时应测量样品溶液的温度。

（　　）16. 测定饮料中可溶性固形物的含量时同一样品两次测定值之差不应大于 0.5%。

（　　）17. 用阿贝折射仪测定饮料中可溶性固形物的含量,要求阿贝折射仪的精确度为 ±0.2%。

（　　）18. 测定饮料中的水分时,两次恒重值取前一次的结果进行计算。

（　　）19. 测饮料中的水分时,平铺后其厚度不超过器皿高的 1/3。

（　　）20. 采用酸碱滴定法测定饮料中的总酸应使用的指示剂是酚酞指示剂。

（　　）21. 用电位滴定法测定饮料中的总酸,不需要做空白试验。

（　　）22. GB/T 12456 不适用于测定浑浊不透明的试液。

（　　）23. 测定饮料中的蛋白质含量时,在消化过程中,加大火力可以缩短消化时间,所以开始就应该用较大的火力加热。

（　　）24. 甲基红-溴甲酚绿指示剂在 pH<5.1 时的颜色是红色。

（　　）25. 测定饮料中的灰分含量时,坩埚必须进行预处理,直至前后两次称重之差不超过 0.000 2 g。

（　　）26. 坩埚从马弗炉中取出后,直接放入干燥器内冷却至室温。

（　　）27. 乙醚能从饮料中直接抽提脂肪。

（　　）28. 在不添加蔗糖等非乳成分含量时,含乳饮料非脂乳固体 = 总固体 - 蛋白质。

（　　）29. 测定含有碳酸气的果蔬汁饮料的氨基酸态氮含量时,应先除去试样中的二氧化碳气体。

（　　）30. 采用甲醛法测定果蔬汁饮料中的氨基酸态氮含量,需要的中性甲醛溶液的 pH 为 7.0。

（　　）31. 采用甲醛法测定果蔬汁饮料中的氨基酸态氮含量,pH 计精度至少达到 ±0.2。

（　　）32. 采用甲醛法测定果蔬汁饮料中的氨基酸态氮含量步骤是:先用氢氧化钠溶液调至 pH=8.1,保持 1 min,然后加入 10～15 mL 中性甲醛溶液,1 min 后用氢氧化钠标准溶液滴定至 pH=9.2。

（　　）33. 采用减压器法测定碳酸饮料中二氧化碳的含量属于仲裁检验。

（　　）34. 配制 0.1 mol/L 氢氧化钠标准溶液所用的基准物质是基准邻苯二甲酸氢钾。

（　　）35. 配制 0.1 mol/L 盐酸标准溶液所用的基准物质是基准邻苯二甲酸氢钾。

（　　）36. 采用蒸馏滴定法测定饮料中二氧化碳含量所用的沉淀剂为硝酸银溶液。

（　　）37. 溶液中氢离子的浓度变化时，玻璃电极和参比电极之间的电动势也变化，在 20 ℃ 时，电动势每变化 1 mV，氢离子浓度变化 10^{-5}。

（　　）38. 测定饮用水的 pH 用到的玻璃电极使用前需要在纯水中浸泡 24 h 以上。

（　　）39. 用于校准 pH 计的缓冲溶液一般可以保存 1 年，1 年后仍可以使用。

（　　）40. 水的总硬度指的就是水中碳酸钙的含量。

（　　）41. 硫化钠及氰化钾能够屏蔽重金属的干扰，盐酸羟胺能够使高价铁离子和高价锰离子还原为低价离子从而消除干扰。

（　　）42. 测定水的总硬度的缓冲溶液应该储存于聚乙烯瓶或硬质玻璃瓶中，由于使用中反复开盖使氨逸失而影响 pH，缓冲溶液放置时间较长，氨水浓度降低时，应重新配制。

（　　）43. 测定水中的溶解性总固体时，需要先用中速定量滤纸或 0.45 μm 孔径的滤膜进行过滤。

（　　）44. 矿泉水的溶解性总固体包括测得的蒸发残渣的含量和其中碳酸氢盐的含量。

（　　）45. 水样的浊度对色度测定没有干扰。

（　　）46. 检测嗅味时，只要在盛有水样的容器口闻一下就可以了，不需要使用其他器皿。

（　　）47. 采用目视比色法测定浊度，不同浊度范围的读数精度要求是一样的。

（　　）48. 电导率仪的测量电极可用强酸、碱清洗。

（　　）49. 茶味饮料属于茶饮料的一种。

（　　）50. 经乳酸菌发酵产生的饮料都是乳酸菌饮料。

（　　）51. 经检测不含乳酸菌的饮料肯定不是乳酸菌饮料。

（　　）52. 复合果汁饮料中果汁总含量（质量分数）不小于 10%。

（　　）53. 浓缩果汁的可溶性固形物含量和原汁的可溶性固形物含量之比应不小于 3。

（　　）54. 只要含有二氧化碳的饮料就一定是碳酸饮料。

（　　）55. 固体饮料是用食品原料、食品添加剂等加工制成的粉末状、颗粒状或块状等固态料的供冲调饮用的制品。

（　　）56. 在出厂检验中，未杀菌型发酵型含乳饮料的乳酸菌活菌数指标应不小于 1×10^6 CFU/mL。

（　　）57. 乳蛋白质含量（质量分数）小于 0.7% 的饮料肯定不是含乳饮料。

（　　）58. 在 GB 11673《含乳饮料卫生标准》中规定的蛋白质含量要求只适用于以鲜奶为原料的含乳饮料。

（　　）59. GB 19296《茶饮料卫生标准》不适用于以茶多酚、咖啡因为原料配制而成的饮料。

（　　）60. 采用蒸馏法生产的纯净水对挥发酚类指标不作要求。

（　　）61. "无气"和"脱气"型天然矿泉水可免于标示产品类型。

（　　）62. 饮料产品检验结果中，如果除微生物指标之外有两项以上不合格，就判为不合格产品，不用复检。

（　　）63. 生产过程中 pH 对溴酸盐含量没有影响。

（　　）64. 纯净水中不含任何离子。

（　　）65. 企业标准中制定的指标可以低于强制性国家标准、行业标准和地方标准的相关规定。

参考答案

一、单项选择题

1. D	2. D	3. B	4. D	5. B	6. A	7. D	8. C	9. B	10. C
11. D	12. D	13. D	14. D	15. A	16. D	17. C	18. B	19. B	20. B
21. B	22. D	23. A	24. A	25. B	26. C	27. B	28. B	29. C	30. C
31. B	32. C	33. A	34. D	35. D	36. D	37. B	38. B	39. C	40. B
41. C	42. A	43. D	44. B	45. C	46. B	47. D	48. D	49. C	50. A
51. B	52. B	53. B	54. B	55. C	56. C	57. C	58. B	59. C	60. B
61. A	62. A	63. B	64. D	65. C					

二、判断题

1. √	2. ×	3. √	4. ×	5. ×	6. ×	7. √	8. √	9. ×	10. ×
11. ×	12. √	13. ×	14. √	15. √	16. √	17. ×	18. ×	19. √	20. √
21. ×	22. ×	23. ×	24. √	25. √	26. ×	27. ×	28. ×	29. √	30. ×
31. ×	32. ×	33. ×	34. ×	35. ×	36. ×	37. ×	38. √	39. ×	40. ×
41. √	42. √	43. ×	44. ×	45. ×	46. ×	47. ×	48. ×	49. ×	50. ×
51. ×	52. √	53. ×	54. ×	55. ×	56. √	57. √	58. ×	59. √	60. ×
61. √	62. ×	63. ×	64. ×	65. ×					

第十五单元　罐头食品检验

学习目标

（1）掌握罐头理化检验的样品制备方法。
（2）掌握折射仪、培养箱、显微镜等专业检验仪器的使用方法。
（3）掌握罐头食品的感官检验方法。
（4）掌握罐头食品的理化检验方法。

考核要点

考核类别	考核范围	考　核　点	重要程度
检验前的准备	专业样品制备	罐头食品感官检验前样品的制备	★★★
		黏稠罐头可溶性固形物测定前样品的制备	★★★
		固相和液相分开的罐头食品可溶性固形物测定前样品的制备	★★★
		罐头食品净含量测定前样品的制备	★★★
		罐头食品固形物测定前样品的制备	★★★

续表

考核类别	考核范围	考 核 点	重要程度
检验前的准备	专业样品制备	罐头食品 pH 测定前样品的制备	★★★
	专业检验仪器	折射仪的使用	★★★
		电极的保存方法	★★★
		培养箱的使用	★★★
检验	专业检验仪器	显微镜的使用方法	★★★
		显微镜使用的注意事项	★★★
	感官检验	畜禽肉、水产罐头组织与形态检验	★★★
		畜禽肉、水产罐头色泽检验	★★★
		畜禽肉、水产罐头组织与形态要求	★★★
		糖水水果及蔬菜罐头组织与形态要求及检验	★★★
		糖水水果及蔬菜罐头色泽检验	★★★
		果汁类罐头色泽检验	★★★
		糖浆类罐头组织与形态检验	☆★★
		糖浆类罐头色泽检验	★★★
		果酱类罐头组织与形态要求	★★★
		果汁类罐头组织与形态检验	★★★
		果酱类罐头色泽检验	★★★
		果酱类罐头色泽要求	★★★
	理化检验	净重的测定方法	★★★
		固形物含量的测定方法	★★★
		净重测定注意事项	★★★
		固形物含量测定注意事项	★★★
		测定固形物含量所用圆筛的选择	★★★
		总干燥物检测注意事项	★★★
		总干燥物的测定方法	★★★
		总干燥物的测定原理	★★★
		pH 的测定方法	★★★
		pH 测定注意的问题	★★★
		可溶性固形物的测定方法	★★★
		可溶性固形物测定注意的问题	★★★
		可溶性固形物的测定原理	★★★
		水果蔬菜类罐头固形物含量的测定方法	★★★
		畜禽肉水产和黏稠类罐头固形物含量测定方法	★★★
		缓冲溶液的制备	★★★
		pH 计的校正	★★★

考核类别	考核范围	考 核 点	重要程度
检验	理化检验	真空干燥箱的使用方法	★★★
		罐头食品的净含量要求	★★★

考点导航

一、专业样品制备

1. 组织与形态检验

畜肉罐头食品进行组织与形态检验前,应先加热至汤汁溶化,加热后倒入白瓷盘中进行观察;糖水水果类罐头一般应在室温(15～20 ℃)下打开。

2. 可溶性固形物

取适量果酱类罐头样品于已称重的烧杯内,加入 100～150 mL 蒸馏水,用玻璃棒搅拌,并缓和煮沸 2～3 min,冷却并充分混匀;固相和液相分开的罐头按固液相的比例,将样品用组织捣碎器捣碎后,用四层纱布挤出滤液用于测定。

3. 固形物

测定固形物时,净含量小于 1.5 kg 的罐头用直径为 200 mm 的圆筛沥干,净含量大于 1.5 kg 的罐头用直径为 300 mm 的圆筛沥干。测定固形物前,畜禽肉类罐头食品应在(50±5) ℃的水浴加热 10～20 min,使凝冻的汤汁溶化。

4. pH

测定 pH 前,液态罐头应取混匀样品,固相和液相分开的罐头取混匀的液相,太稠厚的罐头食品则需要加入等量刚煮沸过的蒸馏水混匀。

二、专业检验仪器

1. 折射仪使用注意事项

(1)折射仪应放在干燥、空气流通和温度适宜的地方,以免仪器的光学零件受潮发霉。

(2)被测液体试样中不可含有固体杂质。

(3)折射仪应避免强烈振动或撞击。

(4)折射仪的棱镜一般用酒精擦净。

2. 显微镜

(1)构造:显微镜分为机械和光学两部分。机械部分主要由镜座、镜臂、载物台、镜筒、物镜转换器与调焦装置组成,光学系统主要包括物镜、目镜、反光镜和聚光器。

(2)使用注意事项:显微镜使用完毕应上旋镜头,先用拭镜纸擦去镜头上的油,再用拭镜纸蘸一点二甲苯擦镜头。

三、感官检验

1. 肉罐头

(1)组织形态:午餐肉罐头不需加热,原汁猪肉罐头、五香牛肉罐头、浓汁排骨罐头、清蒸牛肉罐头、红烧猪肉罐头、咸牛肉罐头等需先加热至汤汁溶化;午餐肉罐头允许最大直径小于 8 mm 的小气孔存在,优级午餐肉罐头要求缺角不超过周长的 10%。

（2）色泽与澄清度：在白瓷盘中观察畜肉罐头的色泽是否符合标准要求。将畜肉罐头的汤汁注入量筒，静置 3 min 后，观察其色泽和澄清程度。

2. 水果罐头

（1）组织形态：先滤去汤汁，然后将内容物倒入白瓷盘中观察其组织形态。一级糖水洋梨罐头要求过度修整、破损、过硬的果块不超过总块数的 25%，优级糖水葡萄罐头允许叶磨和破裂果不超过净重的 5%。苹果山楂型什锦果酱罐头的合格品要求酱体呈软胶凝状，徐徐流散，允许少量汁液析出无糖的结晶。

（2）色泽：在白瓷盘中观察其色泽是否符合标准要求。将汁液倒在烧杯中，观察是否澄清透明。

3. 其他罐头

（1）果汁类罐头：倒在玻璃容器内，静置 30 min，观察其色泽、沉淀程度、分层情况和油圈现象。

（2）糖浆类罐头：开罐后，将内容物平倾于不锈钢圆筛中，静置 3 min，再观察其组织形态。将糖浆全部倒入白瓷盘中，观察其是否浑浊。将不锈钢圆筛上的果肉倒入白瓷盘内，观察其色泽。

（3）果酱罐头及番茄酱罐头：将酱体全部倒入白瓷盘中，随即观察其色泽。优级苹果酱罐头要求酱体呈红褐色或琥珀色。

四、理化检验

1. 净含量和固形物

（1）畜肉、禽及水产类罐头需加热，使凝冻溶化后开罐。果蔬类罐头不经加热，直接开罐。黏稠的粥类罐头需要在（50±5）℃的水浴中加热 10～20 min，使凝冻的汤汁溶化后，将内容物倒在圆筛上测量。

（2）罐头食品净含量和固形物检测中用到的圆筛用不锈钢丝织成，丝的直径为 1.0 mm。净含量小于 1.5 kg 的罐头用直径为 200 mm 的圆筛；净含量大于 1.5 kg 的罐头需选用直径为 300 mm 的圆筛。

（3）固形物：畜禽类固形物的质量分数的计算公式为：

$$X = [(m_1 - m_2) + m_3]/m_4 \times 100$$

式中　m_1——沥干物加圆筛的质量；

　　　m_2——圆筛的质量；

　　　m_3——油脂的质量；

　　　m_4——罐头标明的净含量。

2. 总干燥物

（1）仪器设备：玻璃称量瓶、真空干燥箱、玻璃干燥器、不锈钢小勺、一般真空干燥箱。

（2）在测定罐头食品中干燥物的含量时，应把样品放入温度为 70 ℃、压力为 13332.2 Pa 以下的真空干燥箱内烘 4 h，样品在真空干燥箱内烘至两次质量差不大于 0.003 g 为止。

3. pH

（1）仪器：酸度计（pH 计）法，缓冲溶液是 pH=4.00 的邻苯二甲酸氢钾溶液和 pH=9.18 的四硼酸钠溶液。

（2）pH 计的使用：新电极在使用前需在蒸馏水中浸泡 24 h 以上。同一个试样制备至少要进行两次测定。同一人操作,同时或紧接的两次测定结果之差应不超过 0.1,结果应取两次测定的算术平均值,精确到 0.05。

4. 可溶性固形物

折射仪在使用前应进行校正。用玻璃棒蘸取制好的样液 2～3 滴,仔细滴于阿贝折射仪棱镜平面的中央;迅速闭合上下两棱镜,静置 1 min,要求液体均匀无气泡并充满视野;当温度低于 20 ℃时,可溶性固形物应为阿贝折射仪读数加温度校正值;对罐头食品中的可溶性固形物的测定中,同一名操作人员进行两次测定的结果之差不超过 0.5%。对黏稠罐头制品,可溶性固形物含量与阿贝折射仪上所读得的数不相等。不经稀释的透明液体、固相和液相分开的罐头制品,可溶性固形物含量与阿贝折射仪上所读得的数相等。

5. 真空干燥箱的使用

真空干燥箱又名减压干燥箱,是能在真空条件下干燥样品的电热设备,适用于干燥热敏性、高温易分解或氧化的物品。

干燥箱应放置在平稳处,箱体外壳必须接地;使用前清理真空干燥箱内的杂物和灰尘;真空干燥箱内不得放入易挥发及爆炸物品;必须先抽真空再升温加热,而不能先升温再抽真空。

6. 商业无菌

(1) 开罐:先将样罐用温水和洗涤剂洗刷干净,用自来水冲洗后擦干,放入无菌室后,用紫外线灯照射 30 min。

(2) 取样:按杀菌锅抽样时,低酸性食品罐头在杀菌冷却后每杀菌锅抽样 2 罐,3 kg 以上的大罐每锅抽 1 罐,酸性食品罐头每锅抽 1 罐。按生产班(批)次抽样时,取样数为 1/6 000,尾数超过 2 000 者增取 1 罐,每班(批)每个品种不得少于 3 罐。

按生产(班)批次抽样时,个别产品产量过小,同品种同规格可合并班次一批取样,但并班总数不超过 5 000 罐,每个批次取样数不得少于 3 罐。按生产班(批)次抽样时,某些产品班产量较大,则以 30 000 罐为基数,其取样数按 1/6 000,超过 30 000 罐以上的按 1/20 000 计,尾数超过 4 000 者增取一罐。罐头商业无菌的指标检验中,若用电子秤或台式天平称量,1 kg 以下的罐头至少精确到 1 g。

(3) 在做低酸性罐头食品商业无菌检测时,样品的保存温度和时间分别为(36±1)℃和 10 天;在做酸性罐头食品商业无菌检测时,样品的保存温度和时间分别为(30±1)℃和 5 天;预订要输往热带地区(40 ℃以上)的低酸性罐头食品,在做商业无菌检测时,样品的保存温度和时间分别为(55±1)℃和 5～7 天。

(4) 在做罐头食品商业无菌检测时,保温过程中每天检查一次,如有胖听或泄漏等现象,立即剔出做开罐检查。需要接种培养的低酸性罐头食品用到的培养基是庖肉培养基、溴甲酚紫葡萄糖肉汤。

(5) 留样:开罐后,应用灭菌吸管或其他适当工具无菌操作取出内容物;取内容物 10～20 mL(g),移入灭菌容器内;取出的内容物放入冰箱内;取完内容物后,该批罐头得出检验结论后方可弃去。

五、罐头食品的分类

(1) 肉类:清蒸类肉罐头、调味类肉罐头、腌制类肉罐头、烟熏类肉罐头、香肠类肉罐头和内脏类肉罐头。

(2) 禽类:白烧类禽罐头、去骨类禽罐头和调味类禽罐头。

（3）水产类：油浸（熏制）类水产罐头、调味类水产罐头和清蒸类水产罐头。

（4）水果类：糖水类水果罐头、糖浆类水果罐头和果酱类水果罐头。

（5）蔬菜类：清渍类蔬菜罐头、醋渍类蔬菜罐头、调味类蔬菜罐头和盐渍（酱渍）蔬菜罐头。

（6）其他类：坚干果类罐和汤类罐头。

仿真训练

一、单项选择题（请将正确选项的代号填入题内的括号中）

1. 进行畜肉罐头食品组织与形态检验前，应先将其加热至（　　）。

　　A. 汤汁溶化　　　　B. 汤汁沸腾　　　　C. 汤汁沸腾 5 min　　D. 汤汁浓缩一半

2. 测定果酱类罐头的可溶性固形物前，称取适量样品，于已称重的烧杯内加入 100～150 mL 蒸馏水，用（　　）搅拌，并缓和煮沸 2～3 min，冷却并充分混匀。

　　A. 玻璃棒　　　　　B. 不锈钢筷子　　　C. 不锈钢勺　　　　D. 竹筷子

3. 测定固相和液相分开的罐头食品可溶性固形物前，（　　），将样品用组织捣碎器捣碎后，用四层纱布挤出滤液用于测定。

　　A. 按比例取固、液相　B. 取固相　　　　　C. 取液相　　　　　D. 随机取固相和液相

4. 测定净含量小于 1.5 kg 的罐头，沥干以测定固形物所用圆筛的直径为（　　）。

　　A. 180 mm　　　　　B. 200 mm　　　　　C. 240 mm　　　　　D. 260 mm

5. 测定畜禽肉类罐头食品固形物前，在（50±5）℃的水浴中加热（　　），使凝冻的汤汁溶化。

　　A. 1～2 min　　　　B. 3～4 min　　　　C. 5～8 min　　　　D. 10～20 min

6. 测定稠厚罐头食品的 pH 前，需要加入（　　）刚煮沸过的蒸馏水，混匀后再检测。

　　A. 30%　　　　　　B. 60%　　　　　　C. 等量　　　　　　D. 80%

7. 折射仪的棱镜一般用（　　）擦净。

　　A. 酒精　　　　　　B. 自来水　　　　　C. 蒸馏水　　　　　D. 苯

8. 用于测定罐头 pH 的甘汞电极一般应浸在（　　）中保存。

　　A. 自来水　　　　　B. 酒精　　　　　　C. 蒸馏水　　　　　D. 氯化钾溶液

9. 测定罐头食品中的霉菌总数时，恒温培养箱温度设置为 25～28 ℃，3 天后开始观察，共观察培养（　　）。

　　A. 8 天　　　　　　B. 7 天　　　　　　C. 6 天　　　　　　D. 5 天

10. 使用显微镜对光时应将光圈（　　），再使聚光镜与载物台升至同样高。

　　A. 关闭　　　　　　B. 打开一点　　　　C. 半开半闭　　　　D. 完全打开

11. 采用郝氏计数法测定番茄酱罐头的霉菌总数时，应将显微镜按（　　）放大率调节标准视野。

　　A. 100 倍　　　　　B. 90 倍　　　　　　C. 75 倍　　　　　　D. 50 倍

12. 进行（　　）组织与形态检验前，不需先加热。

　　A. 原汁猪肉罐头　　B. 午餐肉罐头　　　C. 红烧牛肉罐头　　D. 咸羊肉罐头

13. 应在（　　）中观察畜肉罐头的色泽是否符合标准要求。

　　A. 搪瓷缸　　　　　B. 白瓷盘　　　　　C. 烧杯　　　　　　D. 表面皿

14. 午餐肉罐头中允许最大直径小于（　　）的小气孔存在。

　　A. 11 mm　　　　　B. 8 mm　　　　　　C. 13 mm　　　　　D. 10 mm

15. 一级糖水洋梨罐头中要求过度修整、破损、过硬的果块不超过总块数的（　　）。
    A. 15%　　　　　　B. 20%　　　　　　C. 25%　　　　　　D. 30%

16. 将糖水洋梨罐头的汁液倒在（　　）中，观察是否澄清透明。
    A. 三角瓶　　　　　B. 量筒　　　　　　C. 烧杯　　　　　　D. 表面皿

17. 将果汁类罐头倒在玻璃容器内，静置（　　），观察其色泽。
    A. 15 min　　　　　B. 20 min　　　　　C. 25 min　　　　　D. 30 min

18. 糖浆类罐头开罐后，将内容物平倾于不锈钢圆筛中，静置（　　），再观察其组织形态。
    A. 1 min　　　　　B. 2 min　　　　　　C. 3 min　　　　　　D. 30 s

19. 将糖浆类罐头糖浆的（　　）倒入白瓷盘中，观察其是否浑浊。
    A. 大部分　　　　　B. 全部　　　　　　C. 约1/2　　　　　　D. 约1/3

20. 苹果山楂型什锦果酱罐头的优级品酱体呈软胶凝状，徐徐流散，（　　）。
    A. 允许轻微汁液析出、无糖的结晶　　　B. 无汁液析出、无糖的结晶
    C. 无汁液析出、少量糖的结晶　　　　　D. 允许轻微汁液析出、少量糖的结晶

21. 打开果汁类罐头后将内容物倒在玻璃容器内，静置 30 min，观察其（　　）、分层情况和油圈现象。
    A. 澄清程度　　　　B. 透光情况　　　　C. 沉淀程度　　　　D. 浑浊情况

22. 将果酱罐头及番茄酱罐头酱体全部倒入（　　）中，随即观察其色泽。
    A. 不锈钢盘　　　　B. 白瓷盘　　　　　C. 烧杯　　　　　　D. 瓷碗

23. 优级苹果酱罐头酱体呈（　　）。
    A. 红褐色或琥珀色　B. 红褐色或黄褐色　C. 琥珀色或黄褐色　D. 琥珀色或棕褐色

24. 下列罐头中，（　　）无须先加热再进行净含量的测定。
    A. 畜肉罐头　　　　B. 禽肉罐头　　　　C. 水产类罐头　　　D. 果蔬类罐头

25. 罐头食品净含量和固形物检测中用到的圆筛用（　　）织成。
    A. PVC　　　　　　B. 玻璃纤维　　　　C. 不锈钢丝　　　　D. 聚乙烯丝

26. 下列罐头中，（　　）需先加热再进行净含量的测定。
    A. 黄花鱼罐头　　　B. 糖水黄桃罐头　　C. 芦荟罐头　　　　D. 糖水洋梨罐头

27. 水果、蔬菜类罐头固形物的质量分数的计算公式 $X=(m_1-m_2)/m_3\times100$ 中，各字母代表的含义不正确的是（　　）。
    A. m_1 表示沥干物加圆筛的质量　　　　B. m_2 表示圆筛的质量
    C. m_3 表示罐头标明净含量　　　　　　D. m_2 表示罐头实际净含量

28. 对于净重为 2.0 kg 的水果罐头，测定净重和固形物含量时应选用直径为（　　）的圆筛。
    A. 100 mm　　　　　B. 200 mm　　　　　C. 300 mm　　　　　D. 400 mm

29. 罐头食品在进行总干燥物测定时，需要用到的仪器设备包括（　　）。
    A. 玻璃称量瓶、真空干燥箱、玻璃干燥器、不锈钢小勺、一般干热烘箱
    B. 玻璃称量瓶、玻璃干燥器、不锈钢小勺、一般干热烘箱、马弗炉
    C. 玻璃称量瓶、真空干燥箱、电热干燥器、不锈钢小勺、马弗炉
    D. 玻璃称量瓶、不锈钢小勺、一般干热烘箱、马弗炉

30. 在罐头食品干燥物含量的测定中，应把样品放入温度为（　　）、压力为 13 332.2 Pa 以下的真空干燥箱内烘 4 h。
    A. 70 ℃　　　　　　B. 85 ℃　　　　　　C. 90 ℃　　　　　　D. 102 ℃

31. 罐头食品中总干燥物的含量以（　　）表示。
    A. 摩尔浓度　　　　　B. 体积分数　　　　　C. 质量分数　　　　　D. 物质的量

32. 在罐头食品 pH 的测定中，需要的缓冲溶液是（　　）的邻苯二甲酸氢钾溶液和 pH=9.18 的四硼酸钠溶液。
    A. pH=4.00　　　　　B. pH=4.18　　　　　C. pH=6.86　　　　　D. pH=7.00

33. GB 10786—2006 规定，用酸度计测定罐头食品的 pH，应取两次测定的算术平均值作为结果，精确到（　　）。
    A. 0.05　　　　　B. 0.1　　　　　C. 0.2　　　　　D. 0.5

34. 分开折射仪的两面棱镜，以脱脂棉蘸（　　）擦净。
    A. 乙醚　　　　　B. 蒸馏水　　　　　C. 醋酸　　　　　D. 乙醚或酒精

35. 下列罐头中（　　）可以在阿贝折射仪上直接读取可溶性固形物的含量。
    A. 果酱罐头　　　　　B. 番茄罐头　　　　　C. 果冻罐头　　　　　D. 果浆罐头

36. 下列仪器中（　　）不是用来测定罐头中可溶性固形物的。
    A. 阿贝折射仪　　　　　B. 糖度计　　　　　C. 组织捣碎机　　　　　D. 旋光仪

37. 净重为 1 040 g 的芦荟罐头应选用直径为（　　）的圆筛测固形物含量。
    A. 100 mm　　　　　B. 150 mm　　　　　C. 200 mm　　　　　D. 300 mm

38. GB/T 10786—2006 规定，（　　）中固形物的测量方法相同。
    A. 水果罐头和蔬菜罐头　　　　　　　　B. 水产罐头和蔬菜罐头
    C. 水果罐头和畜肉禽罐头　　　　　　　D. 水果罐头和黏稠的粥罐头

39. 常用的缓冲溶液有 3 种，它们在（　　）时的 pH 分别为 4.00、6.88 和 9.23。
    A. 15 ℃　　　　　B. 20 ℃　　　　　C. 25 ℃　　　　　D. 任意温度下

40. 用 pH 计测定 pH 为 5.2 的溶液，在测定采用的温度下，最宜选用 pH=（　　）的缓冲溶液进行校正。
    A. 4.00　　　　　B. 6.86　　　　　C. 9.23　　　　　D. 3.57

41. 有关真空干燥箱的使用环境说法不正确的是（　　）。
    A. 温度为 0～50℃
    B. 相对湿度小于等于 85% RH
    C. 电源电压：AC 220 V×（1±10%），50 Hz
    D. 周围无强烈振动及腐蚀性气体影响

42. 标明净含量为 454 g 的罐头，允许单罐短缺量为（　　）。
    A. 13.6 g　　　　　B. 15 g　　　　　C. 22.7 g　　　　　D.18.2 g

二、判断题（对的画"√"，错的画"×"）

（　　）1. 进行果酱类罐头食品组织与形态检验前，应在室温（15～20 ℃）开罐。

（　　）2. 测定果酱类罐头的可溶性固形物前，称取适量样品，精确至 0.1 g，于已称重的烧杯内加入 100～150 mL 蒸馏水，用玻璃棒搅拌，并缓和煮沸 2～3 min，冷却并充分混匀。

（　　）3. 测定固相和液相分开的罐头食品的可溶性固形物前，取液相过滤后用于测定。

（　　）4. 净含量小于 1.5 kg 的罐头用直径 200 mm 的圆筛沥干以测定固形物。

（　　）5. 测定畜禽肉类罐头食品固形物前，在 (100±5) ℃的水浴加热 10～20 min，使凝冻的汤汁溶化。

（　　）6. 测定固相和液相分开的罐头的 pH,应取混匀的液相用于检测。

（　　）7. 测定罐头的可溶性固形物时,用末端熔圆的玻璃棒取样液滴于阿贝折射仪棱镜平面的中央。

（　　）8. 用于测定罐头 pH 的玻璃电极一般应浸在蒸馏水中保存。

（　　）9. 测定罐头食品中的霉菌总数时,恒温培养箱温度设置为 25～28 ℃。

（　　）10. 使用显微镜对光时应将光圈完全打开,再将高聚光镜与载物台升至同样高。

（　　）11. 采用郝氏计数法测定番茄酱罐头的霉菌总数时,应将显微镜按 75 倍放大率调节标准视野。

（　　）12. 进行午餐肉罐头组织与形态检验前,需先加热至汤汁溶化。

（　　）13. 将畜肉罐头的汤汁注入烧杯中,静置 3 min 后,观察其色泽和澄清程度。

（　　）14. 午餐肉罐头中允许最大直径小于 10 mm 的小气孔存在。

（　　）15. 糖水洋梨罐头开罐后,先滤去汤汁,然后将内容物倒入搪瓷缸中观察其组织形态。

（　　）16. 将糖水洋梨罐头的汁液倒在烧杯中,观察是否澄清透明。

（　　）17. 将果汁类罐头倒在不锈钢容器内,静置 30 min,观察其色泽。

（　　）18. 糖浆类罐头开罐后,将内容物平倾于不锈钢圆筛中,静置 30 s,再观察其组织形态。

（　　）19. 检验糖浆类罐头的色泽时,将上层糖浆倒入白瓷盘,观察其是否浑浊。

（　　）20. 苹果山楂型什锦果酱罐头的优级品要求酱体呈软胶凝状,徐徐流散,允许轻微汁液析出,无糖的结晶。

（　　）21. 果汁类罐头打开后内容物倒在不锈钢容器内,静置 30 min,观察其沉淀程度、分层情况和油圈现象。

（　　）22. 将果酱罐头及番茄酱罐头的酱体全部倒入白瓷盘中,再等 5 min 观察其色泽。

（　　）23. 一级苹果酱罐头要求酱体呈红褐色或琥珀色。

（　　）24. 测定净含量时,果蔬类罐头、畜肉、禽及水产类罐头需先加热,使凝冻溶化后开罐。

（　　）25. 在罐头固形物含量的测定中,根据罐头的种类选择圆筛的规格。

（　　）26. 测定罐头食品的净含量时,可以选用感量为 1 g 的天平称量。

（　　）27. 在罐头净重和固形物含量的测定中,根据罐头净重选择圆筛的规格。

（　　）28. 测定罐头的净重和固形物含量时,圆筛的种类有直径 200 mm 和 300 mm 两种。

（　　）29. 在罐头食品中干燥物含量的测定中,将干净细砂在 95～100 ℃ 的烘箱中烘至恒重。

（　　）30. 在罐头食品干燥物含量的测定中,应把样品放入温度 100 ℃、压力为 13 332.2 Pa 以下的真空干燥箱内烘至恒重。

（　　）31. 测定罐头食品中干燥物的含量时,样品在电热恒温干燥箱内烘至两次质量差不大于 0.003 g 为止。

（　　）32. 甘汞电极一般保存在饱和氯化钠溶液中。

（　　）33. 测定罐头食品的 pH 时,同一个试样制备至少要进行两次测定。

（　　）34. 采用阿贝折射仪测试的试样中不可含有固体杂质,测试固体样品时应防止折射镜工作表面拉毛或产生压痕,可以测试腐蚀性较弱的样品。

（　　）35. 可以直接用阿贝折射仪测量果酱罐头中可溶性固形物的含量。

（　　）36. 测定罐头食品的可溶性固形物时可用糖度计或阿贝折射仪。

（　　）37. 应选用直径为 300 mm 的圆筛测净重为 495 g 的糖水洋梨罐头中固形物含量。

（　　）38. 水果、蔬菜类罐头和畜肉禽罐头、水产类罐头固形物含量的计算公式相同。

（　　）39. 配制 pH 为 6.88（20 ℃）的缓冲溶液，用到的试剂为邻苯二甲酸氢钾。

（　　）40. 用 pH 计测定 pH 为 5.2 的溶液，在测定采用的温度下，最宜选用 pH 为 4.00 的缓冲溶液进行校正。

（　　）41. 真空干燥箱是工作空间处于正压状态的干燥箱。

（　　）42. 一批标明净含量为 750 g 的罐头，平均单罐短缺量为 12 g 是允许的。

仿真训练

一、单项选择题

1. A	2. A	3. A	4. B	5. D	6. C	7. A	8. D	9. D	10. D
11. A	12. B	13. B	14. B	15. C	16. C	17. D	18. C	19. B	20.B
21. C	22. A	23. A	24. D	25. C	26. A	27. D	28. C	29. A	30. A
31. C	32. A	33. A	34. D	35. D	36. D	37. C	38. A	39. B	40. A
41. A	42. A								

二、判断题

1. √	2. ×	3. ×	4. √	5. ×	6. √	7. √	8. √	9. √	10. √
11. ×	12. ×	13. ×	14. √	15.	16. √	17.	18. ×	19. ×	20. ×
21. ×	22. ×	23. √	24. ×	25.	26. ×	27. √	28. ×	29. ×	30. ×
31. ×	32. ×	33. √	34. ×	35. ×	36. √	37. ×	38. ×	39. ×	40. √
41. ×	42. ×								

第十六单元　肉蛋及制品检验

学习目标

（1）掌握肉蛋制品取样和储存方法。

（2）掌握马弗炉、真空干燥箱和 pH 计的构造及使用。

（3）掌握肉蛋制品的感官检验内容及肉蛋制品的基本分类。

（4）掌握常见肉蛋制品的水分、灰分的检验原理和方法。

（5）掌握氯化物和 pH 的测定原理及方法。

考核要点

考核类别	考核范围	考　核　点	重要程度
检验前的准备	专业样品制备	肉制品取样	★★★

考核类别	考核范围	考 核 点	重要程度
检验前的准备	专业样品制备	水产品取样	★★★
		蛋制品的检验	★★★
		肉制品样品的储存	★★★
		水产品样品的储存	★★★
		蛋制品的抽样方法	★★★
	专业检验仪器	马弗炉的构造	★★★
		马弗炉使用注意问题	★★★
		干燥箱的构造	★★★
		真空干燥箱使用注意问题	★★★
		pH 计的构造	★★★
		pH 计的使用常识及注意事项	★★★
检验	感官检验	肉制品的感官检验	★★★
		水产品的感官检验	★★★
		蛋制品的感官检验	★★★
		肉制品的感官要求	★★★
		水产品的感官要求	★★★
		蛋制品的感官要求	★★★
	理化检验	水产加工品的主要原辅料要求	★★★
		肉制品的主要原辅料要求	★★★
		蛋制品的主要原辅料要求	★★★
		水产加工品的种类	★★★
		肉制品的种类	★★★
		蛋制品的种类	★★★
		常见水产加工品的理化指标要求	★★★
		常见肉制品的理化指标要求	★★★
		常见蛋制品的理化指标要求	★★★
		水产加工品运输要求	★★★
		肉制品运输要求	★★★
		蛋制品运输要求	★★★
		水产加工品的储存要求	★★★
		肉制品的储存要求	★★★
		蛋制品的储存要求	★★★
		肉蛋食品中的净含量计量要求	★★★
		肉蛋食品中的净含量计量检验	★★★
		净含量计量的注意事项	★★★

续表

考核类别	考核范围	考 核 点	重要程度
检验	理化检验	水产加工品的标签要求	★★★
		肉制品的标签要求	★★★
		蛋制品的标签要求	★★★
		干燥剂的使用	★★★
		水分的测定原理	★★★
		水分的测定方法	★★★
		水分测定注意的问题	★★★
		灰分的测定原理	★★★
		灰分的测定方法	★★★
		灰分测定注意的问题	★★★
		氯化物测定的原理	★★★
		氯化物测定常用试剂	★★★
		氯化物的测定方法	★★★
		氯化物测定注意的问题	★★★
		pH 的测定原理	★★★
		pH 测定所需试剂	★★★
		pH 的测定方法	★★★
		pH 测定注意的问题	★★★
		肉蛋及制品的检验规则	★★★
		水产加工品的卫生标准基础知识	★★★
		肉制品的卫生标准基础知识	★★★
		蛋制品的卫生标准基础知识	★★★
		pH 计的校正定位	★★★
		电极的分类与选用	★★★

考点导航

一、专业样品制备

1. 肉制品取样的原则

(1)样品应尽可能有代表性;应抽取同一批次同一规格的产品;取样应满足分析的用量要求。

(2)每件 500 g 以上的产品取样时应随机从 3～5 件上取若干小块混合,共 500～1 500 g;对小块碎肉,应从堆放平面的四角和中间取样混合,共 500～1 500 g。

(3)样品应尽快送至实验室并尽快分析处理。

2. 水产品破坏性检验抽样

(1)养殖活水产品以同一池或同一养殖场中养殖条件相同的产品为一检验批;水产加工品以企业明示的批号为一检验批;捕捞水产品、市场销售的鲜品以来源及大小相同的产品视为一检验批。

（2）活体的样品应选择代表整批产品较高水平的生物体。

（3）用于微生物检验时，取样后存放温度为 0～4 ℃，冷冻水产品取样后用保温箱或其他措施使样品处于冷冻状态。

3.蛋制品的抽样方法

（1）样品应同一生产基地、同一品种、同一包装日期为一个检验批次。

（2）按同批次分别在货件不同部位随机抽样。

（3）抽取每件总数的3%合并。

二、专业检验仪器

1.马弗炉的构造及注意事项

（1）马弗炉从应用上主要分为炉体和控制箱两大部分，外壳由角钢和钢板焊接而成，保温层起保温和绝缘作用。

（2）工作温度在 950 ℃以下的马弗炉一般用硅碳棒做发热元件，在 1 300 ℃以下的高温炉一般用轻质保温砖或硅酸铝棉保温。

（3）用坩埚盛装样品；坩埚与样品在电炉上炭化；用坩埚与坩埚盖同时放入马弗炉灰化；用坩埚盛装样品前应先灼烧至恒重；降温至 200 ℃以下取出；液体样品先在水浴上蒸干水分再进行炭化。

（4）用马弗炉灰化一般食品样品时灰化温度为（550±25）℃。

2.恒温干燥箱的构造

（1）恒温干燥箱主要由箱体、电热器和温度控制系统三部分组成，其电热器一般由多根电热丝并联组成箱门。恒温干燥箱一般均为两重式，同时使箱内物品蒸发的水蒸气加速散逸到箱外的空气中，以加快干燥速率，外壳一般用薄铁板（或薄钢板）制成。

（2）真空干燥箱外壳必须有效接地，以保证使用安全。真空干燥箱应在相对湿度不大于85%，周围无腐蚀性气体、无强烈振动源及强电磁场存在的环境中使用；真空干燥箱工作室无防爆、防腐蚀等处理，不得放易燃、易爆、易产生腐蚀性气体的物品进行干燥。

3.pH 计（酸度计）的组成及使用

（1）pH 计主要由精密电流计和电极组成，参比电极一般和玻璃电极组合使用，安装时甘汞电极端部略低于 pH 玻璃电极端部。

（2）用 pH 计测定溶液的 pH 时，选用温度补偿应设定为被测溶液的温度。

（3）pH 计复合电极使用完毕，一般浸泡在饱和氯化钾溶液内。

三、感官检验

1.肉类

肉脯的感官检验指标主要包括：目测检验、味觉检验和嗅觉检验。

对火腿肠进行感官检验的步骤是：在自然光线充足的实验室直接观察产品外观，剥落肠衣，将内容物置于洁净的白瓷盘内，通过眼、鼻、手、口等感觉器官对质量好坏进行评定。

2.水产品

对熟制水产品进行感官检验，需从样品中随机抽取 5 g 置于白瓷盘中。在自然光下用目测法进行色泽、形状、杂质和霉变等项目的检验。

3. 蛋制品

高邮咸鸭蛋的感官检验方法:蛋去壳后放在干净盘中,先观察蛋的整体形态和光泽,用刀或线将蛋剖开,进行形态、颜色的检验及气味和滋味的检验。

四、理化检验

1. 肉蛋制品的分类

(1)肉制品按加工工艺分为9类。水产加工品按产品基本属性分为12类,其中食品范围类包括9类。

(2)中式火腿主要分为金华火腿、宣威火腿和意大利火腿。调制香肠包括松花蛋肉肠、肝肠和血肠。

(3)蛋制品包括干蛋制品、湿蛋制品、冰蛋制品、腌蛋制品和蛋白饮料5大类。

2. 肉制品的储藏运输

(1)运输要求:运输工具应清洁、干燥、无异味、无污染;运输时应防雨、防潮、防晒;不得与有毒、有害、有异味的物品混装运输;需冷藏的产品应在4℃下或规定的温度下运输。

(2)腌制生食动物性水产品的储存要求包括以下条件:干燥、通风良好;需要冷藏的产品应在4℃以下或规定的温度下储存;不与有毒有害物品同处储存等。冷冻水产品要储存在−15~18℃的冷库内,储存期不超过9个月。

3. 罐头肉蛋制品净含量检验

检验罐头肉制品的净含量时,可分离的固液两相商品应先在(50±5)℃的水浴中加热10~20 min。开罐后应事先称量内容物倒入的网筛;网筛与水平面保持17°~20°倾角;将内容物倒入网筛时不要遗漏固体碎末;检验定量包装食品时,应考虑水分变化对食品净含量的影响。

4. 食品干燥剂的分类

食品干燥剂包括氧化钙类、硅胶类、蒙脱石类、氯化钙类和纤维干燥剂。

5. 水分、灰分的测定

水分、灰分的测定参照本章第九单元粮油及制品检验中相关内容。

6. 肉蛋制品中氯化物的测定

(1)用佛尔哈德法测氯化物含量时,先用热水提取肉蛋中的氯化物,试液经酸化处理后,加入过量的硝酸银溶液,以硫酸铁铵为指示剂用硫氰酸钾标准溶液滴定过量的硝酸银。根据硫氰酸钾标准溶液的消耗量,计算食品中氯化钠的含量,试验中所使用的水应经过卤素测试,加入硝酸银和硝酸不应出现微浑浊和浑浊。

(2)用电位滴定法测定肉或肉制品中的氯化物含量时,取悬浮液酸化,用硝酸银溶液滴定,用银电极测定电位变化。

7. 商业无菌检测

(1)称取罐头类肉蛋制品样品进行商业无菌检测时,1 kg以下的样品精确到1.0 g;1 kg以上的样品精确到2.0 g。

(2)对于低酸性罐头类肉制品,商业无菌检测前期样品应在(36±1)℃时保温10天;要输往热带地区(40℃以上)的低酸性罐头类肉制品(55±1)℃时保温5~7天;高酸性罐头类肉制品(30±1)℃时保温10天。

(3)进行罐头类肉制品商业无菌检测前期保温过程中应每天检查下样品,如有胖听或泄漏等现象,立即剔出检查。

⇒ 仿真训练

一、单项选择题（请将正确选项的代号填入题内的括号中）

1. 肉制品取样的原则不包括(　　　)。
   A. 样品应尽可能有代表性　　　　　　B. 应抽取同一批次同一规格的产品
   C. 取样应满足分析的用量要求　　　　D. 应尽量从肌肉含量多的部位取样

2. 关于水产品破坏性检验抽样的说法不正确的是(　　　)。
   A. 养殖活水产品以同一池或同一养殖场中养殖条件相同的产品视为一检验批
   B. 捕捞水产品、市场销售的鲜品以来源及大小相同的产品视为一检验批
   C. 水产加工品以企业明示的批号为一检验批
   D. 养殖活水产品以来源及大小相同的产品视为一检验批

3. 皮蛋的检验分类有(　　　)。
   A. 型式检验　　　　　B. 出厂检验　　　　　C. 型式检验和出厂检验　　D. 随机检验

4. 关于肉制品取样后的操作描述错误的是(　　　)。
   A. 样品取样后应尽快送至实验室
   B. 样品送到实验室后应尽快分析处理
   C. 样品在冷冻条件下可长时间保存
   D. 易腐易变样品应置于冰箱中或在特殊条件下储存

5. 关于冷冻水产品取样后的操作描述正确的是(　　　)。
   A. 用保温箱或采取其他措施使样品处于冷冻状态
   B. 样品在常温下运输
   C. 样品可以部分解冻
   D. 取样时应做到随机取样

6. NY 5143 规定无公害皮蛋应按批次分别在货件不同部位随机抽样,抽取每件总数的(　　　)合并在一起进行检验。
   A. 1%　　　　　　　　B. 3%　　　　　　　　C. 5%　　　　　　　　D. 10%

7. 关于马弗炉构造的说法中错误的是(　　　)。
   A. 马弗炉从应用上主要分为炉体和控制箱两大部分
   B. 炉体由外壳、保温层、炉膛和发热元件组成
   C. 外壳由角钢和钢板焊接而成
   D. 保温层起保温作用,无绝缘作用

8. 用马弗炉灰化样品时,下面操作不正确的是(　　　)。
   A. 用坩埚盛装样品　　　　　　　　　B. 坩埚与样品在电炉上炭化
   C. 坩埚与坩埚盖同时放入马弗炉灰化　D. 关闭电源后,开启炉门,降温至室温时取出

9. 关于干燥箱构造的说法中错误的是(　　　)。
   A. 由箱体和温度控制系统两部分组成
   B. 干燥箱的电热器一般由多根电热丝并联组成
   C. 箱门一般均为两重式,以增长干燥速率

D. 外壳一般用薄铁板(或薄钢板)制成

10. 真空干燥箱应在相对湿度(　　),周围无腐蚀性气体、无强烈振动源及强电磁场存在的环境中使用。
    A. 不大于 85%　　　B. 不大于 95%　　　C. 不小于 85%　　　D. 不小于 95%

11. pH 计(酸度计)的组成中不可缺少的是(　　)。
    A. 精密电流计、电极　B. 精密电差计、电极　C. 精密电阻计、电极　D. 精密电压计、电极

12. 测定溶液的 pH 时,安装 pH 玻璃电极和饱和甘汞电极要求(　　)。
    A. 饱和甘汞电极端部略高于 pH 玻璃电极端部
    B. 饱和甘汞电极端部略低于 pH 玻璃电极端部
    C. 两端电极端部一样高
    D. 对二者无严格要求

13. 根据 GB/T 20712—2006,对火腿肠进行感官检验时,下列做法错误的是(　　)。
    A. 在自然光线充足的实验室直接观察产品外观
    B. 剥落肠衣,将内容物置于洁净的白瓷盘内
    C. 通过眼、鼻、手、口等感觉器官对质量好坏进行评定
    D. 用手触摸表面,对其肉质颗粒大小进行判定

14. GB 18406.4—2001 规定,无公害水产品虾蟹的感官检验项目不包括(　　)。
    A. 外观　　　　　B. 气味　　　　　C. 组织　　　　　D. 捕捞日期

15. 皮蛋感官检验中外观检验过程不包括(　　)。
    A. 样品蛋随机摆放
    B. 观察并记录包泥或涂料的均匀性及有无霉变现象
    C. 洗净外泥、涂料或去除包装,擦干
    D. 记录蛋壳清洁度及破损情况

16. 关于 SB/T 10279—2008 中熏煮香肠感官检验的说法中错误的是(　　)。
    A. 肠体应湿润　　　　　　　　　B. 切面不能有大于直径 2 mm 的气泡
    C. 组织无汁液　　　　　　　　　D. 产品具有固有颜色,且颜色均匀一致

17. 熟制水产品的感官要求不包括(　　)。
    A. 色泽正常,洁净并无外来夹杂物　　B. 无腐败、无霉变、无虫蛀
    C. 无焦苦味、酸败、哈喇味及其他异味　D. 无腥味

18. GB/T 9604 规定皮蛋蛋白的颜色可以是(　　)。
    A. 半透明的青褐色　B. 黑色　　　　C. 黑绿色　　　　D. 黄色

19. GB 2733—2005 中水产品加工品要求鲜活的原料不包括(　　)。
    A. 淡水鱼　　　　B. 泥螺　　　　C. 河蟹　　　　D. 河虾

20. 熏煮火腿对鲜牛肉原料的感官要求不包括(　　)。
    A. 肌肉有光泽,色鲜红或深红　　　B. 脂肪呈乳白或淡黄色
    C. 外表黏手　　　　　　　　　　D. 指压后的凹陷可恢复

21. NY 5039 规定皮蛋加工原料鲜蛋的理化指标中总汞含量应(　　)。
    A. 小于等于 0.5 mg/kg　　　　　B. 小于等于 0.1 mg/kg
    C. 小于等于 0.05 mg/kg　　　　　D. 小于等于 0.01 mg/kg

22. GB/T 11782 规定,水产加工品按照产品基本属性分共包括 12 类,其中食品范围类包括

（　　　　）。

  A. 8 类   B. 9 类   C. 10 类   D. 11 类

23. GB/T 26604—2011 规定,肉制品分类中中式火腿不包括（　　　　）。

  A. 金华火腿   B. 宣威火腿   C. 意大利火腿   D. 盐水火腿

24. 糟蛋属于（　　　　）。

  A. 干蛋制品   B. 湿蛋制品   C. 冰蛋制品   D. 腌蛋制品

25. GB 10136—2005 规定腌制生食动物性水产品中食肉鱼类的理化指标要求甲基汞的含量应小于等于（　　　　）。

  A. 2.0 mg/kg B. 1.5 mg/kg C. 1.0 mg/kg D. 0.5 mg/kg

26. GB/T 5009.5 规定禽肉类酱卤肉制品的蛋白质含量应大于等于（　　　　）。

  A. 20.0 g/100 g B. 15.0 g/100 g C. 8.0 g/100 g D. 5.0 g/100 g

27. 根据 NY 5039,鲜禽蛋理化指标中砷的含量应小于等于（　　　　）。

  A. 0.03 mg/kg B. 0.20 mg/kg C. 0.50 mg/kg D. 0.05 mg/kg

28. 以下对熟制水产品的运输要求中非必需的条件是（　　　　）。

  A. 运输工具应清洁、干燥、无异味、无污染

  B. 运输时应防雨、防潮、防晒

  C. 不得与有毒、有害、有异味的物品混装运输

  D. 低温冷藏

29. 关于肉松的运输要求（　　　　）不是必需的。

  A. 运输工具必须清洁   B. 防雨、防潮、防晒

  C. 不得与有毒、有害、有异味的物品混装 D. 低温冷藏

30. 咸鸭蛋的运输条件不包括（　　　　）。

  A. 运输工具必须清洁卫生,无异味 B. 轻拿轻放

  C. 寒冷的地方要防冻,高温地区要防过热 D. 不得侧放、倒放

31. 冷冻水产品的储存要求不包括（　　　　）。

  A. 储存在 −15～18 ℃的冷库内 B. 储存期不超过 9 个月

  C. 储存期不超过 12 个月   D. 禁止与有毒、有害、有异味的物品同库储存

32. 肉松成品储藏时（　　　　）。

  A. 适于在冷冻库中保存   B. 适于在冷藏库中保存

  C. 适于在常温干燥库中保存   D. 无严格要求

33. NY/T 5297—2004 规定咸蛋储存场所的相对湿度控制在（　　　　）。

  A. 10%～20% B. 30%～40% C. 50%～60% D. 70%～80%

34. 如果单件商品的面积为 1 m²,那么其法定计量单位选择应为（　　　　）。

  A. mm²   B. cm²   C. dm²   D. m²

35. 检验罐头肉制品的净含量时,加热后可分离的固液两相商品应先在（　　　　）的水浴中加热（　　　　）。

  A. 50 ℃ ±5 ℃ 10～20 min B. 50 ℃ ±5 ℃ 1～2 min

  C. 100 ℃ ±5 ℃ 10～20 min D. 100 ℃ ±5 ℃ 1～2 min

36. 检验肉制品净含量时应注意的问题不包括（　　　　）。

  A. 肉制品内容物应尽量捣碎

B. 任何与食品包装在一起的其他材料均不得记为净含量

C. 将内容物倒入网筛时不要遗漏固体碎末

D. 网筛与水平面保持 17°～20° 的倾角

37. 如果预包装食品包装物或容器最大表面面积大于( )，强制标示内容的高度不得小于 1.8 mm。

    A. 25 cm²   B. 30 cm²   C. 35 cm²   D. 40 cm²

38. 肉制品标示的一般要求不包括( )。

    A. 食品名称、配料表、净含量和规格

    B. 生产者和(或)经销者的名称、地址和联系方式

    C. 生产日期和保质期、储存条件、食品生产许可证编号、产品标准代号等

    D. 原料的产地

39. 蛋制品的配料表标示中，如果某种复合配料已有国家、行业或地方标准，且其加入量( )食品总量的 25%，就不需要标示复合配料的原始配料。

    A. 大于   B. 等于   C. 小于   D. 不小于

40. 食品干燥剂不包括( )。

    A. 氧化钙类   B. 硅胶类   C. 蒙脱石类   D. 碳酸钙类

41. GB/T 9695.15—2008 中肉制品的蒸馏法水分测定方法是将样品中的水分与( )充分混匀，收集馏出液，根据馏出液体积计算含量。

    A. 甲苯或二甲苯   B. 氯仿   C. 苯酚   D. 乙醇

42. GB/T 9695.15—2008 中规定采用直接干燥法测定肉制品的水分时，样品烘干标准是连续两次称重之差不超过( )。

    A. 1 mg   B. 0.1 g   C. 1 g   D. 0.1 mg

43. GB/T 9695.15—2008 中规定采用直接干燥法测定肉制品的水分时，使用砂应注意( )。

    A. 砂重应为样品的 1～2 倍

    B. 砂用自来水洗至中性即可

    C. 砂用自来水洗后酸洗至酸液不变黄即可

    D. 砂用自来水洗后酸洗至酸液不变黄后再用蒸馏水洗至氯试验为阴性为止

44. 肉制品的灰分测定原理是试样经( )、炭化、灰化、冷却后，称量残留物的质量。

    A. 干燥   B. 研磨   C. 均质   D. 洗涤

45. 以下不符合 GB/T 9695.18—2008 中肉制品灰分测定方法的是( )。

    A. 坩埚事先置于 200 ℃ 的马弗炉中灼烧 120 min 后冷却称量

    B. 将试样平铺于坩埚中迅速称量

    C. 坩埚及试样放入马弗炉后经 5～6 h 逐渐升温至(550±25) ℃

    D. 灰化至灰分呈灰白色

46. 测定肉制品的灰分时应事先将坩埚置于( )的马弗炉中灼烧 20 min。

    A. 200 ℃   B. 400 ℃   C. 500 ℃   D. 550 ℃

47. 采用佛尔哈德法测定肉或肉制品中氯化物含量时使用( )滴定过量的硝酸银。

    A. 硫酸铁铵   B. 硫酸亚铁   C. 硫氰酸钾   D. 高磷酸铁

48. 采用佛尔哈德法测定肉或肉制品中氯化物含量时所使用的水应经过卤素测试：量取 100 mL 水，分别加入 1 mL 和 5 mL ( )。

A. 硝酸银和硝酸　　　B. 硝酸和硝酸银　　　C. 硝酸银和硝酸铵　　D. 硝酸铵和硝酸银

49. 采用佛尔哈德法测定肉或肉制品中氯化物含量时热水提取氯化物后（　　）。
    A. 酸化滤液　　　　　　　　　　　B. 加过量硝酸银,用硫氰酸钾标准溶液滴定
    C. 沉淀蛋白质　　　　　　　　　　D. 碱化滤液

50. 测试肉或肉制品试样 pH 的原理是（　　）。
    A. 测定浸没在试样中的玻璃电极和参比电极之间的电位和
    B. 测定浸没在试样中的玻璃电极和参比电极之间的电位差
    C. 测定浸没在浸泡液中的玻璃电极和参比电极之间的电位和
    D. 测定浸没在浸泡液中的玻璃电极和参比电极之间的电位差

51. 校正 pH 计的缓冲液（20 ℃）不包括（　　）。
    A. pH = 4.00 的缓冲液　　　　　　　B. pH = 6.88 的缓冲液
    C. pH = 5.45 的缓冲液　　　　　　　D. pH = 7.00 的缓冲液

52. 下列测定肉或肉制品均质化试样 pH 的方法中（　　）是错误的。
    A. 避免试样的温度超过 25 ℃
    B. 试样制取后应尽快进行分析,均质化后最迟不超过 48 h
    C. 用两个接近待测试样 pH 的标准缓冲溶液校正 pH 计
    D. 试样应能够浸没或埋置电极

53. 测定肉或肉制品试样的 pH 时应注意（　　）。
    A. 应用小刀或大头针在均质化试样上打一个孔
    B. 不需用小刀或大头针在非均质化试样上打一个孔
    C. 测定的肉或肉制品试样应于 0～5 ℃保存
    D. 测定鲜肉的 pH 时不需用带温度补偿系统的 pH 计

54. 咸鸭蛋的出厂检验内容不包括（　　）。
    A. 包装　　　　　　B. 标识　　　　　　C. 感官要求　　　　　　D. 原料产地

55. 腌制生食动物性水产品卫生标准中主要指标要求不包括（　　）。
    A. 感官指标、理化指标　　　　　　B. 微生物指标
    C. 寄生虫囊蚴指标　　　　　　　　D. 包装

56. 熟肉制品卫生标准的指标要求中不包括（　　）。
    A. 感官指标　　　　B. 食品添加剂　　　　C. 理化指标　　　　D. 微生物指标

57. 蛋制品卫生标准中规定（　　）两种微生物不得检出。
    A. 沙门氏菌和志贺氏菌　　　　　　B. 沙门氏菌和金黄色葡萄球菌
    C. 金黄色葡萄球菌和志贺氏菌　　　D. 金黄色葡萄球菌和副溶血弧菌

58. pH 计的校准方法的区分主要是根据 pH 计标准缓冲溶液选择的不同:一种是使用 pH 为 4 的 pH 计标准缓冲溶液校准;另一种是使用 pH 为（　　）的 pH 计标准缓冲溶液校准。
    A. 7　　　　　　　　B. 8　　　　　　　　C. 9　　　　　　　　D. 10

59. pH 计的各类电极中,（　　）适用于有机物、蛋白质、重金属以及含银、硫等干扰成分的测量。
    A. 单盐桥电极　　　　　　　　　　B. 可填充电解液的电极
    C. 双盐桥电极　　　　　　　　　　D. 参比电极

二、判断题(对的画"√",错的画"×")

( ) 1. 肉制品样品的取样标识中可以不标注取样方式。

( ) 2. 抽取水产品样本用于微生物检验时,取样后存放温度为 0~4 ℃。

( ) 3. 每批皮蛋出厂前生产单位都应对其进行型式检验。

( ) 4. 肉制品样品取样后在冷藏条件下可长时间储存。

( ) 5. 微生物检验用的水产品取样后到检验不能超过 48 h。

( ) 6. NY 5143 规定无公害皮蛋按批次分别在货件不同部位随机抽样,抽取每件总数的 30%合并在一起进行检验。

( ) 7. 用硅碳棒做发热元件的马弗炉一般用高铝砖砌成长方体炉膛。

( ) 8. 用马弗炉灰化一般食品样品时,用坩埚盛装样品,坩埚与样品在电炉上炭化后,将坩埚与坩埚盖同时放入马弗炉中灰化。

( ) 9. 干燥箱箱壁多分为 3 层(涵盖外壳),3 层铁板之间形成里外 2 个夹层,外夹层中补充绝热材料一般为轻质黏土砖或石棉板,内夹层作为热空气对流层。

( ) 10. 真空干燥箱应在相对湿度不小于 85%,周围无腐蚀性气体、无强烈振动源及强电磁场存在的环境中使用。

( ) 11. pH 计(酸度计)的参比电极一般和甘汞电极组合使用。

( ) 12. pH 计(酸度计)的玻璃电极在使用前一定要在蒸馏水中浸泡 24 h,目的在于清洗电极。

( ) 13. 对熏煮香肠进行感官检验时仅需对其外观、色泽和风味进行评定。

( ) 14. GB 18406.4—2001 规定无公害水产品鱼类的感官检验需将样品放在玻璃平板上。

( ) 15. 对原产地域产品高邮咸鸭蛋的蛋黄颜色检验采用目测的方法。

( ) 16. SB/T 10279—2008 规定熏煮香肠的切面可以有半径大于 2 mm 的气泡。

( ) 17. GB 18406.4—2001 规定无公害水产品养殖蛙的外观要求腹部呈黑色。

( ) 18. GB/T 9604 规定皮蛋不允许有露壳或干枯现象。

( ) 19. GB 2733—2005 在水产品加工品的原料要求中规定鱼类的铅含量应不大于 5 mg/100 g。

( ) 20. 熏煮火腿的原料肉应为去皮、去骨、去脂肪和筋腱的净瘦肉。

( ) 21. NY 5039 规定皮蛋加工原料鲜蛋的理化指标中总汞含量应不大于 0.5 mg/kg。

( ) 22. GB/T 11782 规定按照水产加工品的分类标准,鱼松属于鱼糜制品。

( ) 23. GB/T 26604—2011 规定腊肠属于调制香肠。

( ) 24. 糟蛋属于湿蛋制品。

( ) 25. GB 10136—2005 规定腌制生食动物性水产品理化指标要求 N- 二甲基亚硝胺的检出限为小于等于 4.0 μg/kg。

( ) 26. 根据 GB/T 23493,优级中式香肠中蛋白质含量应大于等于 22.0 g/100 g。

( ) 27. 根据 NY 5039,鲜禽蛋理化指标中铬的含量应小于等于 1.00 mg/100 g。

( ) 28. 腌制水产品不得与有毒、有害、有异味的物品混装运输。

( ) 29. 肉松运输时不要求低温冷藏。

( ) 30. 鲜禽蛋运输过程中应防冻。

( ) 31. 冷冻水产品的中心温度应低于 0 ℃。

( ) 32. 肉脯成品可在常温的环境中保存。

( ) 33. 储存咸蛋的冷库相对湿度保持在 30%~50%。

（　）34. 多件商品的净含量标注需要考虑单件商品的要求。

（　）35. 检验肉蛋制品净含量时随机抽取样本的方法包括等距抽样、分层抽样和简单随机抽样。

（　）36. 检验肉制品净含量时肉制品内容物应尽量捣碎。

（　）37. 如果预包装食品包装物或容器最大表面积大于 35 cm^2，则强制标示内容的高度不得小于 1.8 mm。

（　）38. 肉制品标示的一般要求包括生产工艺的介绍。

（　）39. 蛋制品的配料表标示中，如果某种复合配料已有国家、行业或地方标准，且其加入量小于食品总量的 35%，就不需要标示复合配料的原始配料。

（　）40. 食品干燥剂包括氧化钙类、硅胶类、蒙脱石类、氯化钙类和纤维干燥剂。

（　）41. GB/T 9695.15—2008 中用直接干燥法测定肉制品的水分是将样品与玻璃珠和乙醇充分混匀，混合物用水浴蒸干，然后在（103±2）℃烘干至恒重，测其质量损失。

（　）42. GB/T 9695.15—2008 中用直接干燥法测定肉制品的水分时使用水浴是为了蒸干甲醇。

（　）43. GB/T 9695.15—2008 中用直接干燥法测定肉制品的水分时砂粒应能通过孔径为 1.4 mm（12 目）的筛，而不能通过 0.25 mm（60 目）的筛。

（　）44. 肉制品的灰分测定原理是试样经干燥、粉碎、灰化、冷却后，称量残留物的质量。

（　）45. 测定肉制品的灰分时如果灰分仍呈黑色，则加入几滴过氧化氢或水重复灰化操作。

（　）46. 测定肉制品的灰分时应事先将坩埚置于 550 ℃的马弗炉中灼烧 120 min。

（　）47. 采用佛尔哈德法测定肉或肉制品中的氯化物含量时使用硫酸铁铵作为指示剂。

（　）48. 采用佛尔哈德法测定肉或肉制品中的氯化物含量时所使用的水应经过卤素测试，加入硝酸银和硝酸可出现微浑浊。

（　）49. 采用佛尔哈德法测定肉或肉制品中氯化物的含量时用热水提取氯化物后直接加过量的硝酸银，用硫氰酸钾标准溶液滴定。

（　）50. 测试肉或肉制品试样 pH 的原理是测定浸没在试样中的玻璃电极和参比电极之间的电位差。

（　）51. 用水饱和的乙醚或 95% 的乙醇可作为 pH 计清洗液。

（　）52. 测定肉或肉制品均质化试样的 pH 时试样应浸泡于水中后进行 pH 检测。

（　）53. 测定鲜肉的 pH 时需用带温度补偿系统的 pH 计。

（　）54. 咸鸭蛋抽样时抽取每件总数的 3% 合并在一起进行检验。

（　）55. 鲜、冻动物性水产品卫生标准中规定理化指标需要对铅和镉两种重金属进行检测。

（　）56. 熟肉制品卫生标准中规定对铅、镉、汞 3 种重金属进行检测。

（　）57. 蛋制品卫生标准中规定沙门氏菌和志贺氏菌两种微生物不得检出。

（　）58. 要测定碱性溶液，对 pH 计校准时，首先要使用 pH 为 7 的标准缓冲溶液对 pH 计的电极进行定位，然后用 pH 为 9 的标准缓冲溶液对 pH 计的电极进行斜率调节。

（　）59. pH 计的各类电极中，玻璃外壳电极具有较好的耐腐蚀性、抗溶解性及超过 100 ℃的耐高温性能，适用于要求精密及高温条件的 pH 测量。

参考答案

一、单项选择题

1. D	2. D	3. C	4. C	5. A	6. B	7. D	8. D	9. A	10. A
11. A	12. B	13. D	14. D	15. A	16. A	17. D	18. A	19. A	20. C
21. C	22. B	23. D	24. C	25. C	26. B	27. C	28. D	29. D	30. D
31. C	32. C	33. C	34. D	35. A	36. A	37. C	38. D	39. C	40. D
41. A	42. A	43. D	44. A	45. A	46. D	47. C	48. A	49. C	50. B
51. D	52. B	53. C	54. D	55. D	56. D	57. A	58. C	59. C	

二、判断题

1. √	2. √	3. ×	4. ×	5. √	6. ×	7. √	8. √	9. ×	10. ×
11. ×	12. ×	13. √	14. √	15. ×	16. ×	17. ×	18. ×	19. ×	20. √
21. ×	22. ×	23. ×	24. √	25. √	26. √	27. √	28. √	29. √	30. √
31. √	32. √	33. √	34. √	35. √	36. ×	37. √	38. √	39. ×	40. √
41. ×	42. √	43. √	44. √	45. √	46. ×	47. √	48. √	49. √	50. √
51. √	52. ×	53. √	54. √	55. √	56. √	57. √	58. √	59. √	

第十七单元　调味品和酱腌制品检验

学习目标

（1）掌握常见调味品和酱腌制品的取样方法。

（2）掌握马弗炉、真空干燥箱、白度仪、离心机和 pH 计的使用方法。

（3）掌握酱油、醋、味精、食盐等的感官检验内容。

（4）掌握常见调味品、酱腌制品的水分、灰分、酸不溶性灰分的检验原理和方法。

（5）掌握常见调味品、酱腌制品中氯化物和 pH 的测定原理与方法。

（6）掌握常见调味品、酱腌制品中氨基态氮、总酸等常规检验的原理和方法。

（7）掌握常见调味品、酱腌制品的分类。

考核要点

考核类别	考核范围	考　核　点	重要程度
检验前的准备	专业样品制备	酱油、食醋取样方法	★★★
		味精、鸡精调味品取样方法	★★★
		酱类取样方法	★★★
		香辛料和调味品类取样方法	★★★
		蔬菜制品、速冻蔬菜类取样方法	★★★
		粉末试样制备	★★★

考核类别	考核范围	考 核 点	重要程度
检验前的准备	专业检验仪器	电热恒温干燥箱的使用	★★★
		真空干燥箱的使用	★★★
		马弗炉的使用	★★★
		pH 计的使用	★★★
		刮板细度计的使用	★★★
		白度仪的使用	★★★
		高压灭菌锅的使用	★★★
		筛选器的使用	★★★
		离心机的使用	★★★
检验	感官检验	酿造酱油的色泽测定	★★★
		酱油的香气测定	★★★
		酱油的滋味测定	★★★
		酿造食醋的色泽测定	★★★
		酿造酱油的香气测定	★★★
		酿造酱油的滋味测定	★★★
		味精感官测定	★★★
		鸡精调味料感官测定	★★★
		酱类感官测定	★★★
		调味料产品感官测定	★★★
		香辛料盐调味品磨碎细度的测定	★★★
		蔬菜制品感官评定	★★★
		食盐的白度检测	★★★
	理化检验	食盐的粒度检测	★★★
		食盐氯化钠含量测定	★★★
		食盐的水分测定	★★★
		食盐中水不溶物的测定	★★★
		食盐中水溶性杂质的测定	★★★
		香辛料和调味品中总灰分测定	★★★
		香辛料和调味品中酸不溶性灰分的测定	★★★
		香辛料和调味品总水分的测定	★★★
		香辛料和调味品总筛上残留量的测定	★★★
		香辛料和调味品中醇溶抽提物的测定	★★★
		调味料产品中外来物含量的测定	★★★
		调味料产品中污物的测定	★★★
		酱类中氯化钠含量的测定	★★★

续表

考核类别	考核范围	考核点	重要程度
检验	理化检验	酱类中氨基酸态氮的测定	★★★
		鸡精调味料中谷氨酸钠的测定	★★★
		鸡精调味料中氯化物的测定	★★★
		乳化香精粒度的测定	★★★
		乳化香精原液稳定性的测定	★★★
		乳化香精千倍稀释液稳定性的测定	★★★
		酱油中总酸的测定	★★★
		酱油中可溶性无盐固形物的测定	★★★
		酱油中铵盐的测定	★★★
		酱油中氯化钠的测定	★★★
		醋中游离矿酸的测定	★★★
		醋中总酸的测定	★★★
		醋中可溶性无盐固形物的测定	★★★
		味精中氯化钠的测定	★★★
		味精中 pH 的测定	★★★
		味精干燥失重的测定	★★★
		蔬菜制品灰分碱度的测定	★★★
		蔬菜制品中总灰分的测定	★★★
		蔬菜制品盐酸不溶性灰分的测定	★★★
		蔬菜制品中水分的测定	★★★
		蔬菜制品中氯化钠的测定	★★★
		蔬菜制品中总酸的测定	★★★
	调味品和酱腌制品的分类	香辛料和调味品的名称	★★★
		香辛料和香辛料调味品的分类	★★★
		酱油的分类	★★★
		醋的分类	★★★
		酱的分类	★★★
		调味品的定义	★★★
		味精的分类	★★★
		腐乳的分类	★★★

考点导航

一、专业样品制备

1. 调味品

酱油、鸡精等调味品应从同一批次产品的不同部位随机抽取 6 瓶(袋),分别做感官测定、理化、卫生检验、留样用。

2. 速冻蔬菜

速冻蔬菜抽样时,在批量货物的不同位置随机抽取样品,当批量大于 1 000 箱(袋)时抽样数量应大于 15 件;批量小于 100 箱(袋)时抽 5 件;批量为 501～1 000 箱(袋)时抽 10 件。在抽取的每件样品中,小包装任取一袋,大包装取 500 g。

3. 香辛料

香辛料过筛混匀后,用粉碎机粉碎,弃去最初少量样品,收集粉碎试样,小心混匀,避免层化,装入玻璃样品容器后立即密封,容器大小以粉末试样装满为宜。

二、专业检验仪器

1. 恒温干燥箱、马弗炉、pH 计的使用注意事项

恒温干燥箱、马弗炉和 pH 计的使用注意事项见本章第十六单元肉蛋及制品检验部分相关内容。

2. 刮板细度计的使用

用小调漆刀充分搅匀试样,取出数滴,滴入沟槽最深部位,以双手持刮刀,横置于刻度值最大部位(在试样边缘处)使刮刀与刮板表面垂直接触,在 3 s 内,将刮刀由最大刻度部位向最小刻度部位拉过,5 s 内使视线与沟槽平面成 15°～30° 的角,对光观察沟槽中颗粒均匀显露处,并记下相应的刻度值。

3. 白度仪的使用

仪器开机预热约 2 min,置数包括 R457 标准值的置入、Ry 标准值的置入、荧光因数的置入和定量的置入,校准包括 R457 校准和 Ry 校准,测量包括蓝光白度(R457)和荧光增白度(F)的测量、平均值测量、绿光漫反射因数 Ry(亮度刺激值 Y10)的测量、试样的不透明度、透明度、光吸收系数及光散射系数的测量。

4. 高压灭菌锅的使用

(1) 蒸汽放尽前,不得开启高压锅。

(2) 如果灭菌后的培养基在锅内不及时拿出,需在蒸汽放尽后将锅盖打开,切忌将培养基封闭在锅内过夜。

(3) 压力表指针在 0.05 MPa 以上时,不能过快放蒸汽,以防止压力急速下降,液体滚沸,从培养容器中溢出。

(4) 操作过程中注意安全,小心烫伤。

5. 筛选器的使用

(1) 3 根连杆两端的紧定螺丝松动时易产生振动和噪音。

(2) 仪器需放置于干燥通风的实验室内坚硬的工作台面上,防止工作时引起晃动。

(3) 样品置入筛格盖上筛盖后,必需旋紧拉杆,使筛层平稳牢固地置入托盘上,然后再按启动按钮。

(4) 旋松拉杆取出筛层,将试样倒入样品盘内,按规则进行检验。

6. 离心机的使用

(1) 离心机在运转时不可以移动。

(2) 安放离心机的地面应坚实平整,用调平螺杆使离心机与地面均衡接触,以免振动。

(3) 离心管加液时应称量平衡,若加液差异过大,运转时会产生大的振动。

（4）若运行时离心试管破裂，会引起较大的振动，应立即停机处理。

三、感官检验

1. 酱油、食醋

（1）色泽：取 2 mL 试样于 25 mL 的具塞比色管中，加水至刻度，振摇观察色泽、澄清度，应不浑浊，无沉淀物。

（2）香气和滋味：取 30 mL 试样于 50 mL 的烧杯中，观察应无霉味，无霉花浮膜，品尝其味不得有酸、苦、涩等异味，食醋还应无"醋鳗"和"醋虱"。

2. 味精

将试样平铺在一张白纸上，观察其颜色应为白色结晶，无夹杂物，尝其味应无异味。

3. 鸡精调味料

（1）色泽：取样品 5 g 置于白色滤纸上或玻璃器皿内，进行目测。

（2）香气：配制 1% 的鸡精调味料溶液，嗅其气味。

4. 辣椒酱

取适量试样于洁净的白色瓷盘中，在自然光下目测色泽和外观，以鼻嗅、口尝的方法检查气味和滋味。

5. 甜面酱

（1）色泽和形态：将样品搅拌均匀后，倒入白色瓷盘中，观察其色泽和黏稠度，并品尝有无杂质。

（2）滋味：取少量样品放在口内，用舌尖涂布满口，反复吮咂，鉴别其滋味优劣、后味长短、有无异味。

6. 水产调味品

取 200 mL 或 200 g 样品，在自然光线下，用目测、鼻嗅、品尝的方法进行检验。蚝油应为红棕色至棕褐色，鲜亮有光泽，不应存在固液分层情形。

7. 香辛料调味品

测磨碎细度：称取 100 g 样品放入装有标准金属网筛子的电动振荡机中，振荡 4 min，称量筛上残留物的质量。

8. 无公害食品级的脱水蔬菜

（1）色泽和形态：称取混合后的样品 200 g 于白色搪瓷盘内，品种外观、色泽、杂质等用目测法检测。

（2）复水性：称样品 20 g 于 500 mL 的烧杯中，倒入 95 ℃的热水浸泡 2 min，观察其状态。

9. 食盐

白度：将采取的试样充分混合，用四分法缩取总量不少于 500 g 的平均样，按压制试样步骤压制成表面平整、无凹凸面的试样面，以满为宜，在台面上约 1 cm 高处自由落下 20 次，让试样充实于样品盒内。

四、理化检验

1. 食盐

（1）氯化钠的测定：用硝酸银标准溶液滴定试样中的氯化钠，生成氯化银沉淀，待全部氯化银沉淀后，多滴加的硝酸银与铬酸钾指示剂生成铬酸银使溶液呈橘红色即为终点。由硝酸银标准溶液消耗量计算氯化钠的含量。

（2）食盐中水分的测定检测：称取 10 g 样品于已恒重的称量瓶中，放入电烘箱内的搪瓷盘里，升温至 150 ℃ 干燥 2 h 后移入干燥器中，冷却至室温称重，以后每次干燥 1 h 称重，直至恒重。

（3）食盐中水不溶物含量测定。溶解样品：称取 10 g 粉碎至 2 mm 以下的均匀试样（精制盐称 50 g），称准至 0.001 g，溶完样品后，使用玻璃坩埚抽滤，将不溶物全部转入坩埚中，并多次洗涤，冲洗坩埚外壁，置于电烘箱中于（110±2）℃ 干燥 1 h，冷却至恒重。

食盐中检验所得化合物百分数总和加上水不溶物、水分（烘失重加残留结晶水或 600 ℃ 灼烧测定值）之和为 99.50% ～ 100.40 % 时，认为分析数据成立。

2. 香辛料和调味品

（1）测定总灰分：首先取一定量试样于坩埚中，将其中水分蒸干，炭化至无烟，于（550±25）℃ 灼烧 2 h，重复加水湿润，蒸干，高温灼烧至无炭粒为止，再置于高温电炉中灼烧 1 h。

（2）测定酸不溶性灰分：在盛有总灰分的坩埚中，用盐酸溶液处理后，冷却、过滤，用水洗涤直至滤液中不含氯离子为止，将灰分连同滤纸移入原坩埚中，蒸干，高温灼烧至恒重。

（3）测定水分：试样中加入甲苯，采用共沸蒸馏法将试样中的水分分离，蒸馏至接收器上部及冷凝管无水滴，且接收器中水相液面保持 30 min 不变，关闭热源。

（4）测定醇溶抽提物：将试样用乙醇转移并定容后，不时振摇，经 8 h 后静置 16 h，干过滤，吸取一定量的滤液放入预先干燥并恒重的表面皿中，在水浴上蒸发至干，并在烘箱中于（103±2）℃ 烘 1 h，在干燥器中冷却并称重。

（5）测定香辛料和调味品中的污物含量：首先去除其中的脂肪和挥发油，向装有样品的烧杯中加入沸程为 30 ～ 60 ℃ 的石油醚，在水浴中缓慢煮沸 15 min。

3. 酱类

测定氨基酸态氮含量：利用氨基酸的两性作用，加入甲醛以固定氨基的碱性，使羧基显示出酸性，用氢氧化钠标准溶液滴定后定量，用 pH 计（酸度计）测定终点。

4. 鸡精调味料

测定谷氨酸含量：在乙酸存在条件下，用高氯酸标准溶液滴定样品中的谷氨酸钠，以电位滴定法确定其终点，或以 α- 萘酚苯基甲醇为指示剂，滴定溶液至绿色为终点。

试样制备：首先用氢氧化钠标准溶液滴定试样溶液至 pH = 8.2，然后加入甲醛溶液，混匀，再用氢氧化钠标准溶液继续滴定至 pH = 9.6。

5. 乳化香精

（1）测定粒度：取少量经搅拌均匀的试样，滴入适量的水，用盖玻片轻压试样使之成薄层，用大于 600 倍的显微镜观察，要求粒度小于等于 2 μm。

（2）测定原液稳定性：试验包括 72 h 试验和离心试验，均要求溶液表面无浮油，底部无沉淀。

6. 酱油

（1）测定总酸：取一定量合适浓度的溶液，在磁力搅拌下用 0.050 mol/L 的氢氧化钠标准溶液滴定至 pH 计显示 pH = 8.2。最终结果以每 100 mL 中含有乳酸的克数表示。

（2）测定水溶性无盐固形物：吸取一定量合适浓度的被测样品于已恒重的空称量瓶内，将其放入 105 ℃ 的干燥箱内至恒重。

（3）试样在碱性溶液中加热蒸馏，使氨游离蒸出，被硼酸溶液吸收，然后用盐酸标准溶液滴定计算含量。

7. 食醋

测定游离矿酸:用毛细管或玻璃棒沾少许试样,点在百里草酚紫试纸上,若试纸上出现紫色斑点或紫色环(中心为淡紫色),表示有游离矿酸存在。

8. 蔬菜制品

(1)测定总灰分的碱度:用氢氧化钠标准溶液滴定至溶液由浅紫色变为橙黄色即为终点。

(2)采用酸碱滴定法测定蔬菜制品中总酸含量:用氢氧化钠标准溶液滴定,指示剂为1%的酚酞,滴定至微红色,30 s不褪色即为终点。

五、调味品和酱腌制品的分类

1. 香辛料

香辛料按原料种类分为单一型和复合型。

2. 酱油

酱油分为酿造酱油、再制酱油和酱油状调味汁。

低盐发酵酱油分为低盐固态发酵酱油和低盐固稀发酵酱油;再制酱油分为液态再制酱油和固态再制酱油;固态再制酱油分为酱油膏、酱油粉和酱油块。

3. 食醋

食醋分为酿造醋和调配醋。

4. 酱

酱分为豆酱、面酱和复合酱;黄豆酱分为干态黄豆酱和稀态黄豆酱;蚕豆酱分为生料蚕豆酱和熟料蚕豆酱;面酱分为小麦面酱和杂面酱。

5. 味精

味精按照加入成分分为味精、加盐味精和增鲜味精。

6. 腐乳

腐乳分为红腐乳、白腐乳、青腐乳和酱腐乳。

➔ 仿真训练

一、单项选择题(请将正确选项的代号填入题内的括号中)

1. GB 18186—2000 中规定,酱油的抽样为从同一批次产品的不同部位随机抽取 6 瓶(袋),分别做感官测定、理化、(　　)用。

　　A. 菌落总数检验　　　B. 卫生检验、留样　　C. 大肠菌群检验　　　D. 致病菌检验、留样

2. SB/T 10371—2003 中规定,对于鸡精调味料,(　　)生产的同一品种产品为一批,从每批产品的不同部位随机抽取 6 包(罐),分别做外观和感官特性、理化、卫生检验、留样。

　　A. 同一天　　　　　　B. 同一批原料　　　C. 同一车间　　　　　D. 同一班次

3. 根据 SB/T 10309—1999,抽取黄豆酱样品时,可从每批产品的不同部位随机抽取(　　)分别进行感官、理化、卫生检验及保质期试验。

　　A. 6 瓶　　　　　　　B. 7 瓶　　　　　　C. 8 瓶　　　　　　　D. 9 瓶

4. 根据 GB/T 15691—2008,香辛料调味品的总灰分、酸不溶性灰分应每(　　)抽检一次。

　　A. 4 批次　　　　　　B. 6 批次　　　　　C. 8 批次　　　　　　D. 10 批次

5. 根据 NY/T 952—2006,对冻菠菜抽样时,在批量货物的不同位置随机抽取样品,当批量为 501～1 000 箱(袋)时抽样数量为( )。

A. 7 件   B. 9 件   C. 10 件   D. 15 件

6. 根据 GB/T 12729.3,制备香辛料和调味品分析用粉末试样,过筛后混匀,用粉碎机粉碎,弃去最初少量样品,收集粉碎试样,小心混匀,避免( ),装入玻璃样品容器中立即密封。

A. 层化   B. 结块   C. 吸潮   D. 损失

7. 电热恒温干燥箱的组成部分有( )。

A. 箱体、电热系统、自动控温系统   B. 箱体、自动测量系统、自动控温系统

C. 箱体、自动测量系统、电热系统   D. 箱体、电热系统、自动降温系统

8. 真空干燥箱应在相对湿度小于等于 85% RH,周围无( )、无强烈振动源及强电磁场存在的环境中使用。

A. 腐蚀性气体   B. 灰尘   C. 潮湿气体   D. 电磁场

9. 用马弗炉灰化样品时,下面操作不正确的是( )。

A. 用已恒重的坩埚盛装样品

B. 液体样品先在水浴上蒸干水分再在电炉上炭化

C. 液体样品蒸干水分后可直接在马弗炉中灰化

D. 将坩埚与坩埚盖同时放入马弗炉中灰化至成灰白色

10. 测定溶液的 pH 时,安装 pH 玻璃电极和饱和甘汞电极的要求是( )。

A. 饱和甘汞电极端部略高于 pH 玻璃电极端部

B. 饱和甘汞电极端部略低于 pH 玻璃电极端部

C. 两端电极端部一样高

D. 没特殊要求

11. 关于刮板细度计的使用操作不正确的是( )。

A. 用小调漆刀充分搅匀试样,取出数滴,滴入沟槽最深部位,即刻度值最大部位

B. 以双手持刮刀,横置于刻度值最大部位(在试样边缘处)使刮刀与刮板表面垂直接触

C. 在 5 s 内,将刮刀由最大刻度部位向最小刻度部位拉过

D. 5 s 内使视线与沟槽平面成 15°～30° 角,对光观察沟槽中颗粒均匀显露处,并记下相应的刻度值

12. 以下关于白度仪使用的论述中,不正确的是( )。

A. 仪器开机预热约 2 min

B. 置数包括 R457 标准值的置入和 Ry 标准值的置入

C. 校准包括 R457 校准和 Ry 校准

D. 测量包括蓝光白度(R457)和荧光增白度(F)的测量、平均值测量、绿光漫反射因数 Ry(亮度刺激值 Y10)的测量、试样的不透明度、透明度、光吸收系数、光散射系数的测量

13. 以下关于高压灭菌锅使用的操作中不正确的是( )。

A. 蒸汽未放尽前,不得开启高压灭菌锅

B. 如果灭菌后的培养基在锅内不及时拿出,需在蒸汽放尽后将锅盖打开,切忌将培养基封闭在锅内过夜

C. 压力表指针在 0.06 MPa 以上时,可以迅速放蒸汽

D. 操作过程中注意安全,小心烫伤

14. 以下关于电动筛选器使用的说法中不正确的是(　　)。

A. 与样品选筛配套后,按检验标准选取与检验项目对应的筛层

B. 接通电源后,应将选用的筛格层按序套好,把试样倒入选筛内,盖上筛盖,置入托盘并旋紧拉杆

C. 按启动按钮,电动筛选器即自动按正反程序交换筛选各 5 min 并停止。如果倒出样品后需筛选另一个样品,将样品置入筛格内再按启动按钮即可

D. 旋松拉杆取出筛层,将试样倒入样品盘内,按规则进行检验

15. 以下关于台式低速大容量离心机使用的论述中不正确的是(　　)。

A. 所有转子不能超过其最高转速使用

B. 电源必须有接地线

C. 每次使用结束后,须将转子取出,防止长时间未取下而与轴锈死

D. 每次停机后再开机的时间间隔不得少于 1 min,以免压缩机因堵转而损坏

16. 根据 GB/T 5009.39—2003,感官检验酱油色泽时,取 2 mL 试样于 25 mL 的(　　)中,加水至刻度,振摇观察色泽、澄清度,应不浑浊,无沉淀物。

A. 具塞比色管　　　B. 试管　　　C. 烧杯　　　D. 三角瓶

17. 根据 GB/T 5009.39—2003,感官检验酱油的香气时,取 30 mL 试样于 50 mL 的烧杯中,观察应(　　)。

A. 无霉味,无沉淀　　　　　　B. 有霉味,可以有沉淀

C. 无霉味,无霉花浮膜　　　　D. 无霉味,可以有霉花浮膜

18. 根据 GB/T 5009.39—2003,感官检验酱油的滋味时,取试样 30 mL 于 50 mL 的烧杯中,用(　　)搅拌试样后,品尝其味不得有酸、苦、涩等异味。

A. 玻璃棒　　　B. 竹筷　　　C. 木筷　　　D. 塑料筷

19. 根据 GB/T 5009.41—2003,感官检验酿造食醋的色泽时,取 2 mL 试样置于 25 mL 的具塞比色管中,加水至刻度,振摇,观察(　　),不应浑浊,无沉淀。

A. 色泽、澄清度　　B. 色泽、霉变　　C. 色泽、异味　　D. 色泽、新鲜度

20. 根据 GB/T 5009.41—2003,感官检验酿造食醋的(　　)时,取 30 mL 试样置于 50 mL 的烧杯中观察,应无悬浮物,无霉花浮膜,无"醋鳗"和"醋虱"。

A. 气味　　　B. 香气　　　C. 滋味　　　D. 色泽

21. 根据 GB/T 5009.41—2003,感官检验酿造食醋的滋味时,取 30 mL 试样置于 50 mL 的烧杯中,用(　　)搅拌试样,尝味应不涩,无其他不良气味与异味。

A. 竹筷　　　B. 玻璃棒　　　C. 药匙　　　D. 细铁丝

22. 根据 GB/T 5009.41—2003,对味精进行感官测定时,将试样平铺在一张白纸上,观察其应为白色(　　),无夹杂物,尝其味应无异味。

A. 固体　　　B. 结晶　　　C. 粉末　　　D. 胶体

23. 根据 SB/T 10371—2003,测定鸡精调味料的滋味时,配制(　　)的鸡精调味料溶液,取少许样品溶液放入口内,仔细品尝。

A. 1%　　　B. 2%　　　C. 3%　　　D. 4%

24. 根据 SB/T 10296—2009,感官测定甜面酱的滋味时,取少量样品放入口内,用(　　)涂布满口,反复呧哑,鉴别其滋味优劣、后味长短、有无异味。

A. 手指　　　B. 舌尖　　　C. 调羹　　　D. 筷子

25. 根据 GB 10133—2005,感官检验水产调味品时,取 200 mL 或 200 g 样品,在(　　)下,用目测、鼻嗅、品尝的方法进行检验。

    A. 自然光线　　　　　B. 钠光灯　　　　　C. 紫外灯　　　　　D. 荧光灯

26. 根据 GB/T 12729.4—2008,测定香辛料调味品的磨碎细度时,称取 100 g 样品放入装有标准金属网筛子的(　　)中,振荡 4 min,称量筛上残留物的质量。

    A. 振荡机　　　　　B. 手动振荡机　　　　　C. 电动振荡机　　　　　D. 半自动振荡机

27. 根据 NY/T 960—2006,测定叶菜类脱水蔬菜的复水性时,称样品(　　)于 500 mL 的烧杯中,倒入 95 ℃ 的热水浸泡 2 min,观察其状态。

    A. 50 g　　　　　B. 30 g　　　　　C. 20 g　　　　　D. 10 g

28. 根据 GB/T 13025.2—2008 检测食盐的白度,压制样品时,将试样加入样品盒内,以满为宜,在台面上约 1 cm 高处自由落下(　　),让试样充实于样品盒内。

    A. 10 次　　　　　B. 20 次　　　　　C. 30 次　　　　　D. 50 次

29. 根据 GB/T 13025.1—1991,检测的食盐粒度时,将采取的试样充分混合,用四分法缩取总量不少于 500 g 的平均样品。称取试样 100 g,称准至(　　),用规定的试验筛孔尺寸进行筛分。

    A. 0.1 g　　　　　B. 0.2 g　　　　　C. 0.3 g　　　　　D. 0.5 g

30. 根据 GB/T 13025.5—1991,采用滴定法检测食盐中氯离子含量时,所用指示剂为(　　)。

    A. 铬酸钾指示剂　　　B. 重铬酸钾指示剂　　　C. 硝酸钾指示剂　　　D. 硫酸钾指示剂

31. 根据 GB/T 13025.3—1991,检测食盐中水分含量时,恒重指标为两次称重之差不超过(　　)。

    A. 0.000 5 g　　　　　B. 0.001 g　　　　　C. 0.002 g　　　　　D. 0.005 g

32. 根据 GB/T 13025.4—1991,检测食盐中水不溶物含量时,溶完样品后,用玻璃坩埚抽滤,将不溶物全部转入坩埚中,并多次洗涤,冲洗坩埚外壁,置于电烘箱中于(　　)干燥 1 h,冷却至恒重。

    A. 140℃±2℃　　　B. 130℃±2℃　　　C. 120℃±2℃　　　D. 110℃±2℃

33. 根据 GB/T 13025,食盐中检验所得化合物百分数总和加上水不溶物、水分 [烘失重加残留结晶水或(　　)灼烧测定值] 之和为 99.50% ～ 100.40 %时,认为分析数据成立。

    A. 500 ℃　　　　　B. 550 ℃　　　　　C. 600 ℃　　　　　D. 650 ℃

34. 根据 GB/T 12729.7—2008,以下关于检验香辛料和调味品中总灰分的说法中错误的是(　　)。

    A. 取一定量试样于坩埚中,将其中水分蒸干

    B. 炭化至无烟,于(600±25)℃灼烧 2 h

    C. 重复加水湿润,蒸干,高温灼烧至无炭粒为止

    D. 置于高温电炉中灼烧 1 h

35. 根据 GB/T 12729.9—2008,检验香辛料和调味品中酸不溶性灰分时,在盛有总灰分的坩埚中,用盐酸溶液处理后,冷却、过滤,用水洗涤直至滤液中不含氯离子为止,将(　　)移入原坩埚中,蒸干,高温灼烧至恒重。

    A. 灰分连同滤纸　　　　　　　　B. 灰分

    C. 滤纸　　　　　　　　　　　　D. 选项 A、B 和 C 都不对

36. 根据 GB/T 12729.9—2008,检验香辛料和调味品中水分时,试样中加入(　　),采用共沸蒸馏法将试样中水分分离。

A. 甲醇   B. 乙醇   C. 甲苯   D. 乙醚

37. 根据 GB/T 12729.4—2008,测定香辛料和调味品筛上残留量时,称取 100 g 样品于装有 0.2 mm 标准金属丝网筛子的电动振荡机内,转速为（   ）振荡 4 min,称量筛上残留物的质量。

    A. 1 100 r/min   B. 1 200 r/min   C. 1 300 r/min   D. 1 400 r/min

38. 测定香辛料和调味品中醇溶抽提物时,用乙醇将试样全部转移并定容至 100 mL,定时振摇,经 8 h 后,静置 16 h,干过滤,吸取一定滤液放入预先干燥并恒重的表面皿中,在水浴上蒸发至干,并在烘箱中于（   ）烘 1 h,在干燥器中冷却并称重。

    A. 101 ℃ ±2 ℃   B. 102 ℃ ±2 ℃   C. 103 ℃ ±2 ℃   D. 105 ℃ ±2 ℃

39. 根据 GB/T 12729.5—2008,测定香辛料和调味品中外来物含量时,根据试样的不同,称取 100～1 000 g,精确至 0.1 g。从试样中分离外来物,放入干燥的已称重的（   ）中称量,精确至 1 mg。

    A. 表面皿   B. 烧杯   C. 滤纸   D. 搪瓷盘

40. 根据 GB/T 12729.13—2008,测定香辛料和调味品中污物含量时,首先去除其中的脂肪和挥发油,向装有样品的烧杯中加入沸程为（   ）的石油醚,在水浴中缓慢煮沸 15 min。

    A. 30～60 ℃   B. 60～90 ℃   C. 90～120 ℃   D. 100～160 ℃

41. 根据 GB/T 5009.40—2003,测定酱类中氯化钠含量时,吸取 2.0 mL 预先制备好的稀释液于锥形瓶中,加 100 mL 水及 1 mL 质量浓度为（   ）的铬酸钾溶液,混匀,用硝酸银标准溶液滴定。

    A. 5 g/L   B. 10 g/L   C. 25 g/L   D. 50 g/L

42. 根据 GB/T 5009.40—2003,测定酱类中氨基酸态氮含量时,称取约 5.0 g 已研磨均匀的试样置于 100 mL 的烧杯中,加 50 mL（   ）,充分搅拌,进行后续操作。

    A. 水   B. 0.7%的氯化钠溶液
    C. 0.8%的氯化钠溶液   D. 0.9%的氯化钠溶液

43. 根据 SB/T 10371—2003,测定鸡精调味料中谷氨酸含量时,首先用 0.05 mol/L 的氢氧化钠标准溶液滴定试样溶液至酸度计指示 pH =（   ）,再加入 10.0 mL 甲醛溶液,混匀,进行后续操作。

    A. 8.0   B. 8.1   C. 8.2   D. 8.3

44. 根据 SB/T 10371—2003,采用滴定法测定鸡精调味料中氯化物含量时,所用指示剂为（   ）。

    A. 酚酞指示液   B. 溴甲酚蓝指示液   C. 甲基橙指示液   D. 铬酸钾指示液

45. 根据 GB 10355—2006,测定乳化香精的粒度时,取少量经搅拌均匀的试样,滴入适量的水,用盖玻片轻压试样使之成薄层,用大于 600 倍的显微镜观察,要求粒度小于等于（   ）。

    A. 1 μm   B. 2 μm   C. 3 μm   D. 5 μm

46. 根据 GB 10355—2006,测定乳化香精的原液稳定性时,将经搅拌均匀的试样装入 3 支离心试管中至同刻度处,一支留作对照,两支放入（   ）中,一定转速下离心 15 min,取出,与对照管比较。

    A. 离心沉淀器   B. 离心机   C. 混匀器   D. 搅拌机

47. 根据 GB 10355—2006,测定乳化香精的稳定性,制备其千倍稀释液时称取试样 1.0 g,（   ）

80～120 g,柠檬酸 1.0～1.6 g,蒸馏水 100 mL,加热使之全部溶解,再进行后续操作。

A. 葡萄糖　　　　　B. 冰糖　　　　　C. 白砂糖　　　　　D. 蔗糖

48. 根据 GB/T 5009.39—2003,测定酱油总酸时,取一定量合适浓度的溶液,磁力搅拌下,用 0.050 mol/L 的氢氧化钠标准溶液滴定至酸度计显示 pH =(　　　)。

A. 8.0　　　　　B. 8.1　　　　　C. 8.2　　　　　D. 8.3

49. 根据 GB/T 5009.39—2003,测定酱油中的水溶性无盐固形物时,将(　　　)的称量瓶洗净后,于干燥箱内干燥至恒重,放入干燥器中备用。

A. 40 mm×25 mm　　B. 30 mm×25 mm　　C. 40 mm×20 mm　　D. 30 mm×20 mm

50. 根据 GB/T 5009.39—2003,测定酱油中铵盐时,吸取 2 mL 试样,置于 500 mL 的蒸馏瓶中,加约 150 mL 水及 1 g(　　　),连接好蒸馏装置,进行后续操作。

A. 氧化镁　　　　　B. 氧化铝　　　　　C. 氧化铜　　　　　D. 氧化钾

51. 根据 GB/T 5009.39—2003,测定酱油中的氯化钠含量时,吸取 2.0 mL 试样稀释液于锥形瓶中,加 100 mL 水及 1 mL 50 g/L 的铬酸钾溶液,混匀,用 0.100 mol/L 硝酸银标准溶液滴定至初显(　　　)。

A. 蓝色　　　　　B. 橘红色　　　　　C. 橙黄色　　　　　D. 紫色

52. 根据 GB/T 5009.41—2003,检测食醋中游离矿酸时,用毛细管或玻璃棒沾少许试样,点在(　　　)试纸上,若试纸上出现紫色斑点或紫色环(中心为淡紫色),表示有游离矿酸存在。

A. 百里草酚紫　　　B. 百里草酚蓝　　　C. 百里酚酞　　　　D. 甲基紫

53. 根据 GB/T 5009.41—2003,测定食醋中总酸含量时,吸取 10.0 mL 试样定容至 100 mL,吸取 20.0 mL 于 200 mL 的烧杯中,加 60 mL 水,在磁力搅拌下,用氢氧化钠标准溶液滴定至 pH =(　　　)。

A. 8.0　　　　　B. 8.1　　　　　C. 8.2　　　　　D. 8.3

54. 根据 GB/T 5009.41—2003,酿造食醋中可溶性无盐固形物为(　　　)。

A. 样品中可溶性总固形物的含量－样品中氯化钠的含量

B. 样品中可溶性总固形物的含量－样品中氯化镁的含量

C. 样品中氯化钠的含量－样品中可溶性总固形物的含量

D. 样品中氯化镁的含量－样品中可溶性总固形物的含量

55. 根据 GB/T 8967—2007,测定加盐味精中氯化钠含量时,所用指示剂为(　　　)指示液。

A. 铬酸钾　　　　　B. 重铬酸钾　　　　C. 硝酸钾　　　　　D. 硫酸钾

56. 根据 GB/T 8967—2007,测定味精的 pH 时,pH 读数稳定(　　　),测定结果精确至小数点后一位。

A. 10 s　　　　　B. 30 s　　　　　C. 45 s　　　　　D. 1 min

57. 根据 GB/T 8967—2007,测定味精的干燥失重时,用烘干至恒重的称量瓶称取样品约 5 g,精确至 0.000 2 g,置于(103±2)℃的电热干燥箱中干燥(　　　),取出,加盖,放入干燥器中冷却、称量。

A. 0.5 h　　　　　B. 1 h　　　　　C. 1.5 h　　　　　D. 2 h

58. 根据 GB/T 8857—1988,测定蔬菜制品的总灰分的碱度时,最后用氢氧化钠标准溶液滴定至溶液由浅紫色变为(　　　)即为终点。

A. 浅绿色　　　　　B. 橙黄色　　　　　C. 蓝色　　　　　D. 砖红色

59. 根据 GB/T 8857—1988,测定蔬菜制品的总灰分时,恒重空坩埚前需要首先用稀盐酸(1:4)

将坩埚煮( )。

    A. 0.5～1 h   B. 1～2 h   C. 2～3 h   D. 3～4 h

60. 根据 GB/T 10473—1989,测定蔬菜制品中盐酸不溶性灰分时,盛灰分的坩埚在( )中加热 15 min。

    A. 85 ℃水浴   B. 90 ℃水浴   C. 95 ℃水浴   D. 沸水浴

61. 根据 GB 8858—1988,测定蔬菜制品的水分含量时,取 2.00～10.00 g 切碎的试样,放入已恒重的铝制或玻璃制的称量瓶中,试样厚度约为( )。

    A. 5 mm   B. 3 mm   C. 2 mm   D. 1 mm

62. 采用滴定法测定一般蔬菜制品中的氯化钠含量,滴定时,取 50.00 mL 滤液于锥形瓶中,加入 2 mL ( )饱和溶液,边剧烈摇动边用硫氰酸钾标准溶液滴定。

    A. 硫酸铵   B. 硫酸铁铵

    C. 硫酸氢铵   D. 硫酸氰铵

63. 采用酸碱滴定法测定蔬菜制品中的总酸含量,制备试液时,对于大于 4 g/kg 的试样取 10～50 g,置于烧杯中,用( )热蒸馏水将烧杯中的内容物转移到容量瓶中。

    A. 60 ℃   B. 70 ℃   C. 80 ℃   D. 90 ℃

64. 香辛料和调味品的原料中,芫荽的使用部分为( )。

    A. 柱头   B. 鳞茎   C. 植株   D. 种子、叶

65. 山柰属于( )天然香辛料。

    A. 浓香型   B. 辛辣型   C. 淡香型   D. 微辣型

66. 以下关于酱油分类的论述中错误的为( )。

    A. 酿造酱油分为高盐发酵酱油和低盐发酵酱油

    B. 低盐发酵酱油分为低盐固态发酵酱油和低盐固稀发酵酱油

    C. 再制酱油分为液态再制酱油和固态再制酱油

    D. 固态再制酱油分为酱油膏、酱油粉和酱油块

67. 以下关于食醋分类的说法错误的为( )。

    A. 食醋分为酿造醋和调配醋   B. 果醋和糖醋均属于酿造醋

    C. 再制醋属于酿造醋   D. 酒醋又叫酒精醋

68. 以下关于酱分类的说法中错误的为( )。

    A. 酱分为豆酱、面酱和复合酱

    B. 黄豆酱分为干态黄豆酱和湿态黄豆酱

    C. 蚕豆酱分为生料蚕豆酱和熟料蚕豆酱

    D. 面酱分为小麦面酱和杂面酱

69. 调味品为在饮食、烹饪和食品加工中广泛应用的用于调和滋味和气味的具有( )、解腻、增香、增鲜等作用的产品。

    A. 去腥、除苦   B. 去腥、除膻   C. 去臭、除苦   D. 去臭、除膻

70. 味精按照加入成分分为味精、( )和增鲜味精。

    A. 营养强化味精   B. 加碘味精   C. 加锌味精   D. 加盐味精

71. 下列关于腐乳分类的说法中错误的是( )。

    A. 腐乳分为红腐乳、白腐乳、青腐乳和酱腐乳

    B. 普遍型红腐乳是在腐乳后期发酵汤料中加入酒类酿制而成的

C. 白腐乳是在腐乳后期发酵的汤料中不添加任何着色剂酿制而成的

D. 青腐乳分为普通型、辣味型和甜香型

二、判断题(对的画"√",错的画"×")

( ) 1. GB 18186—2000 中规定,酱油的抽样为从同一批次产品的不同部位随机抽取 9 瓶(袋),分别做感官测定、理化、卫生检验、留样用。

( ) 2. SB/T 10371—2003 中规定,对于鸡精调味料,同一周内生产的同一品种产品为一批,从每批产品的不同部位随机抽取 6 包(罐),分别做外观和感官特性、理化、卫生检验、留样用。

( ) 3. 根据 SB/T 10309—1999,测定黄豆酱理化指标前,将黄豆酱样品搅拌均匀后放入研钵中,在 10 min 内迅速研磨至无颗粒,装入磨口瓶中备用。

( ) 4. 根据 GB/T 12729.13—2008,香辛料调味品的污物测定中,为了更好地分离轻污物,需要除去大部分挥发油、脂肪和(或)用胰酶处理试样以消化淀粉和蛋白质。

( ) 5. 根据 NY/T 952—2006,对速冻菠菜抽样时,在抽取的每件样品中,小包装任取一袋,大包装取 300 g,混合均匀待检验。

( ) 6. 根据 GB/T 12729.3,香辛料和调味品分析用粉末试样装入玻璃样品容器中,容器大小以粉末试样装满为宜。

( ) 7. 电热恒温干燥箱控制温度的系统是水银温度计。

( ) 8. 真空干燥箱应在相对湿度小于等于 85% RH,周围无腐蚀性气体、无强烈振动源及强电磁场存在的环境中使用。

( ) 9. 马弗炉使用两年或更换新炉丝后,应标定一次温度。

( ) 10. 测定溶液的 pH 时,安装 pH 玻璃电极和饱和甘汞电极的要求是饱和甘汞电极端部略低于 pH 玻璃电极端部。

( ) 11. 若用刮板细度计测某样品细度所得结果为 48 μm,则此样品细度为 200 目。

( ) 12. 白度仪的置数包括 R457 标准值的置入和 Ry 标准值的置入。

( ) 13. 使用高压灭菌锅时,如果灭菌后的培养基在锅内不及时拿出,需在蒸汽放尽后将锅盖打开,切忌将培养基封闭在锅内过夜。

( ) 14. 使用电动筛选器时,样品置入筛格盖上筛盖后,不必旋紧拉杆即可按启动按钮。

( ) 15. 离心机每次停机后再开机的时间间隔不得少于 1 min,以免压缩机因堵转而损坏。

( ) 16. 根据 GB/T 5009.39—2003,感官检验酱油的色泽时,取 2 mL 试样于具塞比色管中,加食盐水至刻度,直接观察色泽、澄清度。

( ) 17. 根据 GB/T 5009.39—2003,感官检验酱油的香气时,取适量试样于烧杯中,观察应无霉味,可以有霉花浮膜。

( ) 18. 根据 GB/T 5009.39—2003,感官检验酱油的滋味时,取试样 30 mL 于 50 mL 的烧杯中,用玻璃棒搅拌试样后,品尝其味不得有酸、苦、涩等异味。

( ) 19. 根据 GB/T 5009.41—2003,感官检验酿造食醋的香气时,取适量试样于具塞比色管中,加水至刻度,振摇,观察色泽、澄清度,不应浑浊,无沉淀。

( ) 20. 根据 GB/T 5009.41—2003,感官检验酿造食醋的香气时,取 30 mL 试样置于 50 mL 的烧杯中观察,应无悬浮物,可以有霉花浮膜,无"醋鳗"和"醋虱"。

( ) 21. 根据 GB/T 5009.41—2003,感官检验酿造食醋的滋味时,取 30 mL 试样置于

50 mL 的烧杯中,用玻璃棒搅拌试样,尝其味应不涩,无其他不良气味与异味。

(　　) 22. 根据 GB/T 5009.41—2003,对味精进行感官测定时,将试样置于烧杯中,观察其颜色应为白色结晶,无夹杂物,尝其味应有异味。

(　　) 23. 根据 SB/T 10371—2003,测定鸡精调味料的滋味时,配制 1% 的鸡精调味料溶液,取少许样品溶液放入口内,仔细品尝。

(　　) 24. 根据 NY/T 1070—2006,对辣椒酱进行感官测定时,取适量试样于洁净的白色瓷盘中,在紫外灯下目测色泽和外观,以鼻嗅、口尝的方法检查气味和滋味。

(　　) 25. 根据 SB/T 10005—2007,蚝油的色泽感官要求为红棕色至棕褐色,鲜亮有光泽。

(　　) 26. 根据 GB/T 12729.4—2008,测定香辛料调味品磨碎细度时,称取样品放入装有标准金属网筛子的电动振荡机中,振荡 10 min,称量筛上残留物的质量。

(　　) 27. 根据 NY/T 960—2006,测定叶菜类脱水蔬菜的复水性时,称样品于烧杯中,倒入 100 ℃ 的热水浸泡 2 min,观察其状态。

(　　) 28. 根据 GB/T 13025.2—2008,检测食盐的白度时,对于日晒盐,平行测定 3 次,极差不大于 2.0。

(　　) 29. 根据 GB/T 13025.1—1991,检测食盐的粒度时,将采取的试样充分混合,用四分法缩取总量不少于 500 g 的平均样品。称取试样 100 g,称准至 0.2 g,用规定的试验筛孔尺寸进行筛分。

(　　) 30. 根据 GB/T 13025.5—1991,检测出食盐中氯离子含量后,即可直接计算出其中的氯化钠含量。

(　　) 31. 根据 GB/T 13025.3—1991,检测食盐中水分含量时,烘样品至恒重过程中,第一次称量后平面摇动称量瓶内试样,不需要击碎样品表层结块,混匀样品。

(　　) 32. 根据 GB/T 13025.4—1991,检测食盐中水不溶物含量时,样品溶完后,用已于 (110±2) ℃ 恒重的垫有定量滤纸的 2 号或 3 号玻璃坩埚抽滤,备用。

(　　) 33. 根据 GB/T 13025,食盐中水溶性杂质主要为硫酸钙、硫酸镁、硫酸钾、氯化钙和氯化镁。

(　　) 34. 根据 GB/T 12729.7—2008,检验香辛料和调味品中总灰分时,固体试样称取 2～5 g,精确至 2 mg。

(　　) 35. 根据 GB/T 12729.9—2008,检验香辛料和调味品中酸不溶性灰分时,最终灼烧至恒重,称量直到连续两次称量差小于 2 mg 为止。

(　　) 36. 根据 GB/T 12729.9—2008,检验香辛料和调味品中的水分时,最后读取接收器中水的毫升数,精确至 0.05 mL。

(　　) 37. 根据 GB/T 12729.4—2008,测定香辛料和调味品筛上的残留量时,称取 100 g 样品于装有 0.5 mm 标准金属丝网筛子的电动振荡机内,于 1 400 r/min 振荡 4 min,称量筛上残留物的质量。

(　　) 38. 根据 GB/T 12729.10—2008,测定香辛料和调味品中醇溶抽提物时,最终重复进行烘干,冷却并称重,重复这一操作过程,直至相继两次称重之差不超过 0.001 g,记录最终的质量。

(　　) 39. 根据 GB/T 12729.5—2008,测定香辛料和调味品中外来物含量时,根据试样的不同称取 100～1 000 g,精确至 10 mg。

(　　) 40. 测定香辛料和调味品中污物含量时,首先去除其中的脂肪和挥发油,向装有样品的烧杯中加入 200 mL 沸程为 30~60 ℃ 的乙醚,在水浴中缓慢煮沸 15 min。

(　　) 41. 根据 GB/T 5009.40—2003,采用滴定法测定酱类中氯化钠含量时,用 0.100 mol/L 的硝酸银标准溶液滴定至初显橘红色即为终点。

(　　) 42. 测定酱类中氨基酸态氮含量时,称取约 10.0 g 已研磨均匀的试样置于 100 mL 的烧杯中,加 50 mL 水,充分搅拌,定容至 100 mL,吸取 10 mL,置于 200 mL 的烧杯中,加入 60 mL 水,进行后续操作。

(　　) 43. 根据 SB/T 10371—2003,测定鸡精调味料中的谷氨酸含量时,首先用氢氧化钠标准溶液滴定试样溶液至 pH=7.8,加入 10.0 mL 甲醛溶液,混匀,再用氢氧化钠标准溶液继续滴定至 pH=9.6。

(　　) 44. 根据 SB/T 10371—2003,测定鸡精调味料中氯化物含量时,滴定终点为溶液滴定至呈现砖红色。

(　　) 45. 根据 GB 10355—2006,测定乳化香精的粒度时,取少量经搅拌均匀的试样,滴入适量的水,用盖玻片轻压试样使之成薄层,用大于 500 倍的显微镜观察,要求粒度小于等于 2 μm。

(　　) 46. 根据 GB 10355—2006,测定乳化香精的原液稳定性时,离心沉淀器的转速要求为 4 500~5 000 r/min。

(　　) 47. 测定乳化香精千倍稀释液的稳定性试验中,离心试验要求溶液不分层。

(　　) 48. 根据 GB/T 5009.39—2003,测定酱油总酸时,取一定量合适浓度的溶液,磁力搅拌下,用氢氧化钠标准溶液滴定至酸度计显示 pH=8.2。

(　　) 49. 根据 GB/T 5009.39—2003,测定酱油中的水溶性无盐固形物时,吸取一定量合适浓度的被测样品于已恒重的空称量瓶内,放入 105 ℃ 的干燥箱内干燥至恒重。

(　　) 50. 根据 GB/T 5009.39—2003,测定酱油中铵盐时,滴定所需用盐酸标准溶液的浓度为 0.100 mol/L。

(　　) 51. 根据 GB/T 5009.39—2003,测定酱油中氯化钠含量时,用硝酸银标准溶液滴定至显砖红色即为终点。

(　　) 52. 根据 GB/T 5009.41—2003,检测食醋中的游离矿酸时,用甲基紫试纸沾少量试样,若试纸变为紫色、红色,则表示有游离矿酸存在。

(　　) 53. 测定食醋中总酸含量时,磁力搅拌下,用 0.050 mol/L 的氢氧化钠标准溶液滴定至 pH=8.3。

(　　) 54. 根据 GB/T 5009.41—2003,测定酿造食醋中可溶性总固形物时,样品干燥温度为 (103±2) ℃。

(　　) 55. 根据 GB/T 8967—2007,测定加盐味精中氯化钠含量时,要求以 0.1 mol/L 的硝酸银溶液滴定至砖红色。

(　　) 56. 根据 GB/T 8967—2007,测定味精的 pH 时,用碳酸盐标准缓冲液在 25 ℃ 下校正 pH 计的 pH 为 6.86,定位。

(　　) 57. 根据 GB/T 8967—2007,测定味精的干燥失重时,干燥应在 (110±2) ℃ 进行。

(　　) 58. 根据 GB/T 8857—1988,测定蔬菜制品的总灰分的碱度时,最终用氢氧化钠标准溶液滴定至溶液由橙黄色变为浅紫色即为终点。

(　　) 59. 根据 GB/T 8857—1988,测定蔬菜制品的总灰分,将炭化完全的试样放入马弗炉中,于 (575±25) ℃ 时灰化直至无炭化物残留为止。

（　　）60. 根据 GB/T 10473—1989，测定蔬菜制品盐酸不溶性灰分时，处理盐酸时，应在沸水浴中加热 15 min。

（　　）61. 根据 GB 8858—1988，测定蔬菜制品的水分含量时，取适量样品于称量瓶中，加盖，精密称量后，置于 95～100 ℃ 的干燥箱内，多次称重，至前后两次质量差不超过 5 mg。

（　　）62. 采用滴定法测定一般蔬菜制品中的氯化钠含量，终点为出现砖红色，保持 1 min 不褪色。

（　　）63. 采用酸碱滴定法测定蔬菜制品中总酸含量，用氢氧化钠标准溶液滴定至砖红色，30 s 不褪色即为终点。

（　　）64. 香辛料和调味品的原料中，多香果的使用部分为种子。

（　　）65. 香辛料调味品按原料种类分为单一型和复合型。

（　　）66. 低盐发酵酱油分为低盐固态发酵酱油、低盐固稀发酵酱油和低盐稀态发酵酱油。

（　　）67. 酒精醋是以酒精为主要原料制成的酿造醋。

（　　）68. 蚕豆酱分为干态蚕豆酱和稀态蚕豆酱。

（　　）69. 调味品为在饮食、烹饪和食品加工中广泛应用的用于调和滋味和气味的具有去苦、除臭、解腻、增色、增味等作用的产品。

（　　）70. 味精按照加入成分分为味精、营养强化味精和增鲜味精。

（　　）71. 腐乳分为红腐乳、白腐乳、青腐乳和酱腐乳。

参考答案

一、单项选择题

1. B	2. A	3. A	4. D	5. C	6. A	7. A	8. A	9. C	10. B
11. C	12. B	13. C	14. C	15. D	16. A	17. C	18. A	19. A	20. B
21. B	22. A	23. A	24. B	25. A	26. C	27. C	28. B	29. B	30. A
31. A	32. D	33. C	34. B	35. A	36. C	37. D	38. C	39. A	40. A
41. D	42. A	43. C	44. D	45. A	46. A	47. C	48. C	49. A	50. A
51. B	52. C	53. C	54. A	55. B	56. D	57. D	58. A	59. B	60. D
61. A	62. B	63. C	64. D	65. C	66. C	67. D	68. B	69. C	70. D
71. D									

二、判断题

1. ×	2. ×	3. √	4. √	5. ×	6. √	7. ×	8. √	9. ×	10. √
11. ×	12. ×	13. √	14. ×	15. ×	16. √	17. ×	18. √	19. ×	20. √
21. √	22. ×	23. √	24. ×	25. √	26. ×	27. ×	28. √	29. √	30. ×
31. ×	32. ×	33. ×	34. ×	35. ×	36. √	37. ×	38. ×	39. ×	40. ×
41. √	42. ×	43. ×	44. ×	45. ×	46. √	47. ×	48. ×	49. √	50. ×
51. ×	52. ×	53. ×	54. √	55. ×	56. ×	57. ×	58. ×	59. ×	60. ×
61. ×	62. ×	63. ×	64. ×	65. √	66. ×	67. √	68. ×	69. ×	70. ×
71. √									

第十八单元　茶叶检验

学习目标

（1）掌握茶叶理化检验的样品制备方法。

（2）掌握茶叶检验筛等专业检验仪器的使用方法。

（3）掌握各种茶叶的感官检验方法。

（4）掌握各种茶叶的理化检验方法。

（5）掌握茶叶基础知识。

考核要点

考核类别	考核范围	考 核 点	重要程度
检验前的准备	专业样品制备	茶叶水分测定中的样品制备	★★★
		普洱茶的取样方法	★★★
		茶饮料的取样方法	★★★
		粉末试样制备	★★★
	专业检验仪器	茶叶检验筛的选用	★★★
		水浸出物检验工具	★★★
		旋转筛分机的使用	★★★
		抽滤操作	★★★
		筛分机的保养	★★★
检验	感官检验	感官检验要求	★★★
		感官审评的方法	★★★
		感官审评的内容	★★★
		茶饮料感官测定	★★★
		花茶的感官术语	★★★
		乌龙茶的感官术语	★★★
		乌龙茶的感官测定	★★★
		黑茶的感官术语	★★★
		黑茶的感官测定	★★★
		白茶感官审评用具	★★★
		红茶的感官术语	★★★
		茉莉花茶的感官术语	★★★
		绿茶的感官术语	★★★
	理化检验	茶叶加工行业术语	★★★
		茶叶的卫生要求	★★★

续表

考核类别	考核范围	考 核 点	重要程度
检验	理化检验	茶叶粉末的测定方法	★★★
		茶叶粉末检验注意事项	★★★
		茶叶粉末的指标要求	★★★
		茶叶中碎茶的测定方法	★★★
		茶叶中碎茶检验注意事项	★★★
		茶叶中碎茶的指标要求	★★★
		水分测定的方法	★★★
		水分测定的注意事项	★★★
		绿茶水分含量的测定方法	★★★
		绿茶水分含量测定的注意事项	★★★
		茶叶中水浸出物的含量测定方法	★★★
		茶叶中水浸出物测定的注意事项	★★★
		净含量的检测要求	★★★
		净含量的判断依据	★★★
		重量分析的干燥和称量	★★★
		重量分析的沉淀滴定	★★★
		速溶茶水分检测样品处理	★★★
		速溶茶水分检测注意事项	★★★
		乌龙茶的类别	★★★
		茉莉花茶卫生指标要求	★★★
		茉莉花茶重金属含量指标要求	★★★
		白茶加工工艺	★★★
		普洱茶加工工艺	★★★
		茶汤制备方法	★★★
		净含量的检测要求	★★★
		净含量的标注内容	★★★
	茶叶基础知识	茉莉花茶的分类	★★★
		乌龙茶的分类	★★★
		黑茶的分类	★★★
		白茶的分类	★★★
		普洱茶的定义	★★★
		绿茶的分类	★★★
		红茶的分类	★★★

▶ 考点导航

一、专业样品制备

1. 水分测定

在茶叶水分测定试验中，要先对样品进行磨碎，磨碎的样品要能完全通过孔径为 $600\sim1000\ \mu m$ 的筛。对紧压茶样，先应用锤子和凿子分成 $4\sim8$ 份。

2. 取样

（1）普洱茶：对普洱散茶包装后取样，在整批茶叶包装完成后的堆垛中，从不同堆放位置随机抽取规定的件数。逐件开启后，分别将茶叶全部倒在塑料布上，用取样铲各取出有代表性的样品约 250 g，置于有盖的专用茶箱中，混匀。用分样器或四分法逐步缩分至 $500\sim1\,000$ g。

普洱紧压茶沱茶取样时，应随机抽取规定件数，逐件开启，每件取 1 个（约 100 g），在取得的总个数中，随机抽取 $6\sim10$ 个作为平均样品，分装于两个茶样罐或包装袋中，供检验用。

（2）茶饮料：出厂检验时，每批随机抽取 12 个最小独立包装，6 个供感官指标和理化指标检验，2 个供微生物检验，留 4 个备用。

（3）茶粉末。

检验筛的使用孔径要求：对于条形、圆形茶，孔径为 0.63 mm；对于碎形茶、粗形茶，孔径为 0.45 mm；对于片形茶，孔径为 0.23 mm；对于末形茶，孔径为 0.18 mm。

二、专业检验仪器

（1）连接抽滤装置：进行抽滤操作时，吸滤瓶、安全瓶、水泵之间的连接顺序为吸滤瓶、安全瓶、水泵。

（2）抽滤装置使用注意事项：吸滤瓶与水泵之间要加一个安全瓶，目的是防止倒吸；布氏漏斗下端的斜口正对吸滤瓶的支管；放入漏斗的滤纸大小以恰好盖住所有小孔为宜，并用少量蒸馏水润湿，开动水泵，使滤纸紧贴漏斗底部；安装好抽滤装置后，最重要的步骤是检查气密性；当抽滤完毕时，应先慢慢打开安全瓶的活塞，与大气相通，然后拔下连接吸滤瓶的橡皮管。

三、感官检验

1. 茶叶品质的色、香、味、形

茶叶品质的色、香、味、形主要是在初制过程中形成的。

2. 评茶人员的身体条件要求

嗅觉神经正常；视力正常，无色盲；无慢性传染病。

3. 茶叶感官审评的准确性

（1）评茶人员不得使用有气味的化妆品，在评茶前 1 h 不得饮食辣椒、酒、糖果等。

（2）评茶室周围环境必须没有任何污染，室内温度保持冬春 $15\sim20\ ℃$，夏秋 $20\sim25\ ℃$ 为宜，评茶室宜坐南朝北。

4. 茶叶感官审评方法

茶叶感官审评方法分为通用感官审评方法、双杯审评方法、盖碗审评方法、袋泡茶审评方法、速溶茶审评方法以及液体茶审评方法等。

5. 茶叶的审评因素

茶叶滋味的审评因素包括浓淡、醇色、鲜钝。茶叶外形的审评因素包括形态、嫩度、色泽、匀整度、净度。茶叶叶底的审评因素包括老嫩、色泽、明暗、匀杂度。

6. 茶饮料感官审评

对浅色瓶装样品,迎光观察其色泽、外观,然后倒置,于明亮处观察其杂质。对深色瓶、金属罐包装样品,需充分摇匀后,取约 100 mL 于洁净的样品杯中,迎光观察其色泽、外观及杂质。打开包装后应立即嗅其香气,品尝其滋味。

7. 花茶感官审评

花茶外形审评主要包括条索、嫩度、整碎和净度;内质审评主要包括香气、汤色、滋味和叶底。 花茶的内质审评品质以香气为主。花茶的品质是以香味为主,一般开汤后,先嗅其香气,后看汤色,尝滋味,再看叶底。

8. 乌龙茶感官审评

(1)乌龙茶属于半发酵茶,也称青茶,叶底的特征为绿叶镶红边,茶汤呈蜜黄色。

(2)乌龙茶香气以花香突出为特点,构成其香气的主要成分橙花叔醇和吲哚。乌龙茶的滋味以醇厚、浓醇为最优质。

(3)乌龙茶的感官审评采用盖碗审评方法。在乌龙茶内质审评当中,扦取 5 g 作为样茶,以第一泡为主。审评以香气和滋味为主,其次是外形和叶底,汤色做参考。

9. 黑茶感官检验

(1)黑茶的品质特征是香气高爽,外形以评嫩度、条索为主,兼评净度、色泽和干香,内质评比香气、滋味、汤色和叶底。外形品质中,色泽看颜色枯润、纯紧,以油黑为好。

(2)黑茶的制造工艺为杀青、揉捻、渥堆、干燥。其中渥堆是黑茶制造的特有工序,也是形成黑茶品质的关键工序。

10. 白茶感官审评

(1)白茶感官审评使用 150 mL 的审评杯,用茶 3 g。

(2)对于白茶审评所用水质的要求:清洁无味,pH 为 5.5～7.5,硬度小于 10。

四、理化检验

1. 茶叶加工工艺流程

(1)茶叶品质的色、香、味、形主要是在初制过程中形成的。

(2)绿茶杀青,因锅温低,投叶量多,鲜叶杀青不透,易产生花青。

(3)青茶制造工艺有萎凋、做青、炒青、揉捻、干燥 5 道工序。

2. 茶叶的卫生要求

(1)具有该茶类正常的商品外形以及固有的色、香、味。

(2)不可混有异种植物叶和非茶类物质。

(3)无异味,无异臭,无霉变。

(4)六六六、滴滴涕含量要符合标准检验要求。

3. 茶叶粉末检验

(1)仪器。

电动筛分机:转速 200 r/min,回旋幅度 50 mm(用于毛茶);转速 200 r/min,回旋幅度 60 mm(用于精茶)。

粉末筛:孔径 0.63 mm（用于条、圆形茶）;孔径 0.45 mm（用于碎形茶和粗形茶）;孔径 0.23 mm（用于片形茶）;孔径 0.18 mm（用于末形茶）。

碎茶筛:孔径 1.25 mm（用于条、圆形茶）;孔径 1.60 mm（用于粗形茶）。

（2）四分法:将试样置于分样盘中,来回倾倒,每次倒时应使试样均匀洒落在盘中,呈宽、高基本相等的样堆。将茶堆十字分割,取对角两堆样,充分混匀后,即成两份试样。

分样器分样:将试样均匀倒入分样斗中,使其厚度基本一致,并不超过分样斗边沿。打开隔板,使茶样经多格分隔槽,自然洒落于两边的接茶器中。

（3）测定方法。

毛茶:称取充分混匀的试样 100 g（准确至 0.1 g）,倒入孔径 1.25 mm 的筛网上,下套孔径 1.22 mm 的筛,盖上筛盖,套好筛底,按下启动按钮,筛动 150 转。待自动停机后,取孔径 1.12 mm 筛的筛下物,称量（准确至 0.1 g）,即为碎末茶含量。

（4）精制茶。

条、圆形茶:称取充分混匀的试样 100 g（精确至 0.1 g）,倒入规定的碎茶筛和粉末筛的检验套筛内,盖上筛盖,按下启动按钮,筛动 100 转。将粉末筛的筛下物称量（精确至 0.1 g）,即为粉末含量。移去碎茶筛的筛上物,再将粉末筛筛面上的碎茶重新倒入下接筛底的碎茶筛内,盖上筛盖,放在电动筛分机上,筛动 50 转。将筛下物称量（精确至 0.1 g）,即为碎茶含量。

粗形茶:称取充分混匀的试样 100 g（精确至 0.1 g）,倒入规定的碎茶筛和粉末筛的检验套筛内,盖上筛盖,按下启动按钮,筛动 100 转。称量粉末筛的筛下物（精确至 0.1 g）,即为粉末含量。再称量粉末筛面上的碎茶（精确至 0.1 g）,即为碎茶含量。

碎、片、末形茶:称取充分棍匀的试样 100 g（精确至 0.1 g）,倒入规定的粉末筛内,筛动 100 转,称量粉末筛的筛下物即为粉末含量。

4. 水分、灰分检验

水分、灰分检验参照本章第九单元粮油及制品检验中相关内容。

5. 水浸出物检测

（1）原理:用沸水回流提取茶叶中的水可溶性物质,再经过滤、冲洗、干燥、称量浸提后的茶渣,根据其质量计算水浸出物。

（2）方法:称取 2 g（精确至 0.001 g）磨碎试样于 500 mL 的锥形瓶中,添加沸蒸馏水 300 mL,立即移入沸水浴中,浸提 45 min（每隔 10 min 摇动一次）,浸提完毕后立即趁热减压过滤（用经处理的滤纸）。用约 150 mL 沸蒸馏水洗涤茶渣数次,将茶渣连同已知质量的滤纸移入铝盒内,然后移入（120±2）℃的恒温干燥箱内,烘 1 h,加盖取出冷却 1 h,再烘 1 h,加盖取出冷却 1 h 立即移入干燥器内,冷却至室温,称量。

（3）注意事项:先用磨碎机将少量试样磨碎,弃去,再磨碎其余部分;称取 2 g 磨碎试样于 500 mL 的锥形瓶中,需及时加沸蒸馏水 300 mL;浸提完毕后应立即趁热减压过滤。

6. 茶叶的分类

（1）乌龙茶:根据地域特征分为福建乌龙、广东乌龙和台湾乌龙。武夷岩茶、安溪铁观音、闽南水仙于福建省。具有代表性的闽南乌龙茶有铁观音、黄金桂、永春佛手、毛蟹等。

（2）白茶:依据芽叶嫩度不同,采用大白茶或水仙品种的肥芽制成的白茶是寿眉,适制白茶的品种要求单芽长,芽叶的茸毛多而密;依据茶树品种命名,用正和大白茶种制成的白茶为大白。白茶属于轻微发酵茶,白茶的初制分为萎凋和干燥两大部分。

（3）普洱茶:按加工工艺及品质特征分为普洱生茶和普洱熟茶两种。主要的加工工艺流程为:晒青茶精制—蒸压成型—干燥—包装。普洱茶主产于云南省,为非压制的黑茶。适制普洱茶的云南大叶种茶树品种主要为国家、省级和优良的云南大叶种茶地方群体种。

（4）花茶:花茶种类很多,依所用鲜花种类不同可分为茉莉花茶、白兰花茶、珠兰花茶、玳玳花茶和桂花茶等。茉莉花茶分为特种茉莉花茶和茉莉花茶两类。特级茉莉花窨制工艺是三窨一提。茉莉花茶使用的茶叶称为茶胚,以绿茶为多。茉莉花茶制备过程中,茶胚吸收花香的关键工艺步骤为窨制。其根据质量分为特级、一级、二级等9个等级。

（5）黑茶:黑茶是六大茶类之一,主要有湖南黑茶、湖北老青茶、四川边茶和滇桂黑茶等。黑茶分毛茶与成品茶2类,黑毛茶分为4级。

7. 名优绿茶茶汤制备

审评时,冲泡时间是 4 min,80 ℃的水温对冲泡茶叶最适宜,100 ℃的水温对冲泡铁观音茶叶最适宜。

8. 茶叶的储存

茶叶很容易吸湿及吸收异味,引起茶叶劣变的主要因素有:光线、温度、茶叶中水分含量、大气湿度、氧气、微生物和异味污染。其中微生物引起的劣变受温度、水分、氧气等因子的限制,而异味污染则与储存环境有关。因为茶叶的吸湿性颇强,无论采取何种储存方式,储存空间的相对湿度最好控制在 50% 以下,储存期间茶叶水分含量保持在 5% 以下、冷藏(最好是 0 ℃)、无氧(抽成真空或充氮)和避光保存为最理想。

仿真训练

一、单项选择题(请将正确选项的代号填入题内的括号中)

1. 在茶叶水分测定试验中,对样品处理时,首先对样品进行磨碎,磨碎的样品要能完全通过孔径为( )的筛。
   A. 600 ～ 1 000 μm　　B. 500 ～ 800 μm　　C. 300 ～ 800 μm　　D. 500 ～ 1 000 μm

2. 对普洱紧压茶沱茶取样时,应随机抽取规定件数,逐件开启,每件取 1 个(约 100 g),在取得的总个数中,随机抽取( )作为平均样品,分装于两个茶样罐或包装袋中,供检验用。
   A. 2 ～ 4 个　　B. 3 ～ 5 个　　C. 5 ～ 8 个　　D. 6 ～ 10 个

3. 茶饮料出厂检验时,每批随机抽取( )最小独立包装。
   A. 10 个　　B. 11 个　　C. 12 个　　D. 13 个

4. 下列精制茶粉末检验筛的使用孔径要求中不正确的是( )。
   A. 对于条形、圆形茶,孔径为 0.63 mm　　B. 对于碎形茶、粗形茶,孔径为 0.45 mm
   C. 对于片形茶,孔径为 0.23 mm　　D. 对于末形茶,孔径为 0.16 mm

5. 下列精制茶碎茶检验筛的使用孔径要求中正确的是( )。
   A. 对于条形、圆形茶,孔径为 1.25 mm　　B. 对于条形、圆形茶,孔径为 1.30 mm
   C. 对于粗形茶,孔径为 1.20 mm　　D. 对于粗形茶,孔径为 1.80 mm

6. 在茶叶水浸出物测定试验中,将铝盒连同( )滤纸置于恒温干燥箱内。
   A. 15 cm 定性快速　　B. 15 cm 定量快速　　C. 20 cm 定性快速　　D. 20 cm 定量快速

7. 粉末和碎茶含量测定中,对精茶电动筛分机的使用要求是( )。
   A. 转速 200 r/min,回旋幅度 60 mm　　B. 转速 150 r/min,回旋幅度 60 mm
   C. 转速 200 r/min,回旋幅度 50 mm　　D. 转速 150 r/min,回旋幅度 50 mm

8. 抽滤操作进行时，吸滤瓶、安全瓶、水泵之间的连接顺序为（　　　）。
   A. 吸滤瓶、安全瓶、水泵　　　　　　　　B. 吸滤瓶、水泵、安全瓶
   C. 安全瓶、水泵、吸滤瓶　　　　　　　　D. 安全瓶、吸滤瓶、水泵

9. 粉末和碎茶含量测定中，对毛茶电动筛分机的使用要求是（　　　）。
   A. 转速 200 r/min，回旋幅度 50 mm　　　B. 转速 150 r/min，回旋幅度 60 mm
   C. 转速 200 r/min，回旋幅度 60 mm　　　D. 转速 150 r/min，回旋幅度 50 mm

10. 下列不是对评茶人员的身体条件的要求是（　　　）。
    A. 嗅觉神经正常　　　　　　　　　　　　B. 视力正常，无色盲
    C. 无慢性传染病　　　　　　　　　　　　D. 喜食葱和蒜

11. 将通用感官审评方法作为仲裁法的是（　　　）的感官审评。
    A. 绿茶　　　　　　B. 红茶　　　　　　C. 乌龙茶　　　　　　D. 黑茶

12. 茶叶叶底审评因素不包括叶底的（　　　）。
    A. 老嫩　　　　　　B. 色泽　　　　　　C. 明暗　　　　　　D. 新陈

13. 茶饮料感官审评因子不包括（　　　）。
    A. 色泽外观　　　　B. 杂质香气　　　　C. 滋味色泽　　　　D. 颜色明暗

14. 花茶的内质审评品质以（　　　）为主。
    A. 香气　　　　　　B. 汤色　　　　　　C. 滋味　　　　　　D. 叶底

15. 乌龙茶属于半发酵茶，其叶底的特征为（　　　）。
    A. 红叶镶绿边　　　B. 红艳明亮　　　　C. 绿叶镶红边　　　D. 红色鲜艳

16. 将通用感官审评方法作为仲裁法的是（　　　）的感官审评。
    A. 绿茶　　　　　　B. 红茶　　　　　　C. 乌龙茶　　　　　　D. 黑茶

17. 以下不属于黑茶感官品质特征的是（　　　）。
    A. 香气高爽　　　　B. 纯正陈香　　　　C. 汤色红褐　　　　D. 滋味醇厚

18. 黑茶的加工工艺为（　　　）。
    A. 鲜叶—杀青—揉捻（做形）—干燥　　　　B. 鲜叶—杀青—揉捻—闷黄—干燥
    C. 鲜叶—杀青—揉捻—渥堆—干燥　　　　　D. 萎凋—做青—杀青—揉捻（做形）—干燥

19. 以下关于白茶审评所用的茶杯、容量、型号和用茶量正确的是（　　　）。
    A. 110 mL 的倒钟形茶杯，用茶 5 g　　　B. 200 mL 的审评杯，用茶 4 g
    C. 150 mL 的审评杯，用茶 3 g　　　　　D. 200 mL 的审评杯，用茶 4 g

20. NY/T 780—2004 中规定，（　　　）是用茶树新稍的芽、叶、嫩茎经过萎凋、揉捻（切碎）、发酵、干燥等工艺加工，表现其特征的茶。
    A. 红茶　　　　　　B. 红碎茶　　　　　C. 乌龙茶　　　　　D. 黑茶

21. 农业行业标准 NY/T 456—2001 中，茉莉花茶根据质量分为特级、一级、二级等（　　　）质量等级。
    A. 7 个　　　　　　B. 8 个　　　　　　C. 9 个　　　　　　D. 10 个

22. 绿茶的色泽要求"三绿"不包括（　　　）。
    A. 外形　　　　　　B. 汤色　　　　　　C. 叶底　　　　　　D. 嫩度

23. 绿茶杀青,因锅温低,投叶量多,鲜叶杀青不透,易产生(　　)。
    A. 绿叶红边　　　　B. 花青　　　　　C.茎梗红叶　　　　D. 青张

24. 茶叶卫生标准 GB 2763—2005 中,对(　　)没有做具体要求。
    A. 重金属　　　　B. 农药残留　　　　C. 非茶类夹杂物　　　D. 茶梗

25. 关于茶叶粉末检验试验方法的说法正确的是(　　)。
    A. 称取充分混匀的试样 50 g,倒入规定的粉末筛的检验套筛内,筛动 100 转,将粉末筛的筛下物称量,即为粉末含量
    B. 称取充分混匀的试样 100 g,倒入规定的粉末筛的检验套筛内,筛动 100 转,将粉末筛的筛下物称量,即为粉末含量
    C. 称取充分混匀的试样 50 g,倒入规定的粉末筛的检验套筛内,筛动 50 转,将粉末筛的筛下物称量,即为粉末含量
    D. 称取充分混匀的试样 100 g,倒入规定的粉末筛的检验套筛内,筛动 50 转,将粉末筛的筛下物称量,即为粉末含量

26. 关于茶叶粉末和碎茶含量的测定,说法正确的是(　　)。
    A. 毛茶测定碎末茶含量　　　　　　　B. 条形茶和圆形茶测定粉末含量和碎茶含量
    C. 粗形茶只测定粉末含量　　　　　　D. 碎、片、末形茶只测定粉末含量

27. GB/T 8311 中规定,检测碎末茶时,得到碎末茶测定值为 4.5%、4.0%,则检测结果为(　　)。
    A. 4.25%　　　　B. 4.2%　　　　C. 4.3%　　　　D. 重新分样检测

28. 关于条形茶和圆形茶碎末含量测定的方法,说法正确的是(　　)。
    A. 测定时,碎茶筛在上,粉末筛在下　　B. 测定时,粉末筛在上,碎茶筛在下
    C. 测定粉末含量筛动 50 转　　　　　　D. 测定碎茶含量转动 100 转

29. 碎茶筛孔径为 1.25 mm,适用于条形、圆形茶的测定,以下不属于条形、圆形茶的是(　　)。
    A. 工夫红茶　　　B. 小种红茶　　　C. 红碎茶中的雨茶　　D. 铁观音

30. 绿茶国家标准 GB/T 14456.1—2008 中规定,碎末茶含量不大于(　　)。
    A. 5%　　　　B. 6%　　　　C. 7%　　　　D. 8%

31. 检测茶叶水分有很多方法,最好的方法是(　　)。
    A. 滴定法　　　B. 烘箱法　　　C. 电测法　　　D. 氯化钠试纸鉴定法

32. 成品茶品质的变化与水分含量、储存有密切的关系,一般水分含量最高不宜超过(　　)
    A. 6%　　　　B. 7%　　　　C. 3%　　　　D. 5%

33. 绿茶水分测定一般采用的方法是(　　)。
    A. 103 ℃衡量法(仲裁法)　　　　　　B. 120 ℃ 60 min 烘箱法(快速法)
    C. 130 ℃ 27 min 烘箱法　　　　　　　D. 70 ℃ 30 min 真空干燥法

34. 下列选项中符合茶叶中水分含量检测条件的是(　　)。
    A. 103 ℃,4 h　　B. 120 ℃,4 h　　C. 103 ℃,2 h　　D. 120 ℃,2 h

35. 测定水浸出物时,取样(　　)左右于 500 mL 的锥形瓶中,加沸蒸馏水 300 mL 入水浴锅,浸提 45 min。
    A. 2 g(精确至 0.001 g)　　　　　　B. 5 g(精确至 0.001 g)
    C. 8 g(精确至 0.001 g)　　　　　　D. 10 g(精确至 0.001 g)

36. 测定茶叶水浸出物时,关于茶样磨碎时应注意的事项正确的是(　　)。
    A. 取茶样后直接磨碎

B. 取样后，用少量试样磨碎弃去，再磨碎其他部分

C. 用锤子或凿子将紧压茶分成几份，将其中的一份磨碎

D. 将样品充分混匀后直接磨碎

37. 单件定量包装商品的标注含量为 125 g 时，允许实际含量短缺最大量为（　　）。

　　A. 4.5 g　　　　　　B. 5.6 g　　　　　　C. 9 g　　　　　　D. 13.5 g

38. 做茶叶净含量检验时，净含量 Q 为 50～200 g 时，标注字符最小高度为（　　）。

　　A. 2 mm　　　　　　B. 3 mm　　　　　　C. 4 mm　　　　　　D. 6 mm

39. 干燥称量过程中，恒重后应取（　　）称量值作为称量的恒重取值。

　　A. 最后一次　　　　B. 平均值　　　　　　C. 最小的一次　　　　D. 最大的一次

40. 沉淀滴定法中，沉淀经灼烧转为称量式，下列有关对称量式的要求叙述不正确的是（　　）。

　　A. 组成必须与化学相符合　　　　　　　B. 称量式必须稳定

　　C. 称量式不宜吸潮且与沉淀式相一致　　D. 称量式的相对分子质量要大

41. 测定速溶茶的水分时，试样称取量为（　　）。

　　A. 3 g　　　　　　B. 4 g　　　　　　C. 5 g　　　　　　D. 6 g

42. 固态速溶茶水分测定过程中需注意的事项不包括（　　）。

　　A. 试样准备的时候，应将装有固态速溶茶试样的密封容器摇晃、颠倒，使试样完全混匀

　　B. 将烘皿连同皿盖置于（103±2）℃的干燥箱中，加热 1 h，加盖取出，于干燥器中冷却至室温，称量

　　C. 试样在（103±2）℃的恒温干燥箱中加热 2 h 除去水分，称量

　　D. 同一试样的两次测定值之差，每 100 g 不得超过 0.3 g

43. 乌龙茶发展至今，按形成的地域特征分为（　　）三大类。

　　A. 福建乌龙、广东乌龙和台湾乌龙　　　B. 闽北乌龙、闽南乌龙和台湾乌龙

　　C. 武夷岩茶、安溪铁观音和台湾铁观音　D. 福建乌龙、广东乌龙和台北乌龙

44. 根据 NY/T 456，关于茉莉花茶的水分含量说法不正确的是（　　）。

　　A. 特种茉莉花茶水分含量为 8.0%　　　B. 特级至三级茉莉花茶水分含量为 8.5%

　　C. 四级至六级茉莉花茶水分含量为 9.0%　D. 碎、片茶水分含量为 8.5%

45. NY/T 456 中规定，茉莉花茶中，铜的含量小于等于（　　）。

　　A. 40 mg/kg　　　　B. 50 mg/kg　　　　C. 60 mg/kg　　　　D. 70 mg/kg

46. 依据茶树品种来命名，用正和大白茶种制成的白茶为（　　）。

　　A. 大白　　　　　　B. 小白　　　　　　C. 水仙白　　　　　　D. 新白

47. 普洱茶是以云南大叶种茶树鲜叶为原料制造而成，关于其加工工艺说法不正确的是（　　）。

　　A. 先经杀青、揉捻、晒干制成晒青毛茶，称滇青

　　B. 经渥堆、晾干、筛分制成普洱茶

　　C. 云南普洱茶加工的关键工序是揉捻

　　D. 晒青毛茶在泼水后，经渥堆发酵形成普洱茶的品质特征

48. 科学地制备茶汤的 3 个基本要素是（　　）。

　　A. 茶具、茶叶品种、温壶

　　B. 置茶、温壶、冲泡

C. 茶具、壶温、浸泡时间

D. 茶叶用量、水温、浸泡时间

49. 单件定量包装商品的标注含量为 125 g 时,允许实际含量短缺最大量为(   )。

   A. 4.5 g   B. 5.6 g   C. 9 g   D. 13.5 g

50. 净含量标注由 3 部分组成,其中不包括(   )。

   A. 净含量   B. 数字   C. 法定计量单位   D. 产品名称

51. 茉莉花茶是将茶叶和茉莉鲜花进行拼和、(   )使茶叶吸收花香而成的。

   A. 窨制   B. 揉捻   C. 萎凋   D. 干燥

52. 茉莉毛尖、茉莉毛峰、茉莉龙珠、茉莉银针的分类依据是(   )。

   A. 外形   B. 香气   C. 汤色   D. 滋味

53. 在乌龙茶中,(   )程度最轻的茶是包种茶。

   A. 发酵   B. 晒青   C. 包揉   D. 烘炒

54. 湖南黑茶的种类中“三尖”不包括(   )。

   A. 天尖   B. 贡尖   C. 生尖   D. 金尖

55. 依据芽叶嫩度不同,采用大白茶或水仙品种的肥芽制成的白茶是(   )。

   A. 白毫银针   B. 白牡丹   C. 贡眉   D. 寿眉

56. 云南普洱茶加工的关键工序是(   )。

   A. 杀青   B. 揉捻   C. 渥堆   D. 干燥

57. 下列炒青绿茶中,不全属于长炒青的选项是(   )。

   A. 屯绿、婺绿   B. 遂绿、舒绿   C. 杭绿、温绿   D. 屯绿、平绿

58. 红茶分为三大类,其中不包括(   )。

   A. 工夫红茶   B. 小种红茶   C. 红碎茶   D. 正山小种

二、判断题(对的画“√”,错的画“×”)

(   )1. 在茶叶水分测定试验中,对紧压茶样品处理时,首先应用锤子和凿子将紧压茶分成 4~8 份。

(   )2. 若在普洱茶产品包装过程中取样,应在茶叶最后一道匀堆工序完毕后,定量装箱时,每装若干件后,用取样铲取出样品约 250 g。

(   )3. 茶饮料型式检验时,每批随机抽取的 12 个最小独立包装中,供感官指标和理化指标检验的是 6 个。

(   )4. 在粉末和碎茶含量测定中,对毛茶,电动筛分机的使用要求是转速 200 r/min,回旋幅度 60 mm。

(   )5. 测定碎末茶含量时,毛茶碎末茶与精茶碎茶可以通用 1.25 mm 的检验筛。

(   )6. 在茶叶水浸出物测定的试验中,将铝盒连同 15 cm 定性快速滤纸置于恒温干燥箱内。

(   )7. 在粉末和碎茶含量测定中,对精茶,电动筛分机的使用要求是转速 200 r/min,回旋幅度 60 mm。

(   )8. 抽滤操作进行时,吸滤瓶与水泵之间要加一个安全瓶,其目的是防止倒吸。

(   )9. 在粉末和碎茶含量测定中,对毛茶,电动筛分机使用要求是转速 200 r/min,回旋幅度 50 mm。

（　　）10. 评茶室内温度应保持冬春 15～20 ℃，夏秋 20～25 ℃。

（　　）11. 对于袋泡茶的外形审评中，仅对茶袋的滤纸质量和茶袋的包装状况进行审评。

（　　）12. 所有茶叶感官审评均需按外形、汤色、香气、滋味、叶底 5 个审评因子进行。

（　　）13. 在进行茶饮料感官检验时，对浅色瓶装样品，迎光观察其色泽、外观，然后倒置，于明亮处观察其杂质。

（　　）14. 花茶的品质是以香味为主，一般开汤后，先嗅其香气，后看汤色，尝滋味，再看叶底。

（　　）15. 乌龙茶的品质特征要求外形紧细，重实有锋苗，内质要求香高味浓。

（　　）16. 乌龙茶的审评以内质香气和滋味为主，其次才是外形和叶底，汤色做参考。

（　　）17. 黑茶外形呈现黑色，这是由于茶叶在渥堆中受活性酶的作用而氧化，产生茶褐素并与氨基酸结合形成黑色。

（　　）18. 制黑茶的鲜叶多为一芽四叶到一芽六叶，有一定的老梗叶。

（　　）19. 白茶感官审评中，称取茶叶的称量工具为感量天平(0.1 g)。

（　　）20. 红茶在制造过程中，必须破坏叶绿素，使之形成茶黄素和茶红素等有色物质，它是决定红茶色泽的主要物质。

（　　）21. 特种茉莉花茶的外形特点是造型独特、洁净匀净、黄绿。

（　　）22. 在绿茶制造的过程中，杀青的主要目的是增强酶的活性，促进茶多酚物质氧化作用。

（　　）23. 青茶的制造工艺有萎凋、做青、炒青、揉捻、干燥 5 道工序。

（　　）24. 茶叶卫生标准的分析方法有感官检查和理化检查两大部分。

（　　）25. 在粉末和碎茶含量测定中，对精茶，电动筛分机使用要求是转速 200 r/min，回旋幅度 50 mm。

（　　）26. 茶叶粉末含量应取到小数点后 2 位。

（　　）27. 相同种类茶叶中的碎末茶限量指标是不相同的。

（　　）28. 在测定碎茶含量时，应做双试验，同一分析者同时或相继进行两次测定的结果之差，每 100 g 试样不得超过 0.5 g。

（　　）29. 碎茶含量测定中，适用于条形、圆形茶的粉末检验筛的孔径是 1.25 mm。

（　　）30. 碎末茶的含量高低直接影响着茶叶的外形美观和内在质量。

（　　）31. 检测茶叶水分时可做双试验，也可不做。

（　　）32. 测定茶叶水分含量时，称取试样量必须为 10 g。

（　　）33. 做茶叶水分检测时，用已称量干燥的烘皿称取试样约 10 g。

（　　）34. 生产中要求毛茶含水量应掌握在 6% 以下。

（　　）35. 测定茶叶水浸出物时，取样 5 g 于 500 mL 的锥形瓶中，加沸蒸馏水 300 mL 入水浴锅，浸提 45 min。

（　　）36. 检测茶叶水浸出物时，同一样品的两次测定值之差，每 100 g 试样不得超过 0.5 g。

（　　）37. 做茶叶净含量检验时，一个检验批的批量小于或等于 10 件时，只对每个单件定量包装商品的实际含量进行检验和评定，不做平均实际含量的计算。

（　　）38. 净含量的标注单位有 mL、L、g 和 kg。

（　　）39. 减量法称量适用于称量过程中易吸水、易氧化或与二氧化碳反应的物质。

（　　）40. 沉淀滴定法的反应必须满足反应速度快，生成沉淀的溶解度小。

（　）41. 进行固态速溶茶水分测定时,试样加热时间是 2 h。

（　）42. 进行速溶茶水分检测时,应注意加热温度的控制,干燥箱必须能自动控制温度为（103±2）℃。

（　）43. 乌龙茶属于半发酵茶,是介于不发酵(绿茶)和全发酵(红茶)之间的一类茶叶,因其外形色泽青褐,因此也称青茶。

（　）44. 农业行业标准 NY/T 456 中,茉莉花茶分为特级、一级、二级等 9 个质量等级。

（　）45. NY/T 456 中规定,茉莉花茶的卫生指标中铅含量不大于 5 mg/kg。

（　）46. 白茶属于轻微发酵茶,白茶的初制分为萎凋和干燥两大部分。

（　）47. 普洱生茶存放一段时间以后会自动变成普洱熟茶。

（　）48. 袋泡茶冲泡时,将有代表性的茶袋置于审评杯中,注满沸水加盖冲泡 5 min。

（　）49. 茶叶做净含量检验时,要求取 10 份代表性样品。

（　）50. 当包装物或包装容器的最大表面积小于 10 cm^2 时,可以只标示产品名称、净含量、制造者(或经销商)的名称和地址。

（　）51. 花茶种类很多,依所用鲜花种类不同,可分为茉莉花茶、白兰花茶、珠兰花茶、玳玳花茶和桂花茶等。

（　）52. 农业行业标准 NY/T 456 中,茉莉花茶产品分为特种茉莉花茶和茉莉花茶两种。

（　）53. 乌龙茶又称青茶,是我国六大茶类之一,属于半发酵茶。

（　）54. 黑茶是六大茶类之一,主要有湖南黑茶、湖北老青茶、四川边茶和滇桂黑茶等。

（　）55. 新工艺白茶是我国传统白茶产品。

（　）56. 普洱生茶存放一段时间以后自动会变成普洱熟茶。

（　）57. 我国绿茶品种最多,根据制造工艺的不同,炒青绿茶又可以分为长炒青和圆炒青。

（　）58. 小种红茶是工夫红茶的一种,分正山小种和外山小种。

◆ 参考答案

一、单项选择题

1. A	2. D	3. C	4. D	5. A	6. A	7. A	8. A	9. A	10. D
11. C	12. D	13. D	14. A	15. C	16. C	17. A	18. A	19. C	20. A
21. C	22. D	23. B	24. D	25. B	26. C	27. D	28. A	29. D	30. B
31. B	32. B	33. A	34. A	35. A	36. B	37. B	38. B	39. C	40. C
41. B	42. D	43. A	44. C	45. C	46. A	47. C	48. B	49. B	50. D
51. A	52. A	53. A	54. D	55. A	56. C	57. D	58. D		

二、判断题

1. √	2. √	3. √	4. ×	5. ×	6. √	7. √	8. √	9. √	10. √
11. ×	12. √	13. √	14. √	15. √	16. √	17. √	18. √	19. √	20. √
21. √	22. ×	23. √	24. √	25. √	26. √	27. √	28. √	29. √	30. √
31. ×	32. √	33. √	34. √	35. √	36. √	37. √	38. √	39. √	40. √
41. √	42. √	43. √	44. √	45. √	46. √	47. ×	48. √	49. ×	50. √
51. √	52. √	53. √	54. √	55. ×	56. ×	57. √	58. ×		

第四章　模拟试卷

职业技能鉴定国家题库
食品检验工(调味品和酱腌制品)(初级)理论知识试卷

注 意 事 项

1. 本试卷依据 2002 年颁布的《食品检验工国家职业标准》命制，
   考试时间：120 min。
2. 请在试卷标封处填写姓名、准考证号和所在单位的名称。
3. 请仔细阅读答题要求，在规定位置填写答案。

		一	二	总　分
得　分				

得　分	
评分人	

一、单项选择题(第 1～160 题,每题 0.5 分,共 80 分)

1. 职业道德就是同人们的职业活动紧密联系的符合职业特点所要求的(　　)、道德情操与道德品质的总和。
   A. 道德准则　　　　　B. 道德细则　　　　　C. 道德规则　　　　　D. 道德法则

2. 食品检验人员应当(　　)，保证出具的检验数据和结论客观、公正、准确,不得出具虚假或者不实数据和结果的检验报告。
   A. 尊重科学,恪守职业道德　　　　　　B. 尊重实际,维护企业利益
   C. 尊重科学,维护团体利益　　　　　　D. 尊重企业,兼顾客户利益

3. 下列测量结果表示正确的是(　　)。
   A. 28.5±0.5 ℃　　　B. (25.0±0.1) g　　　C. 10 cm 5 mm　　　D. 1 m75

4. 长度单位米是国际单位制的(　　)。
   A. 基本单位　　　　　B. 导出单位　　　　　C. 辅助单位　　　　　D. 倍数单位

5. 容积的单位毫升属于(　　)。
   A. 基本单位　　　　　B. 分数单位　　　　　C. SI 单位　　　　　D. 辅助单位

6. 物质的量单位 mol 是(　　)。
   A. SI 基本单位　　　　B. SI 导出单位　　　　C. SI 辅助单位　　　　D. SI 倍数单位

7. 随机误差是指对同一量进行多次重复测量时,大小和符号都(　　)变化的误差。

A. 不会   B. 必定   C. 无规律   D. 有规律

8. 减小检测分析误差常用的方法有:选择合适的检测分析方法、选择合适的分析用水、对仪器设备(　　)、增加测量次数、做空白试验对照试验等。

    A. 检定校准、做回收试验   B. 调试校对、做满载试验

    C. 试验验证、做例行试验   D. 维护保养、做常规试验

9. 对检测样品的某一成分连续测量了 5 次,测量结果分别为 5.04、4.97、5.02、4.95 和 5.02。若该成分的实际含量为 5.03,本次测量的最大误差是(　　)(单位均为 mg/L)。

    A. −0.08   B. 0.08   C. −0.05   D. 0.05

10. 常用的系统误差消除方法有加修正值、替代法、交换法、补偿法、空白试验、(　　)等。

    A. 增加测量次数   B. 缩短测量时间   C. 对照试验   D. 验证试验

11. 随机误差具有单峰性、对称性、(　　)和抵偿性。

    A. 有界性   B. 周期性   C. 规律性   D. 确定性

12. 当测量次数足够多时,测量结果的算术平均值可以认为不含(　　)。

    A. 随机误差   B. 系统误差   C. 绝对误差   D. 相对误差

13. 单位物质的量的物质所具有的质量称为摩尔质量,用符号 M 表示,常用单位是(　　)。

    A. g/mol   B. mol   C. g   D. mol/g

14. 下列关于溶液的说法正确的是(　　)。

    A. 溶液都是澄清、透明、无色的   B. 溶液的体积一定等于溶质和溶剂体积之和

    C. 溶液一定是混合物   D. 溶液一定是稳定的液体

15. 下列关于有机化合物特点的表述错误的是(　　)。

    A. 受热容易分解,而且具有可燃性

    B. 化学反应复杂,速率较快,易完成

    C. 难溶于水,易溶于汽油、酒精、苯等有机溶剂

    D. 熔点低

16. 官能团是决定有机化合物的化学性质的原子或原子团,醛类中含有(　　)官能团。

    A. —OH   B. —COOH   C. —CHO   D. —CN

17. 能判断淀粉是否水解的试剂是(　　)。

    A. 碘水   B. 碘化钾溶液   C. 银氨溶液   D. 三氯化铁溶液

18. 单糖的还原产物是(　　)。

    A. 酯类   B. 醇类   C. 醛类   D. 羧酸类

19. 以下选项中不属于蛋白质化学性质的是(　　)。

    A. 蛋白质在非等电点状态时,与其周围的反离子构成稳定的双电层

    B. 蛋白质在碱性溶液中与硫酸铜作用呈现紫红色

    C. 蛋白质(α- 氨基酸)与水合茚三酮作用产生蓝色

    D. 蛋白质遇浓硝酸会变黄

20. 用化学式来表示物质的化学反应的式子称为化学方程式,它表达了反应前后物质的(　　)的变化,以及在反应时物质量之间的关系。

    A. 质   B. 量   C. 性质   D. 质和量

21. 化学上把分子或晶体中相邻的两个或多个原子之间强烈的相互作用叫作(　　)。

    A. 化学键   B. 配位键   C. 共价键   D. 离子键

22. 按元素原子间的相互作用的方式和强度不同,化学键分为(　　)、共价键和金属键。
    A. 氢键　　　　　　　　B. 离子键　　　　　　　　C. 配位键　　　　　　　　D. 分子间力

23. 化学平衡是在一定条件下建立起来的,一旦条件变化,平衡状态就被破坏,影响化学平衡的条件有(　　)、压强、温度以及催化剂等。
    A. 密度　　　　　　　　B. 浓度　　　　　　　　C. 溶度积　　　　　　　　D. 溶解度

24. 采用(　　)浓度的负对数来表示溶液酸碱性的强弱,叫作溶液的 pH。
    A. H　　　　　　　　B. H^+　　　　　　　　C. H_2　　　　　　　　D. OH

25. 液体样品的称量方法有(　　)、点滴瓶法和注射器称量法。
    A. 安瓿球法　　　　　　B. 差减称量法　　　　　　C. 直接称量法　　　　　　D. 指定质量称量法

26. 滴定分析法是定量分析中一种很重要的方法,适合滴定分析的化学反应必须具备(　　)的条件。
    A. 反应必须产生沉淀　　　　　　　　　　　　B. 反应能够迅速地完成
    C. 反应必须是酸碱中和反应　　　　　　　　　D. 反应必须是氧化还原反应

27. 关于酸碱滴定法的说法错误的是(　　)。
    A. 酸碱滴定法是以酸碱中和反应为基础的滴定分析法
    B. 酸碱反应的指示剂是一些有机弱酸或弱碱
    C. 酸碱滴定反应过程中溶液的 pH 不断发生变化
    D. 酸碱反应的指示剂是一些有机强酸或弱碱

28. 关于酸碱指示剂变色原理的说法错误的是(　　)。
    A. 当溶液的 pH 改变时,指示剂获得质子转化为酸式结构,或失去质子转化为碱式结构,从而引起溶液颜色的变化
    B. 酸碱指示剂的变色和其本身的性质有关,也与溶液的 pH 有关
    C. 所有的酸碱指示剂都是有机弱酸
    D. 所有的酸碱指示剂都是弱的有机酸或有机碱

29. 关于酸碱指示剂的变色范围,下列说法错误的是(　　)。
    A. 只要酸碱指示剂一定,其解离常数就一定,所以能指示溶液酸度的变化
    B. 人眼能观察到的指示剂变色范围一般都大于 2 个 pH 单位
    C. 由于各种酸碱指示剂的解离常数不同,指示剂的变色范围和变色点也不同
    D. 指示剂的变色范围愈窄愈好,这样指示剂变色比较敏感

30. 关于酸碱指示剂的选择,下列说法错误的是(　　)。
    A. 凡是变色点 pH 处于突跃范围内的指示剂都可以用来指示滴定的终点,同时考虑指示变色的灵敏性
    B. 酸滴定碱可以选择甲基红、甲基橙作为指示剂
    C. 碱滴定酸一般用酚酞做指示剂比较合适
    D. 强碱滴定弱酸可以选择甲基红、甲基橙作为指示剂

31. 关于甲基橙指示剂的配制方法,下列操作方法正确的是(　　)。
    A. 称取甲基橙 0.1 g,溶于 100 mL 60%(体积分数)的乙醇溶液中
    B. 称取甲基橙 0.1 g,溶于 100 mL 水中
    C. 称取甲基橙 0.1 g,溶于 100 mL 1%的氯化钠溶液中
    D. 称取甲基橙 0.1 g,溶于 100 mL 1%的盐酸溶液中

32. 关于氧化还原滴定法的原理,下列叙述错误的是(　　　)。
　　A. 以氧化剂或还原剂做标准溶液可以直接滴定还原性物质或氧化性物质
　　B. 利用氧化还原反应也可以间接滴定一些能与氧化剂或还原剂发生定量反应的物质
　　C. 氧化还原滴定法是以氧化还原反应为基础的滴定分析法
　　D. 利用氧化还原反应也可以间接滴定一些能与氧化剂或还原剂发生部分反应的物质

33. 关于氧化还原滴定法所用的滴定反应指示剂,下列说法正确的是(　　　)。
　　A. 氧化还原指示剂在氧化还原滴定中不参与氧化还原反应而发生颜色变化
　　B. 氧化还原滴定法指示剂分为氧化还原指示剂、自身指示剂和专用指示剂
　　C. 专用指示剂本身具有氧化还原性
　　D. 淀粉是一种氧化还原指示剂,本身具有氧化性

34. 氧化还原滴定法根据滴定剂种类不同分为3种主要类型:(　　　)、重铬酸钾法和碘量法。
　　A. EDTA 法　　　　　B. 沉淀法　　　　　　C. 高锰酸钾法　　　　D. 络合法

35. 用高锰酸钾滴定法测定下列物质的含量,可以用直接滴定法的是(　　　)。
　　A. 食品中钙含量的测定　　　　　　　B. 二氧化锰含量的测定
　　C. 食品中过氧化氢含量的测定　　　　D. 食品中甘油含量的测定

36. 下列物质中不可以用重铬酸钾滴定法测定的是(　　　)。
　　A. Ti^{3+}　　　　　　　B. Fe^{2+}　　　　　　　C. K^+　　　　　　　D. NO_3^-

37. 碘量法是利用 I_2 的氧化性和 I^- 的还原性进行滴定的氧化还原滴定法,下列物质中可以用碘量法测定的是(　　　)。
　　A. Sn^{2+}　　　　　　B. K^+　　　　　　　C. Na^+　　　　　　D. Ca^{2+}

38. 沉淀滴定法是以沉淀溶解平衡为基础的滴定分析法,可以用沉淀滴定法测定的物质是(　　　)。
　　A. 溴离子　　　　　B. 钾离子　　　　　C. 钠离子　　　　　D. 铵离子

39. 关于络合滴定法的原理,下列说法错误的是(　　　)。
　　A. 能形成络合物的反应很多,但可用于络合滴定的并不多
　　B. 目前应用最广泛的络合滴定法是 EDTA 滴定法
　　C. 分析时常用的 EDTA 是乙二胺四乙酸二钠盐
　　D. EDTA 与金属离子形成的螯合物结构不稳定,且难溶于水

40. 关于络合滴定法中所用的金属指示剂,下列说法错误的是(　　　)。
　　A. 金属指示剂是一种有机络合剂
　　B. 金属指示剂与金属离子形成络合物的条件和 EDTA 测定金属离子的酸度条件相符合
　　C. 金属指示剂与金属离子形成络合物比 EDTA 与金属离子形成络合物的稳定性强
　　D. 金属指示剂与金属离子形成络合物比 EDTA 与金属离子形成络合物的稳定性差

41. 络合滴定法中所用的金属指示剂应具备(　　　)的条件。
　　A. 在滴定的 pH 范围内,游离指示剂和指示剂与金属离子的配合物两者的颜色要有显著区别
　　B. 在滴定的 pH 范围内,游离指示剂和指示剂与金属离子的配合物两者的颜色基本相同
　　C. 金属指示剂与金属离子形成络合物和 EDTA 与金属离子形成络合物稳定性相同
　　D. 金属指示剂与金属离子形成络合物比 EDTA 与金属离子形成络合物的稳定性强

42. 在络合滴定中,常用的金属指示剂有铬黑 T、二甲酚橙、PAN、酸性络蓝 K、(　　　)、磺基水

杨酸等。

    A. 高锰酸钾   B. 铬酸钾   C. 溴甲酚绿   D. 钙指示剂

43. 我国化学试剂通用分级法中根据纯度及杂质含量的多少将化学试剂分为4级，分别是优级纯、分析纯、（   ）和实验试剂。

    A. 化学纯   B. 超纯试剂   C. 光谱纯   D. 生化试剂

44. 下列化学试剂中容易因为吸收二氧化碳而变质的是（   ）。

    A. 氧化钙   B. 硝酸钠   C. 氯化钠   D. 酚类

45. 关于化学试剂的分装，下列操作正确的是（   ）。

    A. 装氢氧化钠溶液的试剂瓶用玻璃塞   B. 装氢氧化钠溶液的试剂瓶用橡胶塞

    C. 高锰酸钾装在白色瓶中   D. 碘化钾装在白色瓶中

46. 关于食品检验中化学试剂的选用，下列描述正确的是（   ）。

    A. 进行痕量分析时，用优级纯试剂   B. 做仲裁分析时，用化学纯试剂

    C. 一般车间控制分析用优级纯试剂   D. 进行痕量分析时，用化学纯试剂

47. 基准物草酸的干燥条件是在（   ）干燥至恒重。

    A. 130～150 ℃   B. 80～100 ℃   C. 110～150 ℃   D. 室温、空气中

48. 关于硝酸银标准溶液的标定，下列操作正确的是（   ）。

    A. 选用在 500～600 ℃灼烧至恒重的基准物质氯化钠做基准物质

    B. 选用在 300～400 ℃灼烧至恒重的基准物质氯化钠做基准物质

    C. 选用在 300～400 ℃灼烧至恒重的基准物质氯化钾做基准物质

    D. 选用在 500～600 ℃灼烧至恒重的基准物质碳酸钙做基准物质

49. 关于氢氧化钠标准溶液的标定，下列操作错误的是（   ）。

    A. 选用化学纯的盐酸溶液做基准物质来标定

    B. 选用在 110～120 ℃干燥至恒重的基准邻苯二甲酸氢钾做基准物质

    C. 选用分析纯的氢氧化钠配制氢氧化钠标准溶液

    D. 4 次平行标定，取算术平均值为测定结果，每次标定结果相对平均偏差不超过 0.10%

50. 标定盐酸溶液常用的指示剂是（   ）。

    A. 甲基红   B. 溴甲酚绿

    C. 甲基橙   D. 溴甲酚绿－甲基红混合指示剂

51. 标定高锰酸钾溶液常用的指示剂是（   ）。

    A. 铬黑T   B. 钙指示剂   C. 自身指示剂   D. 二甲酚橙

52. 标定 EDTA 溶液用氧化锌做基准物质，国标规定的金属指示剂是（   ）。

    A. 铬黑T   B. 二甲酚橙   C. 钙红指示剂   D. 磺基水杨酸

53. 关于电光分析天平，下列说法错误的是（   ）。

    A. 天平横梁是天平的主要部件

    B. 水平泡位于天平立柱上，用来检查天平的水平位置

    C. 天平横梁上玛瑙刀刀口的锋利程度对天平的灵敏度无影响

    D. 天平横梁上玛瑙刀刀口的锋利程度影响天平的灵敏度

54. 关于手提式高压蒸汽灭菌锅的构造，下列说法错误的是（   ）。

    A. 排气阀、溢流阀装在底座上   B. 锅盖上装有温度计

    C. 放水阀装在底座上   D. 锅盖上装有排汽孔

55. 关于电热恒温干燥箱的构造,下列说法正确的是(　　)。

　　A. 由箱体、电热器和温度控制系统 3 部分组成

　　B. 排气孔在箱体的底部

　　C. 进气孔在箱体的顶部

　　D. 进气孔中央插有一支温度计,用以指示箱内温度

56. 在生物显微镜的构造中,属于显微镜机械部分的是(　　)。

　　A. 目镜　　　　　　　B. 物镜　　　　　　　C. 反光镜　　　　　　D. 镜筒

57. 下列检验项目不属于食品添加剂的检验内容的是(　　)。

　　A. 食品营养强化剂含量的检测　　　　　　B. 食品中亚硝酸盐含量的检测

　　C. 食品中甜蜜素含量的检测　　　　　　　D. 食品中还原糖含量的检测

58. 微生物被称为"活的化工厂",它们吸收多、转化快的特性决定了其具有强大的(　　)转化能力。

　　A. 物理化学　　　　　B. 生物化学　　　　　C. 有机化学　　　　　D. 无机化学

59. 细菌的形态很简单,基本可分为 3 类,分别是(　　)、杆状和螺旋状。

　　A. 球状　　　　　　　B. 片状　　　　　　　C. 粒状　　　　　　　D. 格状

60. 细菌的生理特征较为简单,其一般构造由外至内为(　　)。

　　A. 细胞壁、细胞膜、性菌毛、核质体　　　　B. 细胞壁、细胞膜、细胞质、性菌毛

　　C. 细胞壁、细胞膜、细胞质、核质体　　　　D. 细胞壁、细胞膜、核质体、性菌毛

61. 霉菌菌丝细胞由厚实、坚韧的细胞壁所包裹,其内有(　　)。

　　A. 细胞液　　　　　　B. 细胞膜　　　　　　C. 细胞质　　　　　　D. 细胞群

62. 酵母菌是一类低等的真核生物,其个体一般以(　　)状态存在。

　　A. 单细胞　　　　　　B. 双细胞　　　　　　C. 三细胞　　　　　　D. 多细胞

63. 菌落总数是指:食品检样经过处理,在一定条件下进行培养后,所得(　　)检样中形成菌落的总数。

　　A. 0.1 mL　　　　　　B. 1.0 mL　　　　　　C. 0.5 mL　　　　　　D. 1.5 mL

64. 在食品中菌落总数的检验过程中,检样在培养基上混匀后,培养的时间是(　　)。

　　A. 36 h±2 h　　　　　B. 48 h±2 h　　　　　C. 52 h±2 h　　　　　D. 58 h±2 h

65. 固体样品溶解在磷酸盐缓冲溶液中装入均质杯,下列均质速度符合标准要求的是(　　)。

　　A. 1 000 r/min　　　　B. 3 000 r/min　　　　C. 6 000 r/min　　　　D. 9 000 r/min

66. 有关菌落计数的说法正确的是(　　)。

　　A. 低于 20 CFU 的平板记录具体菌落数

　　B. 高于 100 CFU 的平板其菌落数可记录为多不可计

　　C. 高于 200 CFU 的平板其菌落数可记录为多不可计

　　D. 菌落计数以菌落形成单位(CFU)表示

67. 若两个连续稀释度的平板菌落数在适宜的计数范围内,第一稀释度(1:100)的菌落数为 132 和 144,第二稀释度的菌落数为 13 和 15,则样品中菌落数是(　　)。

　　A. 1.4 × 10⁴　　　　　B. 1.38 × 10⁴　　　　C. 1.3 × 10⁴　　　　D. 1.381 × 10⁴

68. 菌落总数的报告采用两位(　　)数字的报告形式。

　　A. 计算　　　　　　　B. 有效　　　　　　　C. 平均　　　　　　　D. 加和

69. 大肠菌群是一群在 36 ℃条件下培养(　　)能发酵乳糖、产酸产气的需氧和兼性厌氧革兰

氏阴性无芽孢杆菌。

  A. 24 h   B. 36 h   C. 48 h   D. 50 h

70. 计量大肠菌群数量的最可能数是基于泊松分布的一种（　　）计数方法。

  A. 循环   B. 直接   C. 间接   D. 倒推

71. 在大肠菌群的检验过程中，将检样匀液接种 LST 肉汤管后，培养的时间是（　　）。

  A. 36 h±2 h B. 48 h±2 h C. 52 h±2 h D. 58 h±2 h

72. 在大肠菌群的检验过程中，固体样品溶解在磷酸盐缓冲溶液中装入均质杯，下列均质速度符合标准要求的是（　　）。

  A. 1 000 r/min B. 3 000 r/min C. 6 000 r/min D. 9 000 r/min

73. 在大肠菌群的检验过程中，样品匀液的酸度控制在（　　）范围内。

  A. 10.5～9.5 B. 7.5～6.5 C. 8.5～7.5 D. 9.5～8.5

74. 在大肠菌群的检验过程中，复发酵试验的培养时间是（　　）。

  A. 36 h±2 h B. 48 h±2 h C. 52 h±2 h D. 58 h±2 h

75. 下列有关大肠菌群平板计数的描述，正确的是（　　）。

  A. 选择 3～4 个适宜的连续稀释度 B. 每个稀释度接种一个无菌平皿

  C. 每皿中有 5 mL 样品匀液 D. 同时用 2 个无菌平皿做空白对照

76. 将胰蛋白胨、氯化钠、乳糖、磷酸氢二钾、磷酸二氢钾、月桂基磺酸钠、蒸馏水按比例混合，调节（　　），分装到小试管中，在 121 ℃和 15 min 条件下灭菌。

  A. 黏度   B. 浓度   C. 温度   D. 酸度

77. BGLB 培养基的制备方法是：将蛋白胨、乳糖溶于蒸馏水中，加入牛胆粉溶液，用蒸馏水稀释至 975 mL，调节（　　），再加入煌绿水溶液 13.3 mL，用蒸馏水补足到 1 000 mL，用棉花过滤后，分装到有玻璃小倒管的试管中，每管 10 mL，在 121 ℃和 15 min 条件下灭菌。

  A. pH=6.4 B. pH=7.4 C. pH=8.4 D. pH=9.4

78. 结晶紫中性红胆盐琼脂的制备是将蛋白胨、酵母膏、乳糖、氯化钠、胆盐、中性红和结晶紫溶解于蒸馏水中，充分搅拌，调节酸度，煮沸（　　），将培养基冷却至 45～50 ℃。使用前临时制备，不得超过 3 h。

  A. 2 min   B. 4 min   C. 6 min   D. 8 min

79. 现要测量 220 V 的电压，有下列 4 块指针式电压表的技术参数，最合适的选项是（　　）。

  A. 0～220 V，1.5 级   B. 0～250 V，1.5 级

  C. 0～300 V，1.5 级   D. 0～500 V，1.5 级

80. 测量直流电流时，电流表的（　　）要连接到电器设备的（　　）上。

  A. 正极　负极 B. 负极　正极 C. 正极　正极 D. 负极　外壳

81. 检测实验室预防触电的技术措施很多，下面不属于通常采用的防触电技术措施是（　　）。

  A. 装设漏电保护装置   B. 接地和接零

  C. 采用安全电压   D. 装设过载保护装置

82. 插头与插座应按规定正确接线，插座的保护接地极在任何情况下都必须单独与保护线（　　）。

  A. 保持绝缘 B. 保持独立 C. 可靠断开 D. 可靠连接

83. 氧气瓶在使用时要特别注意，手上、工具上、钢瓶和周围不能沾有（　　）。

  A. 污水   B. 油污   C. 泥土   D. 粉尘

84. 实验室中如发现有人中毒,应尽快将患者(　　),并尽量清理致毒物质,以便协助医生排除中毒者体内毒物。
    A. 保持原地不动　　　　　　　　B. 平躺在地面上且头部降低
    C. 从中毒物质区域中移出　　　　D. 俯卧于地面且头部抬高

85. 实验室所用的危险化学药品一般是指对人体、设施、环境具有危害的化学药品,下列不属于危险化学药品的是(　　)。
    A. 浓硝酸　　　　B. 检验用麦芽糖　　　　C. 硝酸汞溶液　　　　D. 硫酸铬

86. 食品检测时如果使用化学药品,应严格遵守个人(　　),禁止在使用有毒物或有可能被毒物污染的实验室内饮食、吸烟。
    A. 防护规程　　　　B. 工作计划　　　　C. 工作安排　　　　D. 工作承诺

87. 食品检测过程中,在使用易爆性物质时,要注意防止(　　)。
    A. 突然振动和过热　　B. 突然停顿和降温　　C. 随意晃动和冷却　　D. 随意停止和保温

88. 在检测工作中,当使用具有灼伤皮肤危害的物质时应注意加强防护,下列选项中不具有防灼伤作用的是(　　)。
    A. 戴防护面罩　　　　B. 穿防护鞋套　　　　C. 戴防护手套　　　　D. 穿防护服装

89. 《中华人民共和国食品安全法》中对食品安全的定义为:食品安全是指食品无毒、无害,符合应当有的(　　)要求,对人体健康不造成任何急性、亚急性或者慢性危害。
    A. 营养　　　　B. 安全　　　　C. 质量　　　　D. 卫生

90. 下列选项中不属于食物中毒的是(　　)。
    A. 发芽的马铃薯中毒　　　　　　B. 毒草中毒
    C. 河豚中毒　　　　　　　　　　D. 海鲜过敏

91. 动物使用药物后,药物成分会存留于体内形成兽药残留,兽药残留的来源不包括(　　)。
    A. 使用禁药　　　　　　　　　　B. 加工过程中受到污染
    C. 屠宰前使用兽药　　　　　　　D. 按规定执行休药期

92. 食品生产许可制度是工业产品生产许可制度的一个组成部分,是为保证食品的质量安全,由国家主管食品(　　)质量监督工作的行政部门制定并实施的一项旨在控制食品生产加工企业生产条件的监控制度。
    A. 卫生领域　　　　B. 流通领域　　　　C. 生产领域　　　　D. 安全领域

93. 下列选项中不属于《中华人民共和国产品质量法》对生产者禁止性规定的是(　　)。
    A. 不得伪造产地,不得伪造或冒用他人厂名厂址
    B. 不得伪造或冒用认证标志等质量标志
    C. 不得掺杂掺假、以假充真、以次充好
    D. 不得以未检验的产品冒充检验的产品

94. 下列选项中不属于《中华人民共和国产品质量法》对产品标识基本要求的是(　　)。
    A. 裸装产品应当具有标识
    B. 产品标识应当标注在产品或产品包装上
    C. 产品标识必须真实合法
    D. 产品标识应当清晰、牢固,易于识别

95. 强制性标准必须执行,不符合强制性标准的产品禁止生产及(　　)。
    A. 销售和出口　　　　B. 销售和进口　　　　C. 出口和进口　　　　D. 使用和销售

96.《中华人民共和国食品安全法》规定的食品生产经营管理制度主要有：食品生产经营许可制度、（　　）、食品召回制度、不安全食品停止经营制度等。
　　A. 质量记录制度、食品生产加工制度　　　B. 索票索证制度、食品安全管理制度
　　C. 食品检验记录制度、食品安全食用制度　　D. 原材料生产加工制度、食品安全销售制度

97.《中华人民共和国食品安全法》规定，食品生产经营企业可以自行对所生产的食品进行检验，也可以委托符合本法规定的（　　）进行检验。
　　A. 检验机构　　　B. 食品企业　　　C. 食品检验机构　　　D. 食品科研机构

98.《中华人民共和国食品安全法》规定，食品生产者应当建立食品原料进货查验记录制度，如实记录食品原料的名称、规格、数量、供货者名称及联系方式、（　　）日期等内容，记录至少保存 2 年。
　　A. 进货　　　B. 生产　　　C. 销售　　　D. 出厂

99. 国家标准的编号由国家标准代号、（　　）和标准发布年代号组成。
　　A. 标准发布的代号　B. 标准发布的书号　C. 标准发布顺序号　D. 标准发布的文号

100. 计量器具是能用以直接或间接测出被测对象（　　）的装置、仪器仪表、实物量具和用于统一量值的标准物质的总称。
　　A. 量值　　　B. 数值　　　C. 数字　　　D. 大小

101. 食品标签应（　　），不得以虚假、夸大、使消费者误解或欺骗性的文字、图形等方式介绍食品。
　　A. 美观、大方　　B. 醒目、庄重　　C. 真实、准确　　D. 抽象、艺术

102. 食品标签应包括（　　）、生产者和（或）经销者的名称、地址和联系方式、生产日期和保质期、储存条件、食品生产许可证编号、产品标准代号及其他需要标示的内容。
　　A. 食品名称、原材料、净重量和规格　　　B. 食品名称、配料表、总重量和规格
　　C. 食品名称、配料表、净含量和规格　　　D. 食品名称、原材料、总含量和规格

103. 使用食品添加剂不应对人体产生任何健康危害，不应掩盖食品腐败变质，不应（　　）食品本身或加工过程中的质量缺陷。
　　A. 减少　　　B. 防止　　　C. 掩盖　　　D. 消除

104. 食品添加剂适用于保持或提高食品本身的营养价值，提高食品的（　　）。
　　A. 产量和稳定性，改进其功能特性　　　B. 质量和稳定性，改进其感官特性
　　C. 质量和营养性，改进其口感特性　　　D. 产量和防腐性，改进其色泽特性

105. 在定量包装商品包装的显著位置，应有正确、清晰的（　　）标注，它由"净含量"（中文）、数字和法定计量单位（或者用中文表示的计数单位）3 部分组成。
　　A. 含量　　　B. 净含量　　　C. 重量　　　D. 质量

106. 单件定量包装商品的实际含量应当准确反映其标注净含量，标注净含量与实际含量之差不得大于规定的（　　）。
　　A. 允许净含量　　B. 允许质量　　C. 允许短缺量　　D. 允许重量

107. 对定量包装商品净含量量值的计量检验，要求检验数据准确可靠、检验方法适当合理、（　　）满足检验需要、皮重的测量准确。
　　A. 测量仪器　　B. 测量原理　　C. 测量时间　　D. 测量习惯

108. 食品标签是食品（　　）的文字、图形、符号及一切说明物。
　　A. 包装上　　　B. 本身上　　　C. 内包装上　　　D. 运输箱上

109. 定量包装商品是指以销售为目的,在一定( )范围内具有统一的质量、体积、长度、面积、计数标注等标识内容的预包装商品。
    A. 产品   B. 区域   C. 量限   D. 用途

110. 标准是为在一定范围内获得最佳秩序,对( )规定共同的和重复使用的规则、指导原则或特性的文件,该文件经协商一致制定并经一个公认机构的批准。
    A. 过程或其环节   B. 产品和其质量   C. 工作和其过程   D. 活动或其结果

111. 我国标准分为国家标准、( )标准、地方标准和企业标准4级。
    A. 行业   B. 专业   C. 系统   D. 区域

112. 根据标准实施强制程度的不同,我国将标准分为强制性标准、( )标准和指导性技术文件。
    A. 推荐性   B. 授权性   C. 参考性   D. 任意性

113. 根据 GB 18186—2000,测定酱油中可溶性总固形物制备试液时,将样品充分振摇后,用( )滤入干燥的锥形瓶中备用。
    A. 湿润的滤纸   B. 干滤纸   C. 湿润的纱布   D. 干纱布

114. SB/T 10371—2003 中规定,对于鸡精调味料,同一( )生产的同一品种产品为一批,从每批产品的不同部位随机抽取 6 包(罐),分别做外观和感官特性、理化、卫生检验、留样。
    A. 天   B. 批原料   C. 车间   D. 班次

115. 根据 SB/T 10309—1999,抽取黄豆酱样品时,可从每批产品的不同部位随机抽取( )分别进行感官、理化、卫生检验及保质期试验。
    A. 6 瓶   B. 7 瓶   C. 8 瓶   D. 9 瓶

116. 根据 GB/T 15691—2008,香辛料调味品的总灰分、酸不溶性灰分每( )抽检一次。
    A. 4 批次   B. 6 批次   C. 8 批次   D. 10 批次

117. 电热恒温干燥箱控制温度的系统是( )。
    A. 热电偶   B. 差动式或热点式水银温度计
    C. 水银温度计   D. 温度控制器

118. 有关真空干燥箱的使用,不规范的是( )。
    A. 真空干燥箱外壳必须有效接地,以保证使用安全
    B. 真空干燥箱应在相对湿度小于等于 85% RH 的环境中使用
    C. 真空干燥箱中不得放易燃、易爆、易产生腐蚀性气体的物品进行干燥
    D. 真空泵可以长期工作,当真空度达到干燥物品要求时,可以延缓关闭真空阀

119. 用马弗炉灰化样品时,下面操作不正确的是( )。
    A. 用坩埚盛装样品   B. 坩埚与样品在电炉上炭化
    C. 坩埚与坩埚盖同时放入灰化   D. 关闭电源后,开启炉门,降温至室温时取出

120. pH 计(酸度计)组成中不可缺少的是( )和电极。
    A. 精密电流计   B. 精密电差计   C. 精密电阻计   D. 精密电位计

121. 根据 GB/T 5009.39—2003,感官检验酱油的色泽时,取( )试样于 25 mL 的具塞比色管中,加水至刻度,振摇观察色泽、澄清度,应不浑浊,无沉淀物。
    A. 1 mL   B. 2 mL   C. 3 mL   D. 4 mL

122. 根据 GB/T 5009.39—2003,感官检验酱油的香气时,取( )试样于 50 mL 的烧杯中,

观察应无霉味，无霉花浮膜。

    A. 5 mL   B. 10 mL   C. 20 mL   D. 30 mL

123. 根据 GB/T 5009.39—2003，感官检验酱油的滋味时，取试样（   ）于 50 mL 的烧杯中，用玻璃棒搅拌烧杯中试样后，品尝其味不得有酸、苦、涩等异味。

    A. 5 mL   B. 10 mL   C. 20 mL   D. 30 mL

124. 根据 GB/T 5009.39—2003，感官检验酿造食醋的色泽时，取（   ）试样置于 25 mL 的具塞比色管中，加水至刻度，振摇，观察色泽、澄清度，不应浑浊，无沉淀。

    A. 4 mL   B. 3 mL   C. 2 mL   D. 1 mL

125. 根据 GB/T 5009.41—2003，感官检验酿造食醋的香气时，取（   ）试样置于 50 mL 的烧杯中观察，应无悬浮物，无霉花浮膜，无"醋鳗"和"醋虱"。

    A. 30 mL   B. 20 mL   C. 10 mL   D. 5 mL

126. 根据 GB/T 5009.41—2003，感官检验酿造食醋的（   ）时，取 30 mL 试样置于 50 mL 的烧杯中，用玻璃棒搅拌试样，尝味应不涩，无其他不良气味与异味。

    A. 滋味   B. 气味   C. 美味   D. 香气

127. 根据 GB/T 5009.41—2003，对味精进行感官测定时，将试样平铺在（   ），观察其应为白色结晶，无夹杂物，尝其味应无异味。

    A. 一张白纸上   B. 一张深色纸上   C. 玻璃盘中   D. 瓷盘中

128. 根据 SB/T 10371—2003，测定鸡精调味料的色泽时，取样品（   ）置于白色滤纸上或玻璃器皿内，进行目测。

    A. 2 g   B. 3 g   C. 4 g   D. 5 g

129. 根据 GB/T 13025.1—1991，检测食盐的粒度时，将采取的试样充分混合，用四分法缩取总量不少于 500 g 的平均样品。称取试样（   ），称准至 0.2 g，用规定的试验筛孔尺寸进行筛分。

    A. 400 g   B. 300 g   C. 200 g   D. 100 g

130. 根据 GB/T 13025.5—1991，检测食盐中氯离子含量时，制备样品液，称取（   ）粉碎至 2 mm 以下的均匀样品备用。

    A. 100 g   B. 250 g   C. 25 g   D. 10 g

131. 根据 GB/T 13025.3—1991，检测食盐中水分含量时，称取 10 g 样品，称准至（   ），置于已恒重的称量瓶中，放入电烘箱内的搪瓷盘里，升温干燥。

    A. 0.000 5 g   B. 0.001 g   C. 0.002 g   D. 0.005 g

132. 根据 GB/T 13025.4—1991，检测食盐中水不溶物含量时，溶解样品方法为：称取 10 g 粉碎至 2 mm 以下的均匀试样（精制盐称 50 g），称准至（   ），进行后续操作。

    A. 0.000 5 g   B. 0.001 g   C. 0.002 g   D. 0.005 g

133. 根据 GB/T 13025，食盐中水溶性杂质主要为硫酸钙、硫酸镁、（   ）、氯化钙和氯化镁。

    A. 硫酸钠   B. 硫酸亚铁   C. 氯化钠   D. 硫酸钾

134. 根据 GB/T 12729.7—2008，检验香辛料和调味品中总灰分时，首先取一定量试样于坩埚中，将其中水分蒸干，炭化至无烟，于（   ）灼烧 2 h，进行后续操作。

    A. 600 ℃ ±25 ℃   B. 575 ℃ ±25 ℃   C. 550 ℃ ±25 ℃   D. 525 ℃ ±25 ℃

135. 根据 GB/T 12729.9—2008，检验香辛料和调味品中酸不溶性灰分时，在盛有总灰分的坩埚中，加入盐酸溶液（   ），盖上表面皿，煮沸 10 min，进行后续操作。

A. 5～10 mL　　　　B. 10～15 mL　　　　C. 15～25 mL　　　　D. 25～35 mL

136. 根据 GB/T 12729.6—2008，检验香辛料和调味品中水分时，水分测定器使用前需用（　　）充分洗涤，除去油污，烘干。

A. 铬酸洗涤液　　　B. 84 消毒液　　　　C. 去污剂　　　　D. 洗涤剂

137. 根据 GB/T 12729.4—2008，测定香辛料和调味品筛上残留量时，称取（　　）样品于装有 0.2 mm 标准金属丝网筛子的电动振荡机内，于 1 400 r/min 振荡 4 min，称量筛上残留物的质量。

A. 25 g　　　　　　B. 50 g　　　　　　C. 100 g　　　　　D. 200 g

138. 根据 GB/T 12729.10—2008，测定香辛料和调味品中醇溶抽提物时，用乙醇定容至 100 mL，每隔 30 min 振摇一次，经 8 h 后，静置（　　），过滤。

A. 4 h　　　　　　B. 8 h　　　　　　C. 12 h　　　　　D. 16 h

139. 根据 GB/T 12729.5—2008，测定香辛料和调味品中外来物含量时，根据试样的不同，称取（　　），精确至 0.1 g。从试样中分离外来物，放入干燥的已称重的表面皿中称量，精确至 1 mg。

A. 10～50 g　　　B. 50～100 g　　　C. 100～500 g　　　D. 100～1 000 g

140. 根据 GB/T 12729.13—2008，测定香辛料和调味品中污物含量时，首先去除其中的脂肪和挥发油，向装有样品的烧杯中加入（　　）沸程为 30～60 ℃ 的石油醚，在水浴中缓慢煮沸 15 min。

A. 100 mL　　　　B. 200 mL　　　　C. 300 mL　　　　D. 500 mL

141. 根据 GB/T 5009.40—2003，测定酱类中氯化钠含量时，吸取（　　）预先制备好的稀释液于锥形瓶中，加 100 mL 水及 1 mL 质量浓度为 50 g/L 的铬酸钾溶液，混匀，用硝酸银标准溶液滴定。

A. 1.0 mL　　　　B. 2.0 mL　　　　C. 3.0 mL　　　　D. 5.0 mL

142. 根据 GB/T 5009.40—2003，测定酱类中氨基酸态氮含量时，称取约（　　）已研磨均匀的试样置于烧杯中，加 50 mL 水，充分搅拌，进行后续操作。

A. 1.0 g　　　　　B. 2.0 g　　　　　C. 3.0 g　　　　　D. 5.0 g

143. 根据 SB/T 10371—2003，测定鸡精调味料中谷氨酸含量时，首先用（　　）的氢氧化钠标准溶液滴定试样溶液至酸度计指示 pH=8.2，然后加入 10.0 mL 甲醛溶液，混匀，进行后续操作。

A. 0.025 mol/L　　B. 0.05 mol/L　　　C. 0.10 mol/L　　　D. 0.25 mol/L

144. 根据 SB/T 10371—2003，测定鸡精调味料中氯化物含量时，准确称取均匀的样品（　　），用适量水溶解，定容至 100 mL，进行后续操作。

A. 1～5 g　　　　B. 5～10 g　　　　C. 10～15 g　　　　D. 15～20 g

145. 根据 GB 10355—2006，测定乳化香精的粒度时，取少量经搅拌均匀的试样，滴入适量的（　　），用盖玻片轻压试样使之成薄层，用大于 600 倍的显微镜观察，要求粒度小于等于 2 μm。

A. 水　　　　　　B. 甲醇　　　　　　C. 乙醇　　　　　D. 乙酸

146. 根据 GB 10355—2006，测定乳化香精的原液稳定性时，将经搅拌均匀的试样装入 3 支（　　）中至同刻度处，进行离心操作。

A. 试管　　　　　B. 离心试管　　　　C. 比色管　　　　D. 都不对

147. 根据 GB 10355—2006,测定乳化香精的稳定性,制备其千倍稀释液时称取经搅拌均匀的试样( ),白砂糖 80～120 g,柠檬酸 1.0～1.6 g,蒸馏水 100 mL,加热使之全部溶解,再进行后续操作。
    A. 1.0 g   B. 2.0 g   C. 3.0 g   D. 4.0 g

148. 根据 GB/T 5009.39—2003,采用滴定法测定酱油总酸时,氢氧化钠标准溶液的浓度要求为( )。
    A. 0.025 mol/L   B. 0.050 mol/L   C. 0.10 mol/L   D. 0.250 mol/L

149. 根据 GB/T 5009.39—2003,测定酱油水溶性无盐固形物时,吸取一定量合适浓度的被测样品于已恒重的空称量瓶内,再把称量瓶放入( )干燥箱内至恒重。
    A. 100 ℃   B. 105 ℃   C. 110 ℃   D. 115 ℃

150. 根据 GB/T 5009.39—2003,测定酱油中的铵盐时,吸取( )试样于蒸馏瓶中,加约 150 mL 水及 1 g 氧化镁,连接好蒸馏装置,进行后续操作。
    A. 1 mL   B. 2 mL   C. 3 mL   D. 4 mL

151. 根据 GB/T 5009.39—2003,测定酱油中氯化钠含量时,吸取 2.0 mL 试样稀释液于锥形瓶中,加( )水及 1 mL 50 g/L 的铬酸钾溶液,混匀,用硝酸银标准溶液滴定。
    A. 50 mL   B. 75 mL   C. 100 mL   D. 125 mL

152. 测定瓶装酱油中菌落总数,首先用点燃的酒精棉球灼烧瓶口灭菌,用蘸( )的纱布盖好,再用灭菌开瓶器启开。
    A. 石碳酸   B. 50%的酒精   C. 75%的酒精   D. 85%的酒精

153. 测定食醋中菌落总数,首先用 20%～30%的( )调节 pH 到中性。
    A. 灭菌碳酸钠溶液   B. 灭菌碳酸钾溶液
    C. 灭菌氢氧化钠溶液   D. 灭菌氢氧化钾溶液

154. 测定鸡精调味料中菌落总数时,无菌操作称取样品( )于灭菌容器中,加入灭菌磷酸盐缓冲液或生理盐水 225 mL,制成混悬液。
    A. 5 g   B. 10 g   C. 25 g   D. 50 g

155. 测定酱类中菌落总数时,无菌操作称取样品( )于盛有 225 mL 经灭菌后的磷酸盐缓冲液或生理盐水,制成混悬液。
    A. 5 g   B. 10 g   C. 25 g   D. 50 g

156. 酿造食醋的标签中产品名称应标明"酿造食醋",还应标明( )的含量。
    A. 可溶性总固形物   B. 不挥发酸
    C. 总酸   D. 可溶性无盐固形物

157. 下列鸡精调味料的预包装需要标示的内容中错误的是( )。
    A. 产品名称、配料表、包装袋重、净含量和规格
    B. 生产者和(或)经销者的名称、地址和联系方式
    C. 生产日期和保质期、储存条件、食品生产许可证编号
    D. 产品标准代号及其他需要标示的内容

158. 香辛料和调味品的原料中,芫荽的使用部分为( )。
    A. 柱头   B. 鳞茎   C. 植株   D. 种子、叶

159. 酱油分为酿造酱油、再制酱油和( )。
    A. 酱油状调味汁   B. 醋状调味汁   C. 醋状酱油   D. 非酿造酱油

160. 以下关于酱分类的论述中错误的为(　　)。
    A. 酱分为豆酱和面酱
    B. 黄豆酱分为干态黄豆酱和稀态黄豆酱
    C. 蚕豆酱分为生料蚕豆酱和熟料蚕豆酱
    D. 面酱分为小麦面酱和杂面酱

得　分	
评分人	

二、判断题(第 161～200 题,每题 0.5 分,共 20 分)

(　) 161. 一个讲职业道德的人,也必然是讲社会公德的人。

(　) 162. 奉献社会是职业道德的最高境界,也是从业者的最高职业目标。

(　) 163. 道德的功能是指道德作为系统基于其内部结构而具有的对社会生活的功效和作用,道德的功能主要有认识功能和调节功能。

(　) 164. 遵纪守法、严于律己、吃苦耐劳、爱岗敬业是我国职业守则的一般要素。

(　) 165. 食品检验关系食品质量安全,关系消费者的身体健康甚至生命安全,不存在保密事项。

(　) 166. 我国的法定计量单位就是国际单位制单位。

(　) 167. 计量单位 mol/kg 的名称应为每千克摩尔。

(　) 168. 氧离子的电子数少于氧原子的电子数。

(　) 169. 生成沉淀、生成易电离的物质是发生离子反应的条件。

(　) 170. 固体氨基酸以偶极离子形式存在,静电引力大,具有很高的熔点,可溶于有机溶剂而难溶于水。

(　) 171. 将 60 ℃的硝酸钾饱和溶液降温至 20 ℃,不发生变化的是溶质的质量。

(　) 172. 物质的量浓度是指单位体积溶液中所含溶质 B 的物质的量 n_B,用 c_B 表示。

(　) 173. 酸能使紫色石蕊试液变为红色,这是因为酸溶液中都含有氢元素。

(　) 174. 就碱类物质的性质而言,碱溶液能使石蕊变红。

(　) 175. 金属单质与盐(溶液)反应生成另一种金属和另一种盐,其中金属单质必须是在金属活动顺序表中排在盐金属前面的金属(钾、钙、钠除外),而盐必须溶于水。

(　) 176. 检测人员只要按操作规程开展工作,任何情况下都不可能发生触电事故。

(　) 177. 为保证用电安全,常采取一些保护措施,短路保护和过载保护的措施及效果是相同的。

(　) 178. 若触电者出现心脏停止跳动或不规则颤动可进行人工压胸抢救。

(　) 179. 指针式万用表读数精度较差,但指针摆动的过程比较直观;数字万用表读数精度高且读数直观,但数字变化的过程看起来比较杂乱,不易读数。

(　) 180. 电流通过人体时,对人体的危害不仅与电压大小有关,还与频率有关,电压相同时,频率越高危害越大。

(　) 181. 食品检验室防毒既包括检验人员自身防护,也包括防止毒物外泄伤害公众。

(　) 182. 仪器设备在使用过程中,如发现有异常响声或气味,应立即停机维修,不得"带病"工作,以免发生意外。

(　) 183. 实验室安全防护不仅指检测人员自身的防护,还包括实验室设备和公共安全的防护。

( ) 184. 有些物质如磷、钠、钾等,在空气中易氧化自燃,应浸泡于水中保管。

( ) 185. 易燃易爆物品只要不遇明火是不会发生意外的,因此,在易燃易爆物品的存放地只要没有明火出现就是安全的。

( ) 186. 食品分析用化学药品种类繁多,性质各异,毒性和危险性各不相同,保管时应分门别类集中盛装。

( ) 187. 根据污染物的性质,食品污染分为生物性污染、化学性污染和物理性污染。

( ) 188. 细菌、病毒污染食品的主要危害是肠道传染病。

( ) 189. 牛奶经过巴氏消毒可杀灭其中的所有微生物。

( ) 190. 根据《中华人民共和国产品质量法》,产品质量应当检验合格。

( ) 191. 根据 GB/T 5009.41—2003,检测食醋中游离矿酸时,用毛细管或玻璃棒沾少许试样,点在百里草酚蓝试纸上,若试纸上出现紫色斑点或紫色环(中心为淡紫色),表示有游离矿酸存在。

( ) 192. 测定酱油中大肠菌群数时所用的月桂基硫酸盐胰蛋白胨(LST)肉汤灭菌条件要求为 121 ℃高压灭菌 15 min。

( ) 193. 测定食醋中大肠菌群数时,调节 pH 所用 1 mol/L 的 HCl 及 NaOH 应于 121 ℃高压灭菌 15 min。

( ) 194. 采用 MPN 计数法测定鸡精调味料中大肠菌群数,复发酵试验中产气者为大肠菌群阳性管。

( ) 195. 采用 MPN 计数法测定酱类中大肠菌群数,初发酵产气者进行复发酵试验,若初发酵未产气则继续培养至(48±2)h,产气者进行复发酵试验。

( ) 196. 加盐味精包装上应注明谷氨酸钠的具体含量。

( ) 197. 酱类的预包装标签上,配料表中不需要标示加工助剂。

( ) 198. 香辛料调味品按原料种类分为单一型和复合型。

( ) 199. 酒精醋是以酒精为主要原料制成的酿造醋。

( ) 200. 调味品为在饮食、烹饪和食品加工中广泛应用的用于调和滋味和气味的具有去腥、除膻、解腻、增香、增鲜等作用的产品。

食品检验工(调味品和酱腌制品)(初级)理论知识试卷参考答案

一、单项选择题

1. A	2. A	3. B	4. A	5. B	6. A	7. C	8. A	9. A	10. C
11. A	12. A	13. A	14. C	15. B	16. C	17. C	18. B	19. A	20. D
21. A	22. B	23. B	24. B	25. A	26. B	27. D	28. C	29. B	30. D
31. B	32. D	33. B	34. C	35. C	36. C	37. A	38. A	39. D	40. C
41. A	42. D	43. A	44. A	45. B	46. A	47. D	48. A	49. A	50. D
51. C	52. B	53. C	54. B	55. B	56. D	57. D	58. B	59. A	60. C
61. B	62. A	63. B	64. B	65. D	66. B	67. D	68. B	69. C	70. C
71. B	72. C	73. B	74. B	75. D	76. B	77. D	78. A	79. B	80. C
81. D	82. D	83. B	84. C	85. B	86. A	87. D	88. B	89. A	90. D

91. D   92. C   93. D   94. A   95. B   96. B   97. C   98. A   99. C   100. A
101. C   102. C   103. C   104. B   105. B   106. C   107. A   108. A   109. C   110. D
111. A   112. A   113. B   114. A   115. A   116. D   117. D   118. D   119. D   120. D
121. B   122. D   123. D   124. C   125. A   126. A   127. A   128. D   129. D   130. C
131. B   132. B   133. A   134. C   135. C   136. A   137. C   138. D   139. D   140. B
141. B   142. D   143. B   144. B   145. A   146. B   147. A   148. B   149. B   150. B
151. C   152. A   153. A   154. C   155. C   156. C   157. A   158. D   159. A   160. A

二、判断题

161. √   162. √   163. √   164. √   165. ×   166. ×   167. ×   168. ×   169. ×   170. ×
171. ×   172. √   173. ×   174. ×   175. √   176. ×   177. ×   178. √   179. √   180. √
181. √   182. √   183. √   184. ×   185. ×   186. ×   187. √   188. √   189. ×   190. √
191. √   192. √   193. √   194. √   195. √   196. √   197. √   198. √   199. √   200. √

第二部分　**操作技能**

第一章　考情观察

考核思路

　　根据《食品检验工国家职业标准》要求，食品检验工（初级）的操作技能具体需要达到以下要求：能按照本工种要求抽样、称（取）样及制备样品；能正确使用移液管（吸量管）和滴定管；能正确使用常用的玻璃仪器并能排除一般故障；能配制一定质量分数、体积分数的溶液；能正确使用天平、高压灭菌装置、马弗炉和电热恒温干燥箱；能正确配制各种消毒剂并掌握杀菌方法；能正确进行菌落总数的测定；会使用 pH 计（酸度计）测定溶液的 pH；会测定食品中的水分、灰分、酸度等；能正确记录原始数据；能正确使用计算工具报出检验结果。根据以上具体要求，操作技能考核包括溶液的配制和检验操作两个方面。

组卷方式

　　食品检验工（初级）操作技能考核试卷的生成方式为计算机自动生成试卷，即计算机按照本职业等级的《操作技能考核内容层次结构表》和《操作技能鉴定要素细目表》的结构特征，使用统一的组卷模型，从题库中随机抽取相应试题，组成试卷。试卷生成后应请专家审核无误才能确定。

试卷结构

　　职业技能鉴定国家题库技能操作试卷一般由以下三部分内容构成：
　　（1）操作技能考核准备通知单。它分为鉴定机构准备通知单和考生准备通知单。在考核前分别发给考核实施单位和考生。其内容为考核所需场地、设备、材料、工具及其他准备要求。
　　（2）操作技能考核试卷正文。其内容为操作技能考核试题，包括试题名称、试题分值、考核时间、考核形式、具体考核要求等。
　　（3）操作技能考核评分记录表。其内容为操作技能考核试题配分与评分标准，用于考评员评分记录。主要包括各项考核内容、考核要点、配分与评分标准、否定项及说明、考核分数加权汇总方法等。必要时包括总分表，即记录考生本次操作技能考核所有试题成绩的汇总表。

考核时间与要求

（1）考核时间。按《食品检验工国家职业标准》的要求,初级食品检验工操作技能考核时间为 90 min。

（2）考核要求。① 按试卷中具体考核要求进行操作;② 考生在操作技能考核过程中要遵守考场纪律,执行操作规程,防止出现人身和设备安全事故。

第二章 考核内容结构表与鉴定要素细目表

考核内容结构表

食品检验工考核内容结构表是食品检验工操作技能题库的主体基本框架，它是在深入分析了食品检验工特点的基础上，按照技能题库理论模型，结合职业技能鉴定工作的要求开发设计的，它充分体现了试题库的总体结构设计思路。

食品检验工考核内容结构表的模块化结构形式既可以保证考核内容的完整性、统一性，又能够满足各技术等级之间在考核内容和考核形式上的不同要求，同时它又是组成试卷的重要依据。考核试卷中试题的类型、数量、鉴定比重、考核时间在结构表中都作了明确的规定。

本内容结构表根据《食品检验工国家职业标准》的要求，将食品检验工（初级）的全部考核内容划分为"溶液配制"和"检验操作"2个一级模块，在一级模块下标有鉴定比重、考核时间和考核方式，考核时需按结构表要求组成考试试卷。

食品检验工（初级）操作技能考核内容结构表见表2-2-1。

表2-2-1 食品检验工（初级）操作技能考核内容结构表

鉴定范围 / 鉴定要求	溶液配制	标准溶液配制	标准溶液配制、标定	检验操作	样品预处理	合 计
选考方式	必 考	—	—	必 考	—	2 项
鉴定比重 /%	40	—	—	60	—	100
考试时间 /min	30	—	—	60	—	90
考核形式	实 操	—	—	实 操	—	—

鉴定要素细目表

鉴定要素细目表是试题库总体结构和考核内容层次结构表的具体表现形式，该表按照技术等级分别列出，其中"鉴定点"即为技能考核试题的考核内容。

食品检验工（初级）10个模块的鉴定要素细目表分别见表2-2-2至表2-2-11。

表2-2-2 食品检验工（粮油及制品）（初级）操作技能鉴定要素细目表

鉴 定 范 围			鉴 定 点			
名 称	鉴定比重	选考方式	代码	名 称	重要程度	试题量
溶液配制	40%	必考	001	一定质量分数溶液的配制	★★★	3
			002	一定体积分数溶液的配制	★★★	2
检验操作	60%	必考	001	粮油及制品中水分测定	★★★	1
			002	粮油及制品中灰分测定	★★★	1

续表 2-2-2

鉴定范围			鉴定点			
名　称	鉴定比重	选考方式	代码	名　　称	重要程度	试题量
检验操作	60%	必考	003	粮油及制品白度的测定	★★★	1
			004	粮油及制品中菌落总数测定	★★★	1

表 2-2-3　食品检验工(糕点和糖果)(初级)操作技能鉴定要素细目表

鉴定范围			鉴定点			
名　称	鉴定比重	选考方式	代码	名　　称	重要程度	试题量
溶液配制	40%	必考	001	一定质量分数溶液的配制	★★★	3
			002	一定体积分数溶液的配制	★★★	2
检验操作	60%	必考	001	糕点中碱度的测定	★★★	1
			002	糕点和糖果中水分的测定	★★★	1
			003	糕点和糖果中菌落总数的测定	★★★	1
			004	糕点和糖果中灰分的测定	★★★	1
			005	糕点和糖果中酸度的测定	★★★	1
			006	糕点和糖果中可溶性固形物的测定	★★★	1
			007	糕点和糖果 pH 的测定	★★★	1
			008	糕点和糖果中酸值的测定	★★★	1

表 2-2-4　食品检验工(乳及乳制品)(初级)操作技能鉴定要素细目表

鉴定范围			鉴定点			
名　称	鉴定比重	选考方式	代码	名　　称	重要程度	试题量
溶液配制	40%	必考	001	一定质量分数溶液的配制	★★★	3
			002	一定体积分数溶液的配制	★★★	2
检验操作	60%	必考	001	乳制品中水分的测定	★★★	1
			002	乳制品中灰分的测定	★★★	1
			003	乳制品中酸度的测定	★★★	1
			004	乳制品中菌落总数的测定	★★★	1

表 2-2-5　食品检验工(白酒、果酒和黄酒)(初级)操作技能鉴定要素细目表

鉴定范围			鉴定点			
名　称	鉴定比重	选考方式	代码	名　　称	重要程度	试题量
溶液配制	40%	必考	001	一定质量分数溶液的配制	★★★	3
			002	一定体积分数溶液的配制	★★★	2
检验操作	60%	必考	001	酒精度的测定	★★★	1
			002	pH 的测定	★★★	1
			003	总酸的测定	★★★	1

鉴 定 范 围			鉴 定 点			
名　称	鉴定比重	选考方式	代码	名　　称	重要程度	试题量
检验操作	60%	必考	004	甲醇的测定	★★★	1
			005	果酒中菌落总数的测定	★★★	1

表 2-2-6　食品检验工（啤酒）（初级）操作技能鉴定要素细目表

鉴 定 范 围			鉴 定 点			
名　称	鉴定比重	选考方式	代码	名　　称	重要程度	试题量
溶液配制	40%	必考	001	一定质量分数溶液的配制	★★★	3
			002	一定体积分数溶液的配制	★★★	2
检验操作	60%	必考	001	啤酒中总酸的测定	★★★	1
			002	啤酒浊度的测定	★★★	1
			003	啤酒色度的测定	★★★	1
			004	啤酒中二氧化碳的测定	★★★	1
			005	啤酒中蔗糖转化酶活性的测定	★★★	1
			006	啤酒中菌落总数的测定	★★★	1

表 2-2-7　食品检验工（饮料）（初级）操作技能鉴定要素细目表

鉴 定 范 围			鉴 定 点			
名　称	鉴定比重	选考方式	代码	名　　称	重要程度	试题量
溶液配制	40%	必考	001	一定质量分数溶液的配制	★★★	3
			002	一定体积分数溶液的配制	★★★	2
检验操作	60%	必考	001	pH 的测定	★★★	1
			002	浊度的测定	★★★	1
			003	可溶性固形物的测定	★★★	1
			004	饮用水中电导率的测定	★★★	1
			005	菌落总数的测定	★★★	1

表 2-2-8　食品检验工（罐头食品）（初级）操作技能鉴定要素细目表

鉴 定 范 围			鉴 定 点			
名　称	鉴定比重	选考方式	代码	名　　称	重要程度	试题量
溶液配制	40%	必考	001	一定质量分数溶液的配制	★★★	2
			002	一定体积分数溶液的配制	★★★	2
检验操作	60%	必考	001	固形物测定	★★★	1
			002	pH 测定	★★★	1
			003	可溶性固形物测定	★★★	1
			004	总干燥物测定	★★★	1

表 2-2-9 食品检验工（肉蛋及制品）（初级）操作技能鉴定要素细目表

鉴 定 范 围			鉴 定 点			
名 称	鉴定比重	选考方式	代码	名 称	重要程度	试题量
溶液配制	40%	必考	001	一定质量分数溶液的配制	★★★	3
			002	一定体积分数溶液的配制	★★★	2
检验操作	60%	必考	001	水分的测定	★★★	1
			002	灰分的测定	★★★	1
			003	pH 的测定	★★★	1
			004	菌落总数的测定	★★★	1

表 2-2-10 食品检验工（调味品和酱腌制品）（初级）操作技能鉴定要素细目表

鉴 定 范 围			鉴 定 点			
名 称	鉴定比重	选考方式	代码	名 称	重要程度	试题量
溶液配制	40%	必考	001	一定质量分数溶液的配制	★★★	3
			002	一定体积分数溶液的配制	★★★	2
检验操作	60%	必考	001	水分的测定	★★★	2
			002	灰分的测定	★★★	2
			003	溶液 pH 的测定	★★★	1
			004	菌落总数的测定	★★★	2

表 2-2-11 食品检验工（茶叶）（初级）操作技能鉴定要素细目表

鉴 定 范 围			鉴 定 点			
名 称	鉴定比重	选考方式	代码	名 称	重要程度	试题量
溶液配制	40%	必考	001	一定质量分数溶液的配制	★★★	3
			002	一定体积分数溶液的配制	★★★	2
检验操作	60%	必考	001	茶叶粉末和碎茶的测定	★★★	1
			002	茶叶水分的测定	★★★	1
			003	茶叶水浸出物的测定	★★★	1
			004	茶叶菌落总数的测定	★★★	1

第三章 模拟试卷

职业技能鉴定国家题库

食品检验工（茶叶）（初级）操作技能考核准备通知单（考场）

试题一

（1）本题分值：40分。

（2）考核时间：30 min。

（3）考核形式：实操。

（4）试剂及仪器准备。

序号	名 称	规 格	数 量	备 注
1	氯化钠	化学纯	1瓶/人	按照实考人数准备
2	天 平	精确到0.1 g	1台/人	按照实考人数准备
3	烧 杯	100 mL	1个/人	按照实考人数准备
4	药 匙	—	1个/人	按照实考人数准备
5	玻璃棒	—	1只/人	按照实考人数准备
6	量 筒	100 mL	1只/人	按照实考人数准备
7	蒸馏水	—	1瓶/人	按照实考人数准备
8	称量瓶	—	1只/人	按照实考人数准备
9	手 套	—	1双/人	按照实考人数准备
10	镊 子	—	1套/人	按照实考人数准备
11	洗 瓶	250 mL	1个/人	按照实考人数准备

试题二

（1）本题分值：60分。

（2）考核时间：60 min。

（3）考核形式：实操。

（4）试剂及仪器准备。

序号	名 称	规 格	数量	备 注
1	手 套	—	1副/人	按照实考人数准备
2	鼓风电热恒温干燥箱	—	1台/人	按照实考人数准备
3	分析天平	精确到0.001 g	1台/人	按照实考人数准备
4	铝 盒	具盖，内径75～80 mm	2个/人	按照实考人数准备

续表

序号	名　　称	规　　格	数量	备　　注
5	干 燥 器	内盛有效干燥剂	1个/人	按照实考人数准备
6	药 　匙	—	1只/人	按照实考人数准备
7	计 算 器	—	1台/人	按照实考人数准备
8	茶 　叶	散 　装	10 g/人	按照实考人数准备

职业技能鉴定国家题库

食品检验工（茶叶）（初级）操作技能考核准备通知单（考生）

试题一

（1）本题分值：40分。

（2）考核时间：30 min。

（3）考核形式：实操。

（4）工具及其他：实验服、计算器、碳素笔或蓝色圆珠笔。

试题二

（1）本题分值：60分。

（2）考核时间：60 min。

（3）考核形式：实操。

（4）工具及其他：实验服、计算器、碳素笔或蓝色圆珠笔。

职业技能鉴定国家题库

食品检验工（茶叶）（初级）操作技能考核试卷

注 意 事 项

1. 本试卷依据 2002 年颁布的《食品检验工国家职业标准》命制。

2. 请根据试题考核要求，完成考试内容。

3. 请服从考评人员指挥，保证考核安全顺利进行。

试题一　配制 10% 的 NaCl 溶液 100 g

（1）本题分值：40分。

（2）考核时间：30 min。

（3）考核形式：实操。

（4）具体考核要求：能正确计算、配制溶液，进行有效数字处理。

（5）否定项说明：若考生发生下列情况之一，则应及时终止其考试,考生该试题成绩记为零分。

①损坏仪器仪表,使考试不能继续进行。

②操作不当造成设备出现其他故障。

③在操作过程中出现严重人身安全隐患。

数据记录表

称量瓶的质量 m_0/g	
称量瓶 + 样品质量 m/g	
样品 NaCl 质量 m_1/g	
溶剂水的质量 m_2/g	
计算公式	$X(\%) = m_1/(m_1 - m_2) \times 100$
计算结果 /%	
修约值 /%	
数值修约要求：结果保留 2 位有效数字	
注：水的密度视为 1 g/mL	

试题二 茶叶水分的测定

（1）本题分值：60 分。

（2）考核时间：60 min。

（3）考核形式：实操。

（4）具体考核要求：能正确进行茶叶水分的测定,进行有效数字处理。

（5）否定项说明：若考生发生下列情况之一,则应及时终止其考试,考生该试题成绩记为零分。

①损坏仪器仪表,使考试不能继续进行。

②操作不当造成设备出现其他故障。

③在操作过程中出现严重人身安全隐患。

数据记录表

项 目	平行 1	平行 2
称量瓶的质量 m_0/g		
称量瓶 + 样品质量 m/g		
称量瓶 + 样品烘干后质量 m_1/g		
计算公式	$X(\%) = (m - m_1)/(m - m_0) \times 100$	
计算结果 /%		
平均值 /%		
修约值 /%		
数值修约要求：结果保留 2 位有效数字		

职业技能鉴定国家题库

食品检验工（茶叶）（初级）操作技能考核评分记录表

总成绩表

序号	试题名称	配分	得分	权重	最后得分	备注
1	配制 10% 的 NaCl 溶液 100 g	40				
2	茶叶水分的测定	60				
	合　　计	100				

统分人：　　　　　　　　　　　　年　　　月　　　日

试题一　配制 10% 的 NaCl 溶液 100 g

序号	考核内容	考核要点	配分	评分标准	扣分	得分
1	基本操作	称量过程	16	① 天平未调平扣 2 分； ② 砝码使用错误扣 2 分；天平未调零扣 2 分； ③ 未稳定读数扣 2 分； ④ 读数错误扣 3 分； ⑤ 药品称量倾洒扣 2 分； ⑥ 称量结束后天平未复位扣 3 分		
		配制过程	9	① 量水体积错误扣 3 分； ② 读取刻度错误扣 3 分； ③ 未完全溶解扣 3 分		
		试验后仪器处理	5	① 器皿未洗涤扣 2 分； ② 台面不整齐，试验后试剂仪器未放回原处扣 2 分； ③ 试验结束台面留有废液、纸屑扣 1 分，扣完为止		
2	试验结果	记录是否清楚	4	修改不规范、记录不完整各扣 2 分		
		计算是否正确	3	计算错误扣 3 分		
		数据修约	3	修约错误扣 3 分		
	合　　计		40			

否定项：若考生发生下列情况之一，则应及时终止其考试，考生该试题成绩记为零分。
① 损坏仪器仪表，使考试不能继续进行。
② 操作不当造成设备出现其他故障。
③ 在操作过程中出现严重人身安全隐患

评分人：　　　年　　月　　日　、　　核分人：　　　年　　月　　日

试题二　茶叶水分的测定

序号	考核内容	考核要点	配分	评分标准	扣分	得分
1	基本操作	称量过程	16	① 天平未调平扣2分； ② 砝码使用错误扣2分；天平未调零扣2分； ③ 未稳定读数扣2分； ④ 读数错误扣3分； ⑤ 药品称量倾洒扣2分； ⑥ 称量结束后天平未复位扣3分，扣完为止		
		烘干过程	24	① 温度设定错误扣5分，温度未校准扣3分； ② 称量瓶未开盖扣5分，瓶盖放置错误扣3分； ③ 称量瓶未放置在干燥器中扣5分，称量瓶瓶盖放置不当扣3分，干燥器操作不当扣3分，扣完为止		
		试验后仪器处理	5	① 器皿未洗涤扣2分； ② 台面不整齐，试验后试剂仪器未放回原处扣2分； ③ 试验结束台面留有废液、纸屑扣1分		
2	试验结果	记录是否清楚	6	修改不规范、记录不完整各扣3分		
		计算是否正确	6	计算错误扣6分		
		数据修约	3	修约错误扣3分		
合　　计			60			

否定项：若考生发生下列情况之一，则应及时终止其考试，考生该试题成绩记为零分。
　　① 损坏仪器仪表，使考试不能继续进行。
　　② 操作不当造成设备出现其他故障。
　　③ 在操作过程中出现严重人身安全隐患

评分人：　　　　　年　　月　　日　　　　　　　核分人：　　　　　年　　月　　日

参 考 文 献

1 何远山. 食品检验(上、下)[M].济南:山东人民出版社,2012.

2 GB 7718—2011,食品安全国家标准 预包装食品通则 [S].

3 GB 5009.5—2010,食品安全国家标准 食品中蛋白质的测定 [S].

4 GB 5009.6—2010,食品安全国家标准 食品中脂肪的测定 [S].

5 GB 5009.8—2010,食品安全国家标准 食品中蔗糖的测定 [S].

6 GB 5009.33—2010,食品安全国家标准 食品中亚硝酸盐与硝酸盐的测定 [S].

7 GB/T 12457—2008,食品中氯化钠测定 [S].

8 GB/T 4789.26—2003,食品卫生微生物学检验 罐头食品商业无菌的检验 [S].

9 GB 5009.39—2003,酱油卫生标准的分析方法 [S].

10 GB 5009.41—2003,食醋卫生标准的分析方法 [S].

11 GB 5009.4—2010,食品安全国家标准 食品中灰分的测定 [S].

12 GB 5009.3—2010,食品安全国家标准 食品中水分的测定 [S].

13 GB/T 4789.2—2010,食品卫生微生物学检验 菌落总数的测定 [S].

14 GB/T 4789.3—2010,食品卫生微生物学检验 大肠菌群计数 [S].

15 GB 5009.7—2008,食品安全国家标准 食品中还原糖的测定 [S].

16 刘志广. 分析化学 [M].北京:高等教育出版社,2008.

17 朱明华,胡坪. 仪器分析 [M].北京:高等教育出版社,2008.

18 柯以侃,周心如. 化验员基本操作与实验技术 [M].北京:化学工业出版社,2008.

19 王竹天. 食品卫生检验方法(理化部分)(上、下)[M].北京:中国标准出版社,2007.